电工书架

常用电工线路选萃

王　建　张文凡　张　凯　主编

河南科学技术出版社

·郑州·

内 容 提 要

本书从生产、生活实际出发，搜集整理了大量的实用电工电气线路，根据不同的功能进行归纳、分类和筛选，从中精选了数百例进行分析，其目的是帮助读者分析电路原理，以解决实际工作中的技术问题。主要内容包括：照明线路，供配电线路，三相异步电动机控制线路，单相电动机控制线路，直流电动机控制线路，常用电气设备的电气线路，测量、节能和安全保护线路，PLC、变频器控制线路等。

本书可作为广大电气安装与维修工作人员的技术用书，也可作为有关电气技术人员的参考用书，还可作为电工培训用书。

图书在版编目（CIP）数据

常用电工线路选萃/王建，张文凡，张凯主编．—郑州：河南科学技术出版社，2012.6

（电工书架）

ISBN 978-7-5349-5496-2

Ⅰ.①常…　Ⅱ.①王…　②张…　③张…　Ⅲ.①电路-基本知识　Ⅳ.①TM13

中国版本图书馆 CIP 数据核字（2012）第 016529 号

出版发行：河南科学技术出版社

地址：郑州市经五路 66 号　　邮编：450002

电话：（0371）65737028　65788613

网址：www.hnstp.cn

策划编辑：孙　彤

责任编辑：王向阳

责任校对：马晓灿　张景琴　丁秀荣

封面设计：张　伟

版式设计：栾亚平

责任印制：朱　飞

印　　刷：郑州美联印刷有限公司

经　　销：全国新华书店

幅面尺寸：140 mm×202 mm　　印张：12.75　　字数：304 千字

版　　次：2012 年 6 月第 1 版　　2012 年 6 月第 1 次印刷

定　　价：27.00 元

编委名单

主　编　王　建　张文凡　张　凯

副主编　黄勇军　贺　强　娄志勇　周　明

参　编　盛国荣　杨　峥　吴晨睿　吴　鹍
　　　　许　瑞

审　稿　张　宏

前 言

随着科学技术的迅猛发展，各行各业的电气化程度日益提高，涉足电工领域的人员越来越多，能够掌握一些常用电工电路的结构性能和安装使用方法，使其更好地应用于生产和生活实际中，是电工技术人员及电工爱好者的迫切需要。作为长期从事电工培训的技术人员，急读者所急，想读者所想，编写了这本《常用电工线路选萃》。本书从工农业生产和人们日常生活实际出发，根据个人工作经验精选常用电工电路数百实例进行分析介绍，对每个电路不仅叙述工作原理、使用调试方法，而且将电路适用范围和需要注意的问题进行简要说明，以便帮助大家快速、正确地处理工作中遇到的问题，希望读者能从中得到启发。

全书共分八章：第一章照明线路，第二章供配电线路，第三章三相异步电动机控制线路，第四章单相电动机控制线路，第五章直流电动机控制线路，第六章常用电气设备的电气线路，第七章测量、节能和安全保护线路，第八章 PLC、变频器控制线路。

本书文字力求通俗易懂，叙述由浅入深，图形和文字符号都采用国家最新标准，电路翔实可靠，既体现实用性、典型性，又有新技术的融合。不仅可供专职电工和电气技术人员阅读，也可供职业学校学生学习、参考，还适用于初学者入门学习。

本书由河南省开封技师学院王建教授、广州工程职业技术学院张文凡副教授和河南职业技术学院张凯高级讲师任主编，黄勇军、贺强、娄志勇、周明任副主编，盛国荣、杨峥、吴晨睿、吴鹃、许瑞等参加了本书的编写并做了大量审核工作。最后由张宏审稿。

由于作者的水平有限，书中可能存在不足之处，恳请广大读者提出宝贵意见。

编者

2011 年 8 月

目 录

第一章　照明线路

第一节　白炽灯线路

一、白炽灯的一般线路

白炽灯是利用电流的热效应将灯丝加热而发光的。白炽灯的结构简单，使用可靠，价格低廉，装修方便，是一种应用非常广泛的照明电光源。

1. 两地控制一盏灯线路

两地控制一盏灯线路如图 1－1－1 所示。两地控制一盏灯线路一般应用在楼梯上下层或走道的两头等两个不同的地方，能各自独立控制同一盏电灯的点亮或熄灭。图 1－1－1 提供了三种不同的接法，S1、S2 均为 1×2 单刀双掷开关，它们都能各自独立控制灯点亮或熄灭。其中图 1－1－1b 接法，因每个开关内都同时存在电源的相线与零线，所以安装时比较方便，但维修时需特别注意要谨防相线、零线两端头短路。

2. 三地控制一盏白炽灯线路

三地控制一盏白炽灯线路如图 1－1－2 所示。在图 1－1－1 的基础上，在两个双联开关之间加装一个双刀双掷开关，即可在三个地方控制一盏灯。

3. 四地控制一盏灯线路

如需在四个地点控制一盏灯，则在三地控制一盏灯的基础上

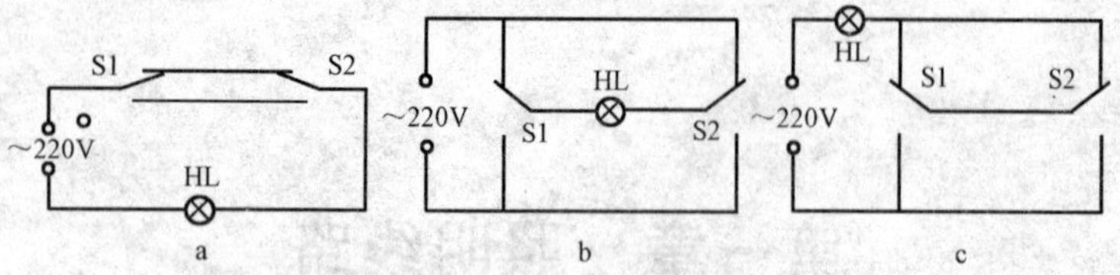

图1-1-1　两地控制一盏灯线路

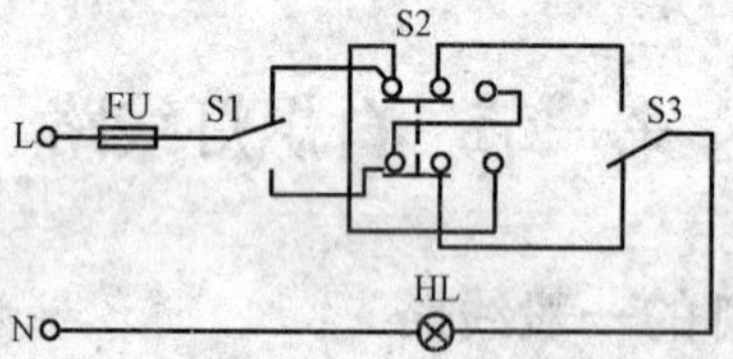

图1-1-2　三地控制一盏白炽灯线路

再增加一个双刀双掷开关，如图1-1-3所示。以此类推，就可以实现若干个开关控制一盏灯。

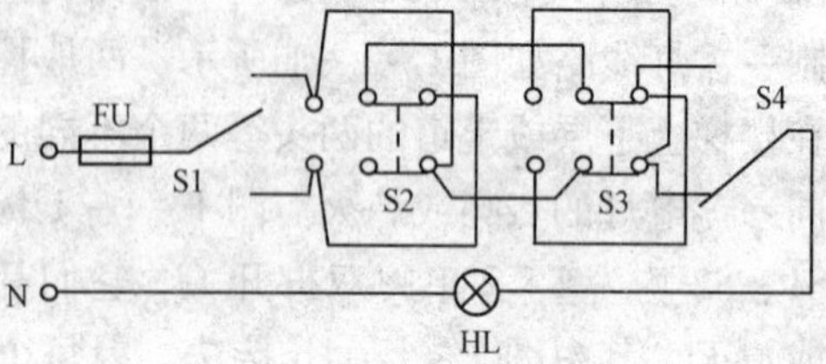

图1-1-3　四地控制一盏灯线路

4. 五地控制一盏灯线路

一种五地控制一盏灯线路如图1-1-4所示。S1～S5分别安装在5个不同地方，但它们都能各自独立地控制电灯HL的点亮或熄灭。其中，S1、S5用1×2单刀双掷开关，S2～S4要用2×2双刀双掷开关。

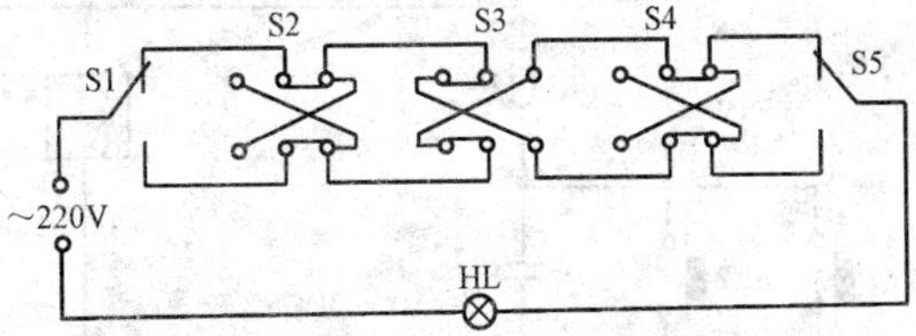

图1－1－4　五地控制一盏灯线路

5. 由两个单联开关控制两盏白炽灯线路

由两个单联开关控制两盏白炽灯线路如图 1－1－5 所示。EL1 与 SA1 开关串联以后，并联在零线与保险丝 FU1 的电源输出端；而 EL2 与 SA2 开关串联以后，也并联在零线与保险丝 FU1 的电源输出端。这样，当 SA1 闭合时，EL1 灯亮；SA2 闭合时，EL2 灯亮；SA1 与 SA2 同时闭合时，EL1 与 EL2 均会点亮。这是一种分别控制方式，两盏灯分别在两个房间里使用，互不干扰。

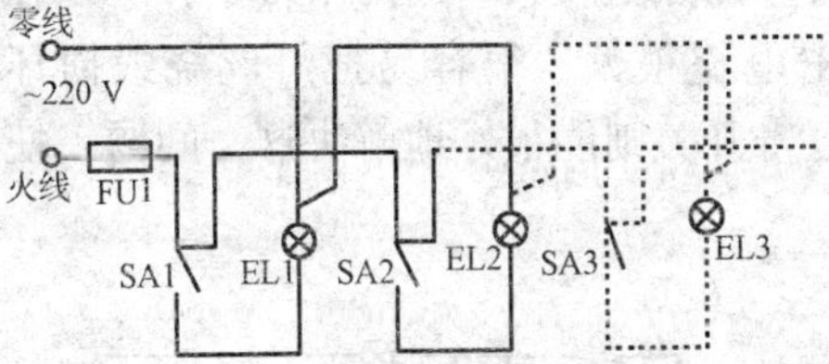

图1－1－5　由两个单联开关控制两盏白炽灯线路

6. 由两只晶体管构成的多开关控制一盏灯线路

由两只晶体管构成的多开关控制一盏灯线路如图 1－1－6 所示，作为走道照明十分方便。SA1、SA2 两个开关安装在不同的位置，可在两处对一盏白炽灯 EL 进行开灯控制，灯泡点亮一段时间以后会自动熄灭。

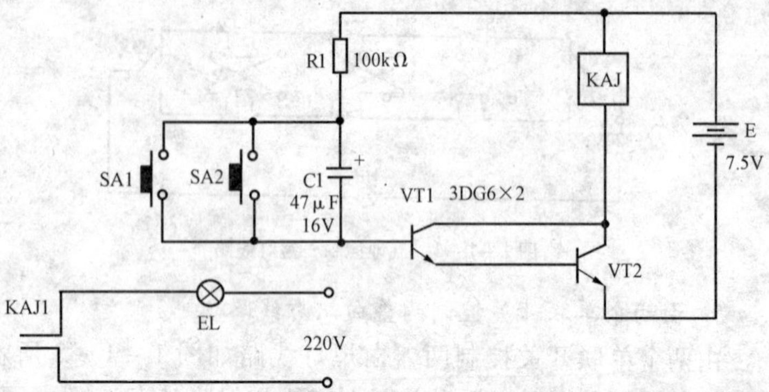

图1-1-6 由两只晶体管构成的多开关控制一盏灯线路

二、白炽灯的其他控制线路

1. 小电流启动的白炽灯延寿控制线路

白炽灯灯丝的热阻较大，而冷阻很小，所以在开灯瞬间，流过灯丝的冲击电流很大，很容易把灯丝烧毁损坏。采用图1-1-7所示的延寿开关则能很好地解决这一问题，使灯泡使用寿命大大延长。

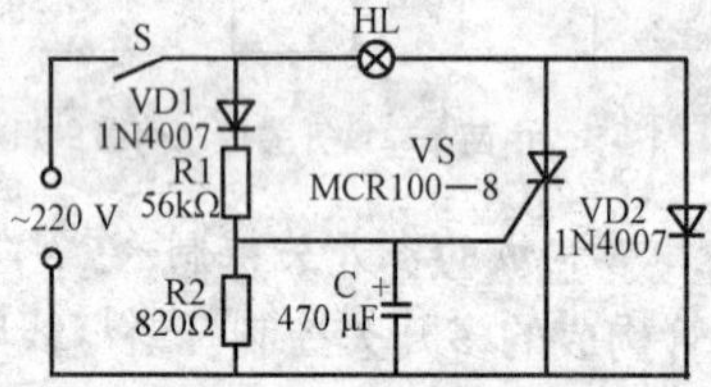

图1-1-7 小电流启动的白炽灯延寿控制线路

当开关S接通的瞬间，由于电容两端电压不能突变，所以C两端电压为零，晶闸管VS因无触发电压而截止。此时流过灯泡HL的电流是经VD2整流后的半波电流，灯泡预热发暗光，冲击电流很小。此时电容C经VD1与R1充电，延迟约0.6 s后，C

两端电压上升达到晶闸管 VTH 的开启电压时，VTH 导通，灯泡 HL 即被正常点亮发光。由于灯泡从冷态到正常发光之间有 0.6 s 缓冲延迟时间，所以使灯泡使用寿命得到延长。

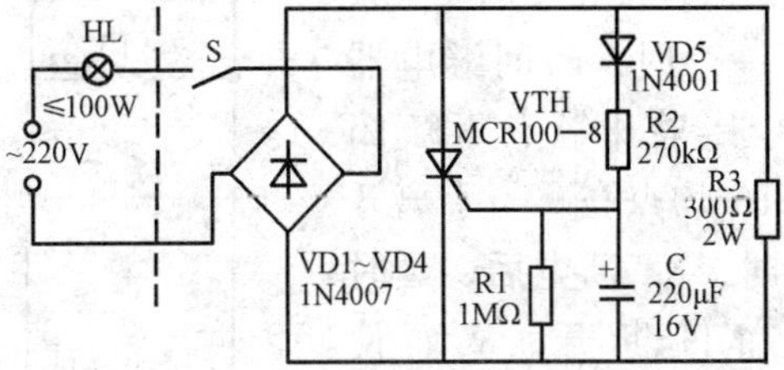

图 1-1-8　能直接替换普通开关的白炽灯延寿控制线路

2. 能直接替换普通开关的白炽灯延寿控制线路

能直接替换普通开关的白炽灯延寿控制线路如图 1-1-8 所示。图中虚线右边为延寿开关，左边为普通照明电路，所以灯泡 HL 与开关采用二线制接法，即单线进出，它可以直接替换普通开关，而不必更改室内原有布线。

合上开关 S，220 V 交流电经 VD1 ~ VD4 整流和电阻 R3，使灯泡 HL 通电发光，由于 R3 的降压限流作用，故灯泡 HL 开始处于发暗光预热状态，然后整流后的直流脉动电流经 VD5、R2，向电容 C 充电，当 C 两端电压上升到 0.7 V 左右时，单向晶闸管 VTH 导通，电阻 R3 被短路，灯泡 HL 即"全亮"正常发光。由于 VTH 的门极接有大电容 C，因此 VTH 一旦触发导通后就不会关断，直至开关 S 断开为止。

3. 由时间继电器构成的照明灯自动延时关灯线路

由时间继电器构成的照明灯自动延时关灯线路如图 1-1-9 所示。

该电路中，KT 为 JS7 系列继电器的一种。JS7 系列继电器有通电延时和断电延时两种类型。该图中的 JS7—4A 是一种断电延时继电器。

SB1～SB4 和 EL1～EL4 分别是设置在四处的开关和灯泡（如在四层楼的每一层设置一个灯泡和一个开关）。当按下 SB1～SB4 开关中的任一个时，时间继电器 KT 得电后，其常开触点 KTJ 闭合，EL1～EL4 均点亮。当手离开所按的开关时，KT 断电后，延时一段时间，KTJ 断开，从而使 EL1～EL4 同时熄灭。

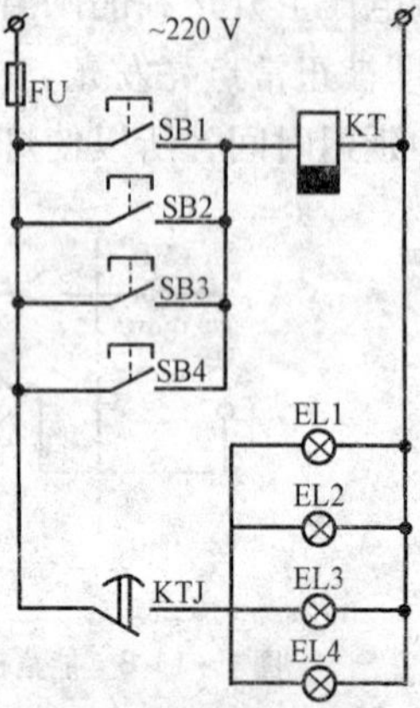

图 1－1－9　由时间继电器构成的照明灯自动延时关灯线路

4. 由三只晶体管组成的照明灯自动延时关灯线路

由三只晶体管组成的照明灯自动延时关灯线路如图 1－1－10 所示。该电路中的 SA1～SA4 分别是设置在四处（如四层楼各层的楼梯上）的开关，EL1～EL4 四只灯泡分别装在与开关对应的四处（如四层楼各层的楼梯口）。这样，当人走到这四处的任一处时，按下此处的开关按钮，四盏照明灯因全部接通电源而发光。这四个开关是并联关系，并串联在 220 V 电源与灯泡之间，故只要按下任一开关，四只灯泡的电源回路就形成，灯泡必然会点亮。

但是，如果没有继电器 KAJ 触点的闭合，按开关的手一松开灯泡就会熄灭，故电路中设置了继电器 KA 的控制电路，可使手松开开关时，其 KAJ 触点仍处于闭合状态，以保持灯泡仍能点亮。继电器 KA 线圈中的电流回路又受 VT3、VT2 的控制，而 VT2 又受 VT1 的控制，VT1 的一个极（发射极）接有电容，通常延时多是由电容实现的。

VT1 是单结晶体管，它是一种具有一个 PN 结和两个基极的半导体器件（又称为双基极二极管）。它具有负阻特性，峰值电流大，稳定性好，广泛应用于触发和振荡电路中。

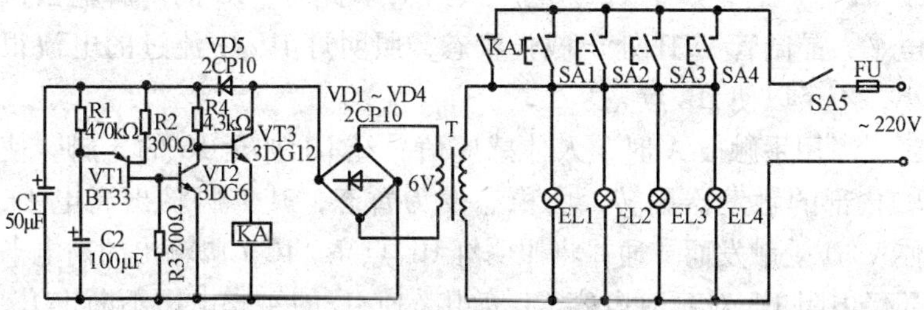

图 1－1－10　由三只晶体管组成的照明灯自动延时关灯线路

5. 触摸式延时照明灯控制线路

采用 CD4013 数字集成电路制作的触摸式延时照明灯控制线路如图 1－1－11 所示。它具有制作简单、性能稳定和自耗电低等特点，适合作为走廊或门厅照明线路使用。

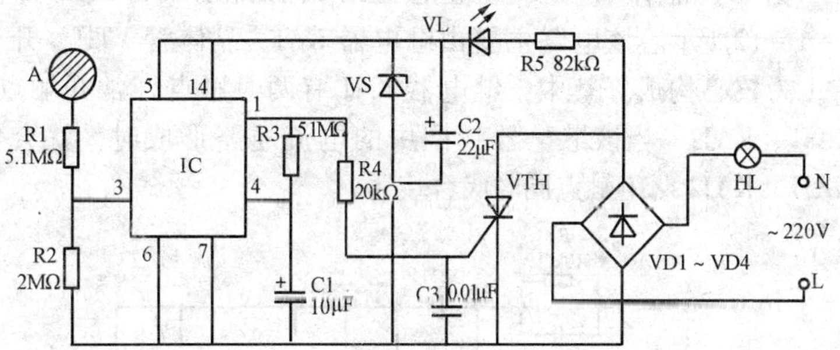

图 1－1－11　触摸式延时照明灯控制线路

这种触摸式延时照明灯线路由电源电路、单稳态触发电路和晶闸管 VT 等组成。

电源电路由照明灯 HL、整流二极管 VD1 ~ VD4、限流降压电阻 R5、发光二极管 VL、稳压二极管 VS 和滤波电容 C2 等组成。

单稳态触发电路由触摸电极片 A、数字集成电路 IC 内部的一个 D 触发器和有关外围元器件组成。

交流 220 V 电压经 VD1 ~ VD4 整流、R5 限流降压、VS 稳压及 C2 滤波后，产生 12 V 电压供给 IC。此时，IC 的 1 脚输出低电平，晶闸管 VTH 处于截止状态，照明灯 HL 中流过的电流很小，不足以使 HL 点亮。

当用手触摸 A 时，人体感应信号经 R1 加至 IC 的 3 脚，使 IC 内部的触发器翻转，由稳态变为暂态，其 1 脚输出高电平，使 VTH 受触发而导通，将照明灯 HL 点亮。IC 1 脚输出的高电平还经电阻 R3 对延时电容 C1 充电，使 IC 的 4 脚电压不断上升，当该脚电压上升至阈值电压时，IC 内部的触发器复位进入稳态，1 脚输出低电平，使 VTH 截止，照明灯 HL 熄灭。

照明灯 HL 延时点亮的时间由 C1 的容量大小决定，C1 的容量越大，HL 延时点亮的时间越长。

6. 由一只晶体管和一个继电器组成的自动关灯线路

由一只晶体管和一个继电器组成的自动关灯线路如图 1－1－12所示。该电路主要由继电器 KAJ、晶体管 VTH、开关 SA1 为核心构成。其中：继电器 KAJ 有两对触点（常开触点）KAJ1、KAJ2，当该继电器线圈中的电流通路形成时，就会使 KAJ1、KAJ2 两组触点同时吸合接通。

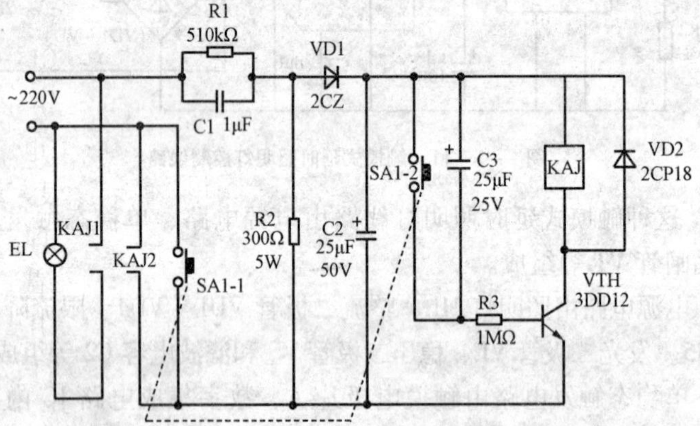

图 1－1－12　由一只晶体管和一个继电器组成的自动关灯线路

在图1－1－12所示线路中，只有KAJ1接通（闭合）时，灯泡EL才会点亮，而要使KAJ1接通，其线圈KAJ中就应有电流通过，而要使KAJ线圈中有电流通过，则VTH必须导通，VTH导通的条件是其基极应加有正偏导通电压。显然，SA1—2接通时，VTH就能得到正偏电压。至此，就可得出R3、VTH、KAJ、VD2这一部分是用来控制灯泡亮灭的，显然C3是延时电容。排除了上述部分电路后，R1、R2、VD1、C2显然就为控制部分的供电线路了。

220V交流电压经C1降压、VD1半波整流、C2滤波后，输出的直流电压提供给延时电路，调节R3、C3的数值可改变延时时间（按图1－1－11所示电路中元器件的数值，延时时间为1 min）。当按一下联动按钮开关SA1时，KAJ得电吸合，KAJ1、KAJ2触点同时接通，电灯EL点亮。KAJ2起自保持作用，即松开SA1后，电路仍保持接通状态。经延时后，KAJ释放，KAJ1和KAJ2同时断开，电灯自动熄灭。

7. 声控灯照明线路

声控灯照明线路如图1－1－13所示。声控灯照明线路由传声器BM、声音信号放大、半波整流、光控、电子开关、延时和交流开关7部分电路组成。传声器和VT1、R1～R3、C1组成声音放大电路。C2、VD1和VD2、C2构成整流电路，把声音信号变成直流控制电压。R4、R5和光敏电阻RG组成光控电路，当光照射在RG上时，其阻值变小，直流控制电压衰减很大，VT2截止。VT2、VT3和R7、VD3组成电子开关。平时，即有光照时，VT2、VT3截止，C4上无电压，单向晶闸管VTH截止，灯泡EL不亮。在VTH截止时，直流高压经R9、VD4降压后加到C6上端，对C6充电，当充到12V后VS击穿确保C6上的电压不超过15V。

当没有光照射到RG上时，RG阻值很大，对直流控制电压衰减很小，VT2、VT3导通，VD3也导通，C4、C5开始充电，

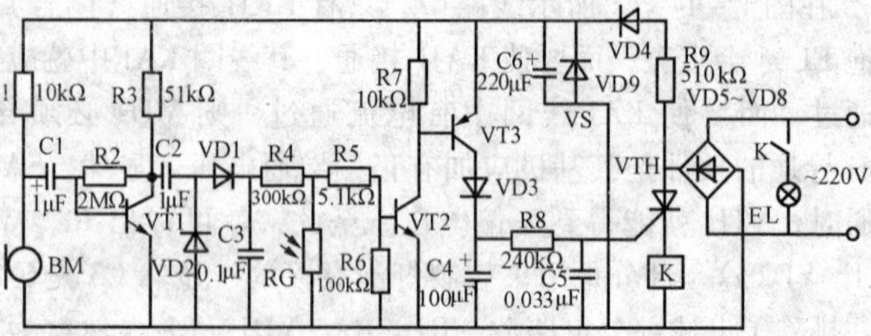

图 1－1－13　声控灯照明线路

电压徐徐上升。R8、C4 和单向晶闸管 VTH 组成延时和交流开关。C4 通过 R8 将直流触发电压加到 VTH 门极，VTH 导通，继电器 K 线圈得电，串在 EL 支路的继电器 K 常开触点接通，灯泡 EL 点亮。灯泡点亮的时间长短由 C4、R8 的参数决定，按电路图 1－1－13 所给出的元器件数值，在灯泡点亮约 40 s 后，VTH 截止，灯 EL 熄灭。CS 为抗干扰电容，用于消除灯泡发光抖动现象。

8. 光控灯照明线路

光控灯照明线路如图 1－1－14 所示。220 V 交流电压经电容 C1 降压，整流桥堆 UR 进行全波整流，电容 C2 滤波，稳压二极管稳压后变成直流电压。

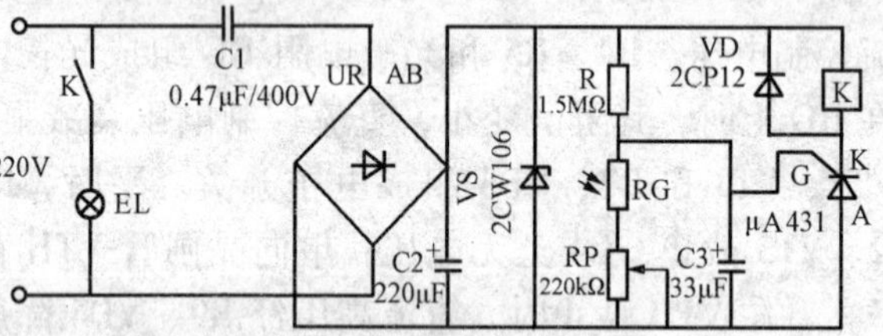

图 1－1－14　光控灯照明线路

光敏电阻 RG 白天电阻很小，向电容 C3 充电的脉冲信号很小，无法触发晶闸管导通，灯泡 EL 回路不通，灯泡 EL 不亮；

夜幕降临时，光敏电阻的暗阻很大，向电容 C3 充电脉冲信号很大，可以触发晶闸管的门极，使晶闸管导通，这时继电器线圈得电，串联在灯泡 EL 回路的继电器常开触点接通，则灯泡 EL 点亮。

调节电位器 RP 可以调节给门极的触发信号的大小，就调节了晶闸管的导通角，从而控制了灯泡 RP 可以调节给门极的触发信号的大小，就调节了晶闸管的导通角。

第二节 荧光灯线路

一、单管荧光灯照明线路

单管荧光灯照明线路由灯管、开关、镇流器、启动器组成，如图 1－2－1 所示。

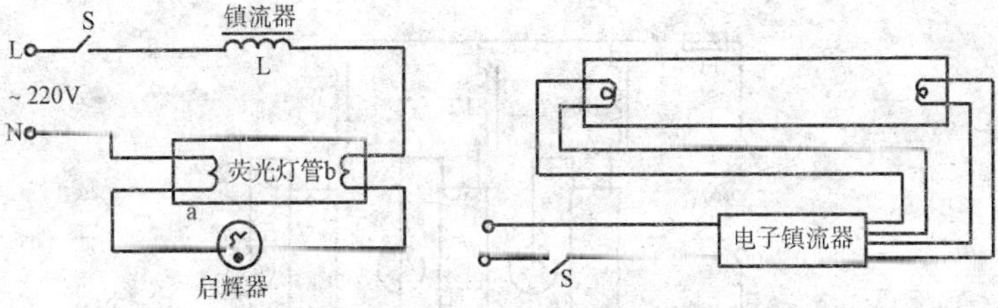

a.普通镇流器接线图　　b.电子式镇流器接线图

图 1－2－1 单管荧光灯照明线路

二、多管荧光灯照明线路

1. 双管荧光灯照明线路

双管荧光灯照明线路如图 1－2－2 所示。在某些场合需要提高照明亮度，单管荧光灯不能满足要求时，需采用双管荧光灯照明，双管荧光灯照明线路是两个单管荧光灯照明线路的组合。

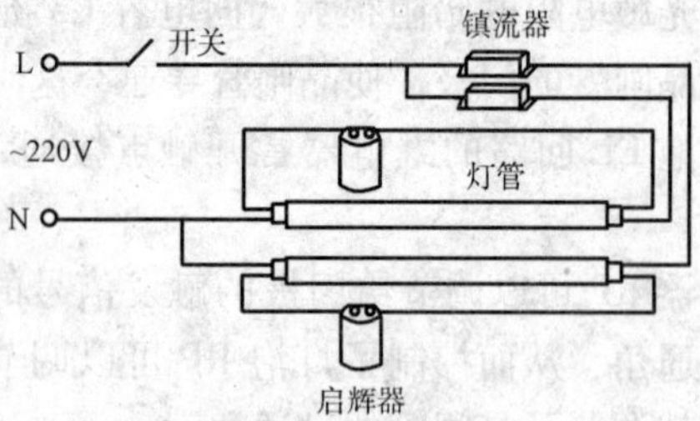

图 1-2-2　双管荧光灯照明线路

2. 三管荧光灯照明线路

三管荧光灯照明线路实际上是单管荧光灯照明线路的组合。不同之处是它用一个总开关控制各支路单管荧光灯的电源。镇流器、启辉器、灯管和灯座的选用应与单管荧光灯相匹配，只要接线正确，接通电源后灯管就能点亮。三管荧光灯照明线路如图 1-2-3所示。

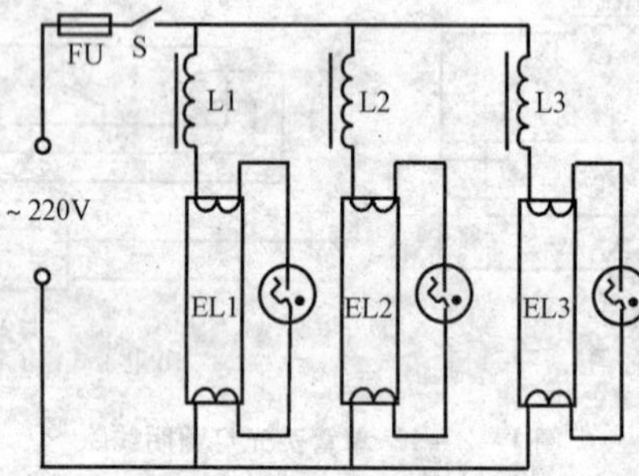

图 1-2-3　三管荧光灯照明线路

三、具有低温低压启动特性的荧光灯线路

具有低温低压启动特性的荧光灯线路如图 1-2-4 所示。该电路是为荧光灯在气温低、电源电压也低，从而导致启动困难的情况设计的。它是在荧光灯的启辉器回路串联一只二极管构成的

低温启辉器线路。其工作原理是：当启辉器接通时，二极管将交流整为脉动直流，因而镇流器的阻抗减小，使流过灯丝的瞬时电流加大，增加了电子发射能力；同时启辉器在断开瞬间其自感电势也较高，故很易将灯管点亮。图 1－2－4a 为带按钮开关的二极管低温启辉线路；图 1－2－4b 为二极管直接接入的低温启辉线路。

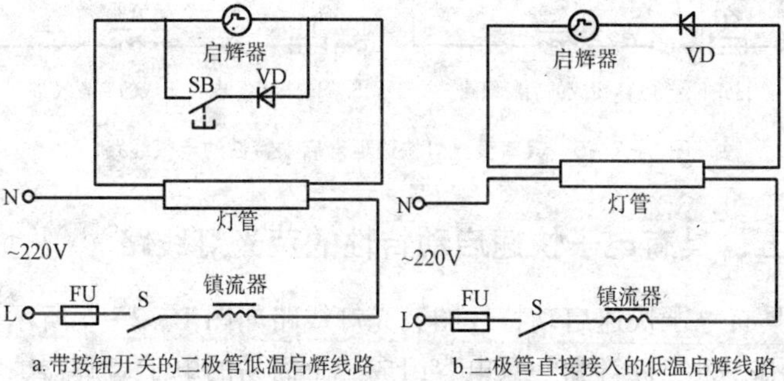

图 1－2－4　具有低温低压启动特性的电气线路

四、具有快速延寿启动特性的荧光灯线路

具有荧光灯快速延寿启动特性的电气线路如图 1－2－5 所示。其工作原理是：若将晶闸管或二极管串联在启辉器中，就能起到整流作用；而电容并联在晶闸管或二极管两端，则可以分流一部分交流电流，但整流电流将大于分流电流。启动时，因二极管的作用使镇流器内主要流过直流电流，这时镇流器的直流电阻小于交流阻抗，启动电流要大于未用二极管时的启动电流，使灯丝温度增加，电容在此又起倍压作用而增加了灯管电压，因此能快速延寿启动。

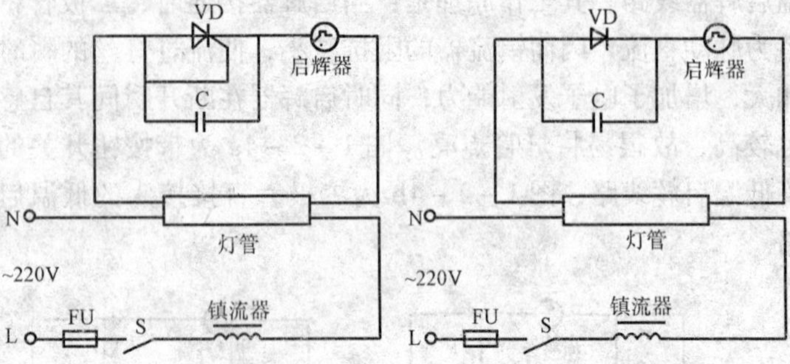

a. 用晶闸管、电容组成的启辉线路　　b. 用二极管、电容组成的启辉线路

图 1－2－5　具有荧光灯快速延寿启动特性的电气线路

五、具有电子快速启动特性的荧光灯线路

具有电子快速启动特性的荧光灯线路如图 1－2－6 所示。该线路用一只二极管和一只电容组成一个简易的电子启辉器，它的启辉速度快，灯管预热时间短，从而使用寿命延长。这种启辉器在冬季也能够一次快速启动。

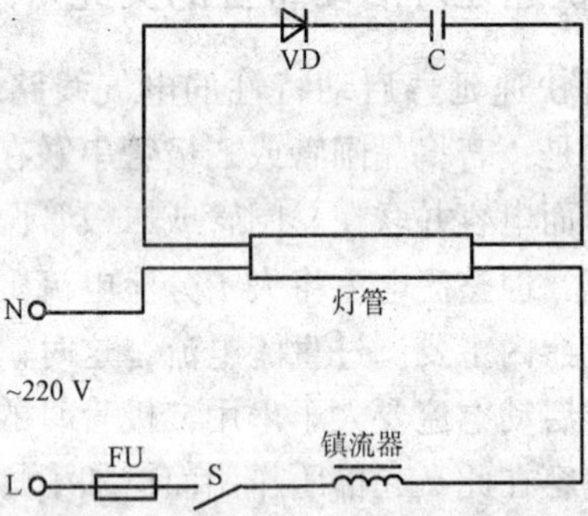

图 1－2－6　具有电子快速启动特性的荧光灯线路

六、无触点启辉器线路

无触点启辉器线路如图 1－2－7 所示。由于普通荧光灯都要配置启辉器才能使用，但启辉器启动时将会产生接触火花，因而不适宜在石化、化工、矿山等高危工业部门使用。而这种无触点启辉器电气线路则能解决这一问题。

七、荧光灯使用直流电源的电气线路

荧光灯使用直流电源的电气线路如图 1－2－8 所示。该线路可用来直接点亮 6～8 W 的小功率荧光灯管，线路是由一个三极管 VT 组成的共发射极间歇振荡器，通过变压器 T 在次级线圈上感应出间歇高压点亮灯管。

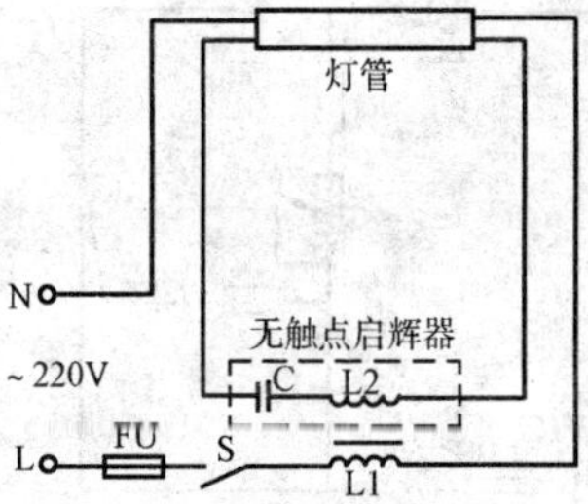

图 1－2－7　无触点启辉器电气线路

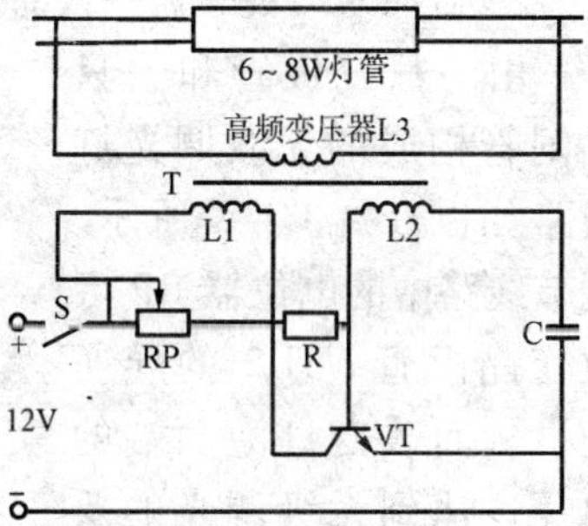

图 1－2－8　荧光灯使用直流电源的电气线路

第三节　调光灯和应急灯线路

一、调光灯线路

1. 最简单的调光灯线路

最简单的调光灯线路如图 1－3－1 所示。该电路通过调节晶闸管的导通角进行调压。将线路中的电位器 RP 阻值调小时，晶闸管的导通角增大，灯泡亮度增强；阻值调大时，晶闸管的导通角减小，其亮度减弱。

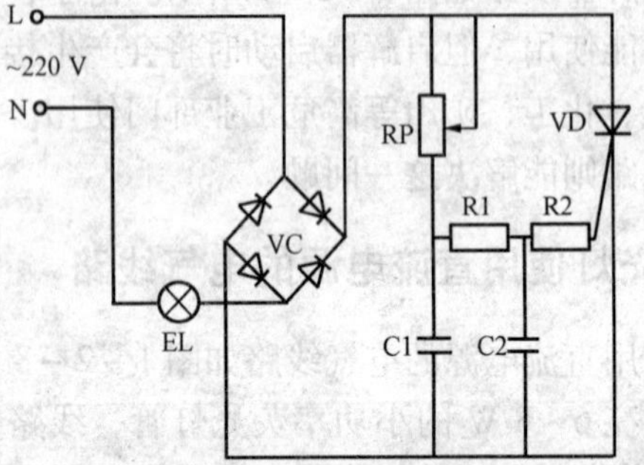

图 1-3-1 最简单的调光灯线路

2. 由一只二极管和一只晶闸管构成的无级调光灯线路

由一只二极管和一只晶闸管构成的无级调光灯线路如图 1-3-2 所示。调节线路中的电位器 RP 可改变晶闸管 VTH2 的导通角，从而改变灯泡两端的电压，达到无级调光的要求。该电路可以将电压从 0 V调到 220 V，它具有调光范围广、线路简单、体积小等优点，常用于台灯的调光线路中。

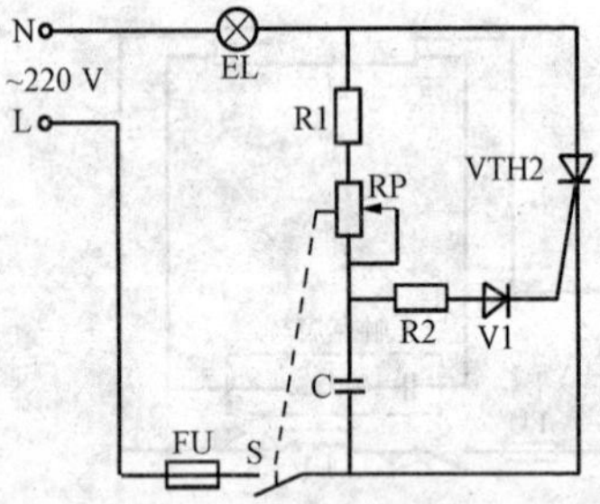

图 1-3-2 由一只二极管和一只晶闸管构成的无级调光灯线路

3. 由双向晶闸管构成的无级调光灯线路

由双向晶闸管构成的无级调光灯线路如图 1-3-3 所示。该电路中，R1、RP、C、R2 和 VTH2 等构成多相触发电路。在市电的负半周，220 V 经 RP 、R1 向电容 C 充电，C 两端电压上升。当 C 两端电压升高到大于双向触发二极管 VTH1 的阻断值时，VTH1 相继导通，至市电电压零点时截止。VTH2 的触发延迟角由 RP、R1 和 C 的乘积确定。调节电位器 RP，即可改变 VTH2 的触发延迟角，从而改变流过灯泡 EL 的电流大小。

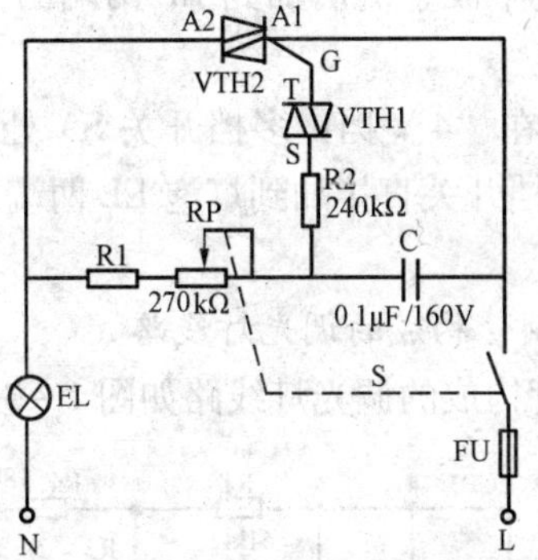

图1-3-3　由双向晶闸管构成的无级调光灯线路

4. 由一只二极管构成的三挡调光灯线路

由一只二极管构成的三挡调光灯线路如图 1-3-4 所示。主要以多挡开关 SA 为核心构成，多挡开关在此处起调节灯泡亮度的作用。

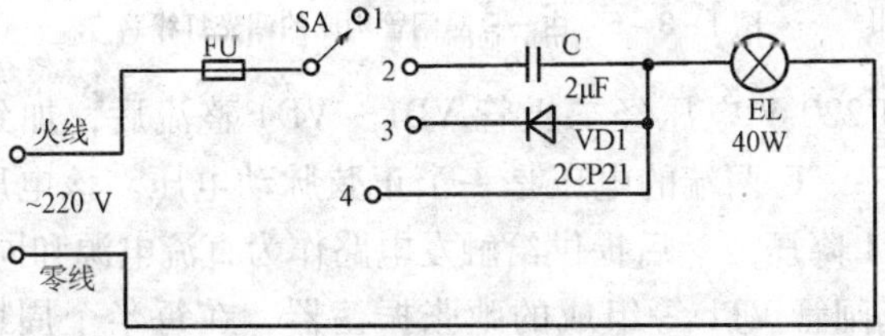

图1-3-4　由一只二极管构成的三挡调光灯线路

(1) SA 开关在“1”挡：多挡开关 SA 处于“1”挡时，火线处于断开状态，故这一挡是关挡。在此挡时，灯泡熄灭。

(2) SA 开关在“2”挡：多挡开关 SA 处于“2”挡时，火线电压经熔断器 FU→多挡开关电容 C→灯泡 EL，由于 220 V 交流电压是通过 C 加到灯泡 EL 两端的，故 EL 连续发出微光。

（3）SA 开关在“3”挡：多挡开关 SA 处于“3”挡时，火线电压经 FU→多挡开关→VD1 二极管半波整流→EL，由于 220 V 交流电压是经过半波整流后加到 EL 两端的，故灯泡的亮度约为正常时的一半。

（4）SA 开关在“4”挡：多挡开关 SA 处于“4”挡时，火线电压经 FU→多挡开关直接加到灯泡 EL 两端，故此时最亮为正常发光。

5. 由一只晶闸管构成的调光灯线路

由一只晶闸管构成的调光灯线路如图 1－3－5 所示。

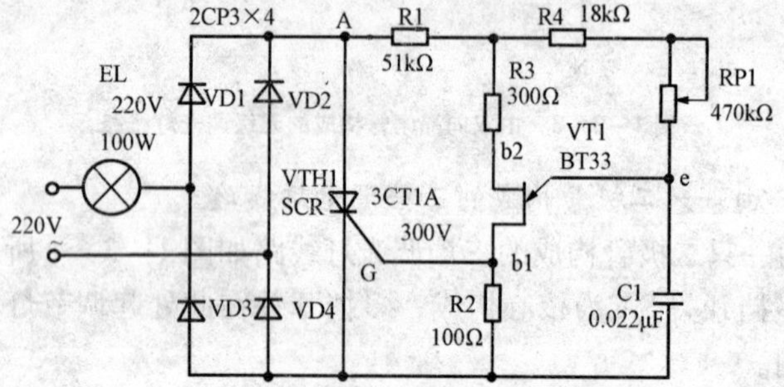

图 1－3－5　由一只晶闸管构成的调光灯线路

市电 220 V 电压经二极管 VD1 ~ VD4 整流后，加到晶闸管 VTH1 的 A、G 两端的电压是一个正弦脉动电压。该电压先由限流电阻 R1 降压，然后提供给触发电路作为直流电源和同步电压。

由晶闸管 VT1 等组成的弛张振荡器，在每半个周期内，当电容 C1 上的充电电压到达晶闸管的峰点时，则由截止转为导通状态，从而使电容 C 进行放电。这样在电阻 R2 上输出一个脉冲，加至晶闸管 VTH1 控制极，触发 VTH1 导通，由此就会有电流流过灯泡 EL 和晶闸管，电流的大小由灯泡 EL 决定。

当晶闸管导通以后，VTH1 的 A、G 间的正向压降很小（约为1 V)，所以，触发电路停止工作。电源电压过零点时，晶闸管关断。待到下一个半周期开始，电容C又重新充电，重复上述过程。

调节RP1可以改变在每半个周期内晶闸管导通时间的长短，从而控制供给灯泡的功率，也就是调节灯泡的亮度。

6. 荧光灯调光线路

当贵客临门，欢度节日，欣逢喜事时，希望灯光通亮；而在夏夜休息，看电视，照料婴儿时，则需要灯光微弱。为了实现这种要求，可使用荧光灯调光器调节荧光灯的亮度。荧光灯调光线路如图1-3-6所示，启辉前应把亮度调至最大，以保证正常启辉。启辉后再把亮度调到需要的大小。VD1～VD4可选用5 A/400 V任何型号的二极管。

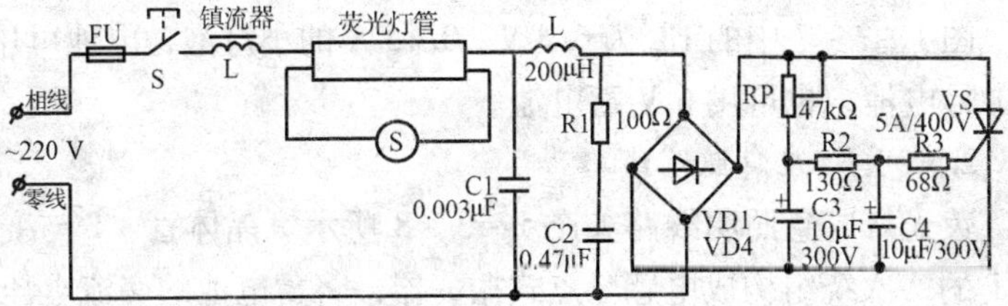

图1-3-6 荧光灯调光线路

二、应急照明线路

1. 白炽灯应急照明线路

白炽灯应急照明线路如图1-3-7所示。当市电电网正常供电时，220 V的交流市电电压经电容C1降压，再经二极管VD1的半整流和电容C2的滤波后，以约90 mA的脉冲电流给电池充电。与此同时，因为晶体管VT1的基极加上正偏压而处于导通状态，使VT2处于截止状态，灯泡EL不亮。一旦市电电网断电，晶体管VT1由导通变成截止，VT2由截止变成导通，灯泡点

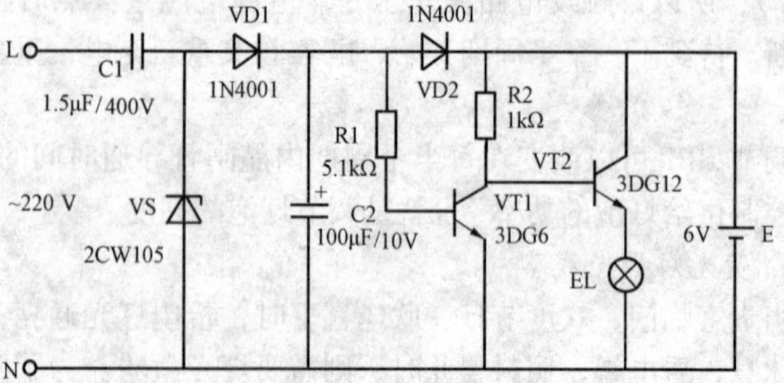

图1-3-7 白炽灯应急照明线路

亮。二极管VD2的作用是隔离电池和VT1的基极，保证市电一停，VT1转向截止。市电恢复供电后，VT1导通，EL熄灭，电路复位。

图1-3-7中的EL为6.3 V、0.15 A的小灯泡，电池可用4节1号电池，也可用6 V蓄电池。

2. 荧光灯应急照明线路

荧光灯应急照明线路如图1-3-8所示。晶体管VT与变压器T的一次绕组构成电感三点式振荡器，将蓄电池的交流电压经变压器的升压作用，在L3上得到较高的交流电压，从而点亮8 W荧光灯，作为应急灯使用。

电阻R为晶体管VT的基极偏置电阻，适当调整它可改变逆变输出功率。

制作时，变压器的磁芯可用电视机的行输出变压器的磁芯，L1用ϕ0.35 mm漆包线绕40圈，L2用ϕ0.35 mm漆包线绕40圈，L3用ϕ0.16 mm漆包线绕300圈。晶体管VT选用3DD15A，电阻阻值为1 kΩ左右，功率为1/8 W。

3. 消防应急灯线路

消防应急灯线路如图1-3-9所示。该线路被广泛安装于公共场所的走廊、消防通道内，属于消防专用设备。其工作原理如下。

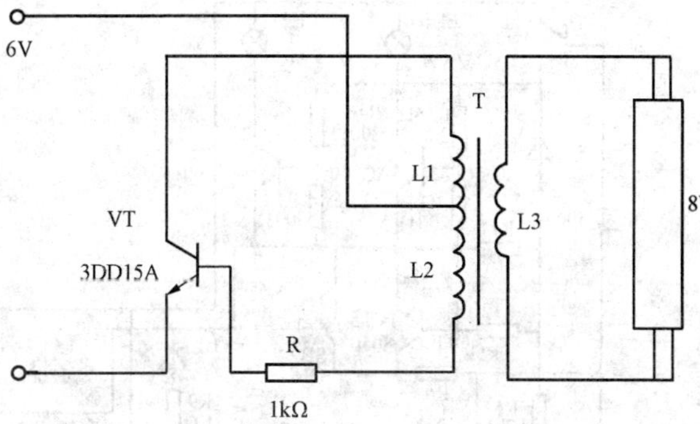

图 1-3-8　荧光灯应急照明线路

（1）灯光控制电路：由 VT3、VT4、VT5、VT7 和按钮 SB2、SB3 构成灯光控制电路。在无市电时，按一下按钮 SB2（开），VT5 饱和导通，VT5 的集电极电流通过 R12 使 VT7 维持导通；VD11 反向击穿工作在稳压状态；VT5 的集电极电压给 VT3、VT4 提供偏置电压使其导通，EL1、EL2 点亮。当按一下按钮 SB3（关）时，VT7 截止，VT5 不具备导通条件，灯熄灭。

当有市电供电时，外接电源经 VD9 使 VD7 反向截止，VT5 无法导通，按钮 SB2 和 SB3 都不能控制灯 EL1、EL2 的开和关。

停电后二极管饱和导通，构成点灯电路条件，EL1、EL2 点亮；来电后 VD7 负极电位变高又反向截止，VT5 截止，灯灭（起到自动控制的作用）。点灯控制电路中 VD7、VT7 通过 R6 工作在临界状态，按钮 SB2、SB3 只起到触发作用。

（2）电池充电电路：外接电源 VT2、VT6、R8、VD10 对电池进行恒流充电。当有外接电源供电时，充电电流经 R8、VD10 向电池充电，且使充电指示灯 VL3 点亮。

（3）电源电路：220 V 交流电压经变压器变压、整流滤波，由 VT1 集电极输出 4.6 V 直流电压，主要提供给电路供电源充电，并经 R9 使 VL1 发光指示。

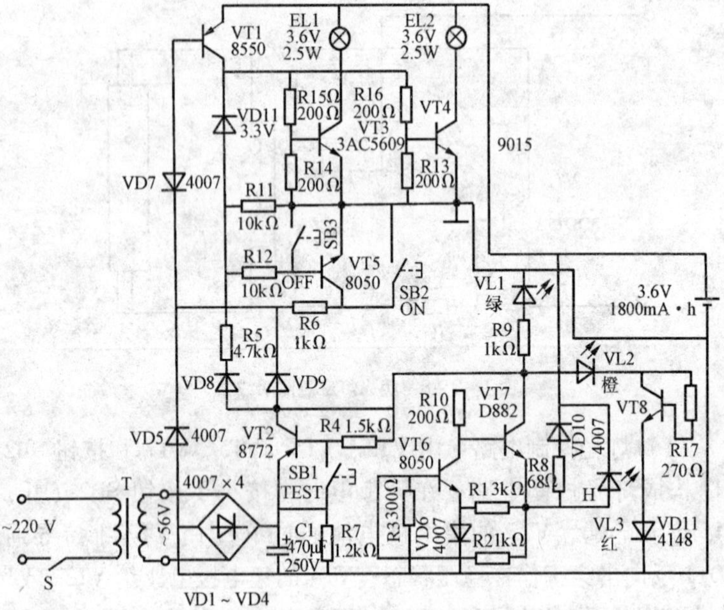

图 1－3－9 消防应急灯线路

(4) 试验电路：当按住试验按钮 SB1 不放时，VT1 截止。VD7 负载电位变低而正偏导通，使 VD5 导通，满足点灯条件，VL1、VL2 点亮；松开按钮 SB1 灯随即熄灭。试验电路的作用是测试点灯电路是否正常。

(5) 故障显示电路：由 VD13、VT8、R17 和 VD11 组成故障显示电路，如果外接电源电压过高使 VT8 导通，VL2 点亮，指示过电压故障。

第四节　碘钨灯、钠灯和高压水银灯线路

一、碘钨灯线路

卤钨灯是填充气体内含有部分卤族元素或卤化物的充气白炽灯，它利用卤钨循环原理来提高灯的发光效率和使用寿命，属于热辐射光源。碘钨灯一般制成圆柱形状玻璃管，两端灯脚为电源触点，管内中心的螺旋状灯钨丝，放置在灯丝支持架上，管内充有微量的碘，在高温下，利用碘循环而提高发光效率和延长灯丝使用寿命。

碘钨灯的线路如图 1 -4 -1 所示。

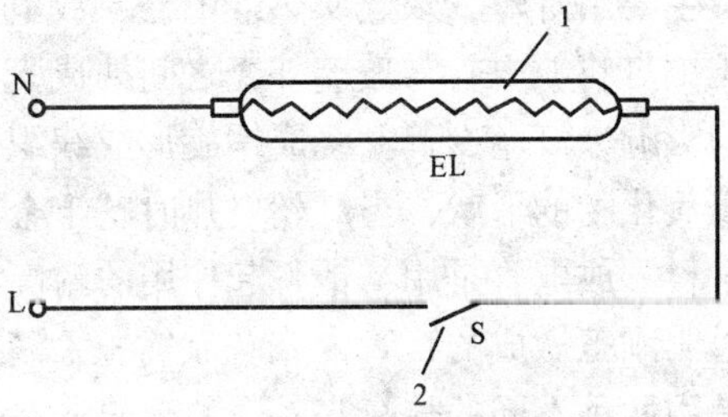

图 1 -4 -1　碘钨灯的线路

1. 碘钨灯　2. 开关

二、高压汞灯线路

高压汞灯又称高压水银荧光灯。它是荧光灯的改进型产品，属于高气压的汞蒸气放电光源。其结构有三种类型：一是 GGY 型荧光高压汞灯，这是最常用的一种；二是 GYZ 型自镇流高压汞灯，是利用自身的灯丝兼作镇流器；三是 GYF 型反射高压汞灯，是采用部分玻壳内壁镀反射层的结构，使光线集中均匀地定向反射。高压汞灯的外玻璃内壁均涂有荧光粉，它能将管壳内的

石英玻璃汞蒸气放电管辐射的紫外线转变为可见光，以改善光色，提高光效。高压汞灯不需启辉器来预热灯丝，但它必须与相应功率的镇流器串联使用，高压汞灯的光效高、寿命长，但启动的时间较长，显色性较差。高压汞灯线路如图 1－4－2 所示。

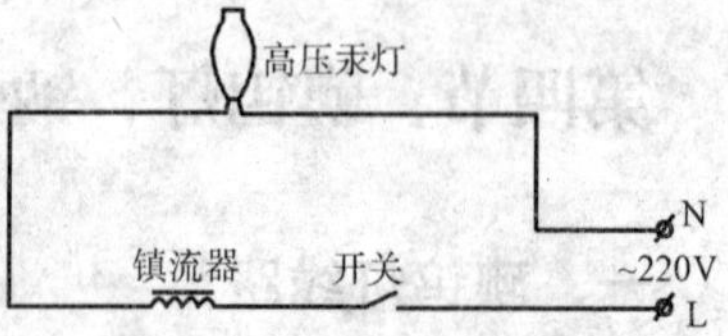

图 1－4－2　高压汞灯线路

三、高压钠灯线路

高压钠灯是一种发光效率高、用电省、透雾能力强的电光源，适用于街道、机场、车站、码头、港口、体育馆等场所照明用。高压钠灯主要由灯丝、双金属热继电器、放电管、玻璃外壳等组成。高压钠灯将放电管与玻璃外壳之间抽成真空，以减少环境气候对它的影响，灯丝由钨丝绕成螺旋形或编织成能储存一定数量碱土金属氧化物的形状，当灯丝发热时碱土金属氧化物就成为电子发射材料。放电管是用与钠不起作用的耐高温半透明氧化铝陶瓷或全透明刚玉做成的，管内充有氙气、汞滴和钠。双金属片热继电器是用两种不同的热膨胀系数的金属连在一起做成的。

高压钠灯线路如图 1－4－3 所示。当高压钠灯接入电源后，电流经过镇流器、热电阻、双金属片常闭触头而形成通路。此时放电管内无电流，经过一段时间，热电阻发热，使双金属片热继电器断开，在断开瞬间镇流器线圈产生很高的自感电动势，它和电源电压合在一起加在放电管两端，使管内氙气电离放电，温度升高，继而

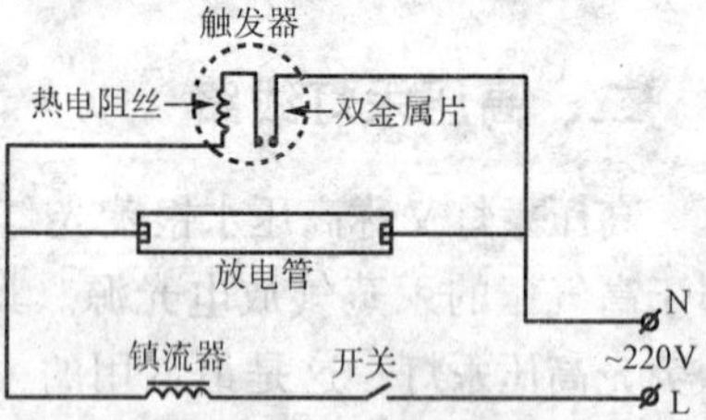

图 1－4－3　高压钠灯线路

使汞变为蒸气状态，当管内温度进一步升高时，使钠也变为蒸气状态。开始放电而放射出较强的可见光。高压钠灯在工作时，双金属片热继电器处在断开状态，电流只通过放电管。高压钠灯须与镇流器配合使用。

四、管形氙灯线路

管形氙灯线路如图 1－4－4 所示。图中 1、2 为高压输出端，应注意绝缘。触发控制端在触发时电流很大，需配上一只CJ10－20 接触器。启动时按下按钮 SB，灯管即可点亮，电路中 3 接相线，4 接零线，1、2 接灯管两端。

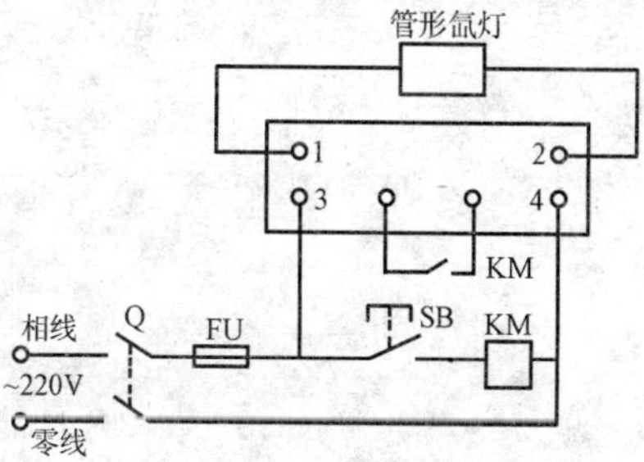

图 1－4－4 管形氙灯线路

五、金属卤化物灯线路

金属卤化物灯照明广泛应用于广场、高大厂房以及要求高照明度的场所。它的内管充有惰性气体和汞蒸气以及卤化物。卤化物是由碘、溴、锡和钠等金属化合物组成。这种灯的特点是发光效率高、功率大，但寿命较低，从启动到稳定正常发光需 15 min 左右。金属卤化物灯线路如图 1－4－5 所示。图 1－4－5a 为采用 380 V 电源电压接线电路，它需要专用的镇流器。图 1－4－5b 为采用 220 V 电源电压接线电路，它需要一只漏磁变压器，所标的镝灯为 DDG－250W 或 DDG－400W。

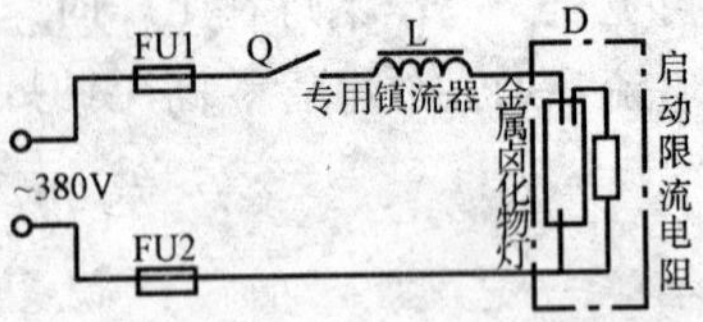

a. 380 V电源电压接线线路

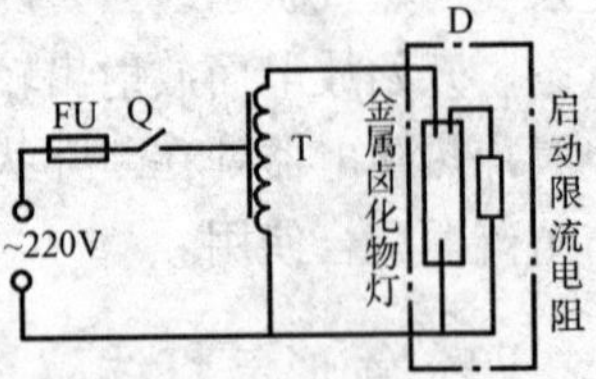

b. 220 V电源电压接线线路

图 1－4－5　金属卤化物灯接线线路

第二章　供配电线路

第一节　家庭配电线路

一、低压供电配电线路

1. 低压供电进户线路

低压供电进户线路如图 2－1－1 所示。低压供电进户线路主要由接户线、进户线、电能计量仪表 PJ 以及漏电保护开关等构成。

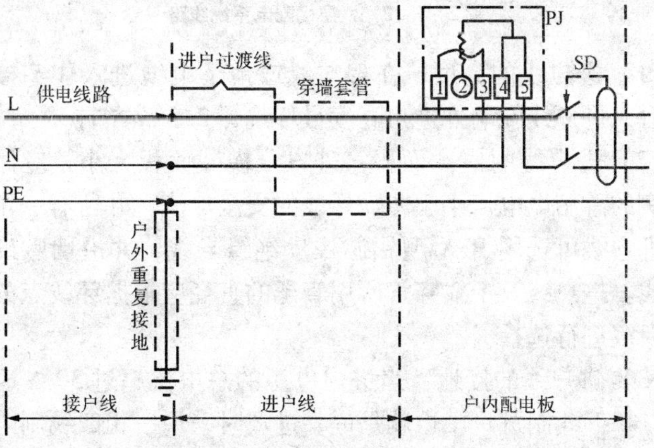

图 2－1－1　低压供电进户线路

2. 六层楼配电系统线路

六层楼配电系统线路如图 2－1－2 所示。对于多层楼配电系统的设计通常应注意以下几个方面的问题：

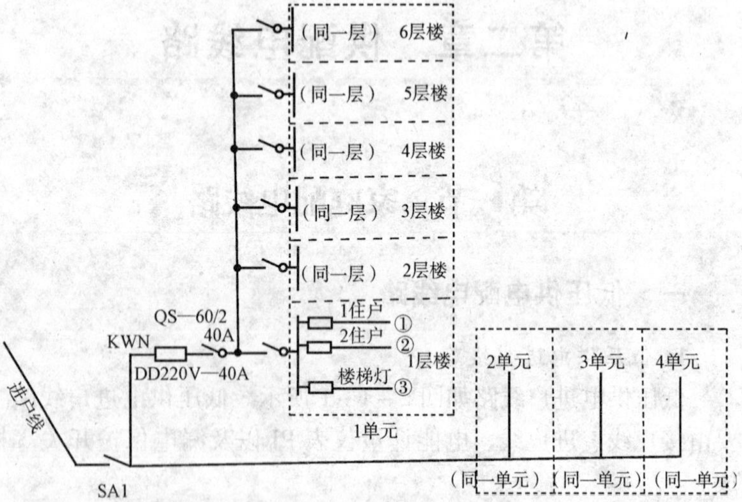

图 2－1－2 六层楼配电系统线路

（1）进户线的高度：在架空线或地下电缆进入住宅楼房配电箱时，进户线在墙外进户高度最好选择 2.5 m 左右。

（2）进户线的横截面积：进户线横截面积大小，应保证整个楼房的总用电电流小于所需导线的安全电流，并留有一定的余量。进户线可选用 BLX 型铝芯橡皮绝缘导线，并沿墙敷设明线或暗线。进户线及干线穿管所用管子的直径应根据穿线点的截面放大一级进行选择。

（3）进户线的接地：当进户电源的总电流超过 30 A 时，应采用三相五线制进户。也就是说，进户时采用三相四线制电源进入住宅楼的配电箱，再设置一根零线重复接地，也就是单独引入一根接地线，以使住宅楼房内的配电箱、导线钢管、插座接地孔均与专门进入的这根接地线进行连接。该接地线不得装设熔断器或刀开关。

安装时，这根单独引入的接地线必须直通用户用电设备的外壳，导线的颜色应与零线不同，要采用铜导线，其最小截面积应大于1.5 mm^2，如采用铝导线，则其最小截面积应大于2.5 mm^2。其接地电阻应小于4 Ω，最好在进入各用户处加装漏电开关。

3. 增加自动启动按钮的供电线路

有些地区经常停电，而有些用电设备又要求来电后立即投入工作，这时就必须在用电设备上安装自动启动按钮。其控制线路如图2－1－3所示，点画线部分为增加的线路。

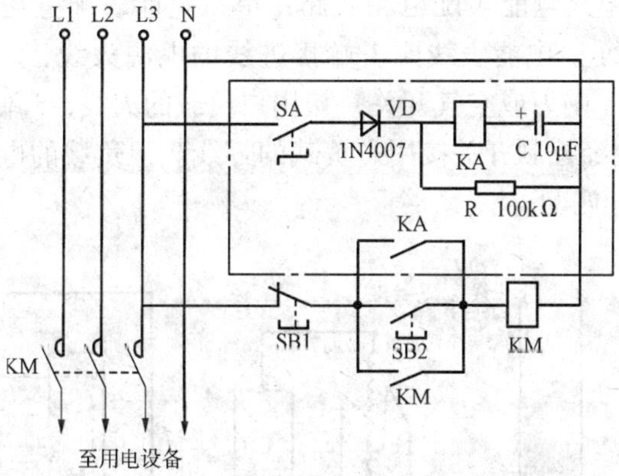

图2－1－3　增加自动启动按钮的供电线路

当旋钮开关SA处于断开位置时，灵敏继电器KA不起作用，由启动按钮SB2或停止按钮SB1控制接触器KM得电或失电，从而使用电设备启动或停止；当SA置于闭合位置时，交流电源来电后，经整流二极管VD整流，通过KA线圈对电容C充电，电容C两端电压开始为零，整流电压全部加在KA线圈两端，使KA得电吸合，其常开触头闭合，使KM得电吸合并自锁，用电设备启动工作。随着时间的延长，电容C的充电电流逐渐减小，KA线圈两端电压降低，其常开触头断开，完成一次启动工作。电阻 R 为电容 C 的放电电阻，以便交流电源停电再来电时再次自动启动。

该线路有延时保护功能。停电后电容 C 通过 KA 线圈和 R 放电需一定时间，因此若停电后很快再来电（间隔时间小于 1 s），就不能自动开机，这样可避免停电后瞬间来电，用电设备频繁开停而对电网、用电设备等造成冲击。

二、住宅配电线路

1. 配电箱线路

（1）单只电能表配电箱线路：单只电能表配电箱线路如图 2-1-4所示。电能表线圈 1 端接进线的电源火线，2 端经控制开关（15 A 闸刀或空气开关）接用户负载的火线，3 端接进线的零线，4 端经控制开关接用户负载的零线。但负载的电流大小应与电能表相匹配。

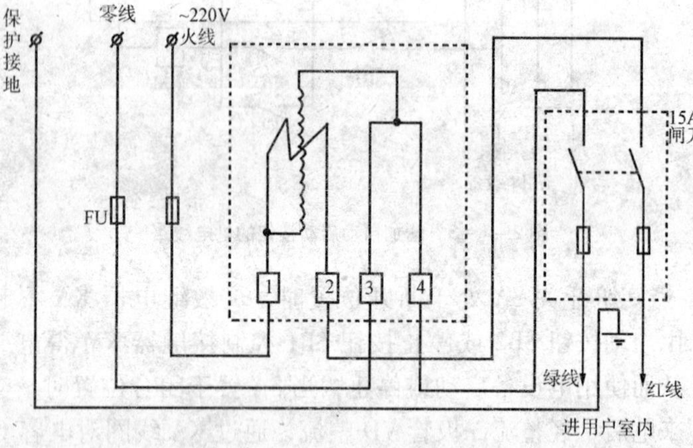

图 2-1-4 单只电能表配电箱线路

（2）多只电能表配电箱线路：三只电能表配电箱线路如图 2-1-5所示，电能表的连接方式与单只电能表的连线方式基本相同，也是 1 与 3 端进线，2 与 4 端出线后经开关进入用户。

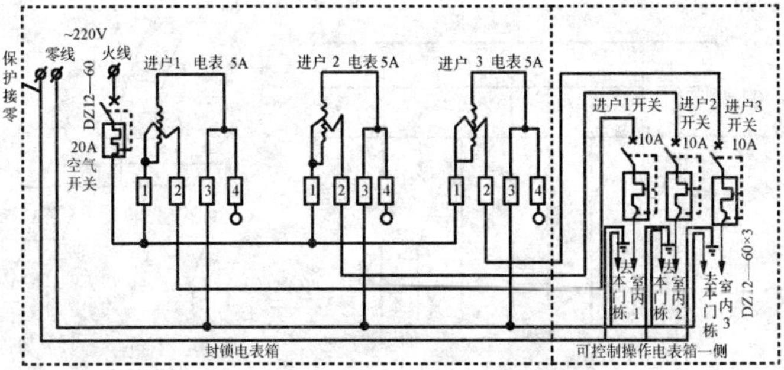

图2－1－5　三只电能表配电箱线路

2. 室内配电线路

（1）一室一厅配电线路：一室一厅配电线路如图 2－1－6 所示。一室一厅配电系统中共有三个回路，即照明回路、空调回路、插座回路。QS 为双极隔离开关，型号是 HY122—32A/2P，它有明显的断开间隙，以便维修安全。QF1～QF3 为双极低压断路器，其中 QF2、QF3 具有漏电保护功能。对于空调回路，如果采用壁挂式空调，因为人不易接触空调，可以不采用带漏电保护功能的断路，但对于柜式空调，则必须使用带漏电保护功能的断路器。

QF1～QF3 都具备过载脱扣功能。为了防止其他家用电器用电时影响计算机的正常工作，可以把图 2－1－6a 中的插座回路再分成家用电器供电插座和计算机供电插座两个插座回路，如图 2－1－6b 所示。两路共同受 QF3 控制，只要有一个插座漏电，则 QF3 就立即跳闸断电。PE 为保护接地线。

（2）两室一厅配电线路：两室一厅配电线路如图 2－1－7 所示。两室一厅户型一般都有客厅、卧室、厨房、卫生间。卧室、客厅要求（或预留）安装空调。通常，卧室安装壁挂式空调，客厅安装柜式空调（俗称柜机），柜式空调回路应具有漏电保护。插座要分厨房及卫生间（洗衣机用）一路，计算机与电视一路。

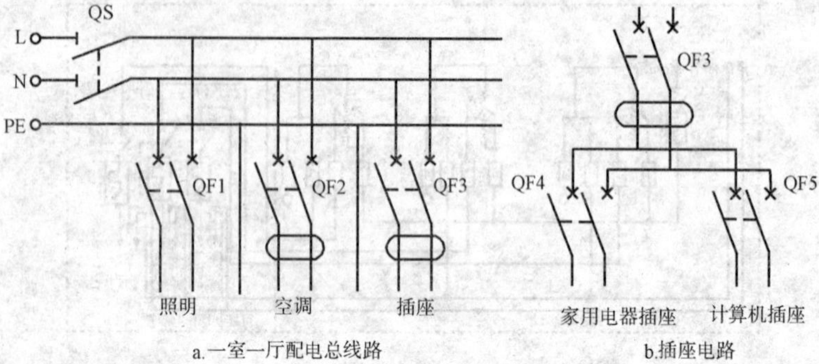

图2-1-6　一室一厅配电线路

照明电路可以设计两个回路，虽然增加了一次性投资，但当一个照明回路出现故障时，不影响第二个照明回路的正常工作，也有利于电工检修。

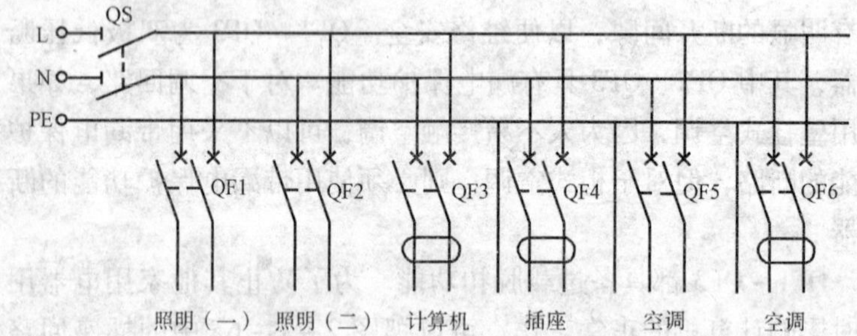

图2-1-7　两室一厅配电线路

（3）三室两厅配电线路：三室两厅配电线路如图2-1-8所示。三室两厅配电系统共有9个回路，各回路的用途均标注在图2-1-8中。空调全部采用壁挂式，所以空调回路没有漏电保护断路，如果客厅要采用柜式空调，则该回路应采用漏电保护断路器。

（4）四室两厅配电线路：四室两厅配电线路如图2-1-9所示。本线路共11个回路。其中两路做照明，一旦有一路发生

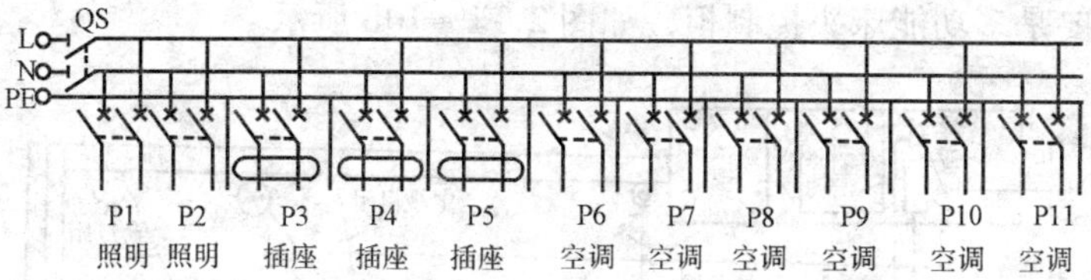

图2-1-8　三室两厅配电线路

短路等故障时，另一路能提供照明，以便检查。插座有三路，可分别送至客厅、卧室、厨房，这样不至于插座电线超负荷，避免电线过早老化，起到分容作用。六路空调回路，各室、厅都有空调（即使目前不安装，也必须预留，以免将来要安装时凿墙打孔），全部为壁挂式，所以不设漏电保护断路器。

总开关采用 HY122—63/2P 型隔离开关，断路器可采用 DZ30 型或 C45N 型，漏电保护断路器可选用 DZI 30 型、DLK 型。

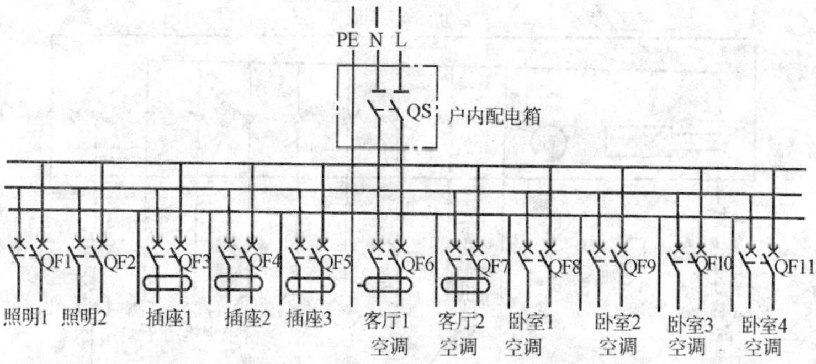

图2-1-9　四室两厅配电线路

3. 宾馆客房供电线路

近年来，普遍流行在宾馆客房中设置多功能用电床头柜，大大方便了旅客的休闲需求。宾馆客房供电线路如图 2-1-10a 所示。

宾馆客房供电线路主要由照明干线、空调控制电路、换气扇控制电路以及电视机和电冰箱控制电路等构成，其集中控制装置主要是多功能床头控制柜，如图 2－1－10b 所示。

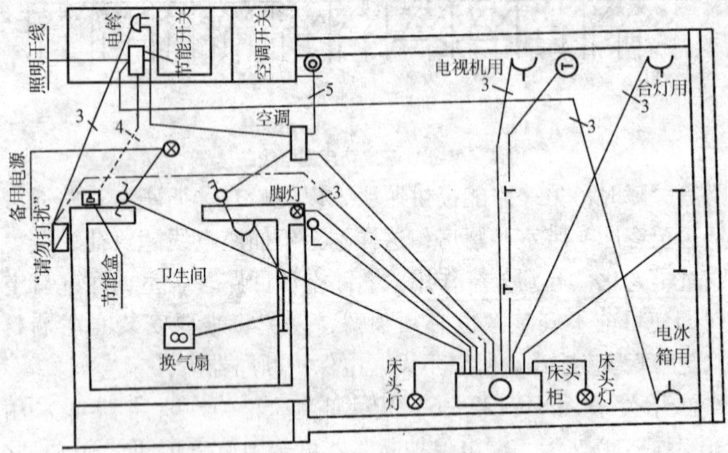

a.客户标准间供电线路

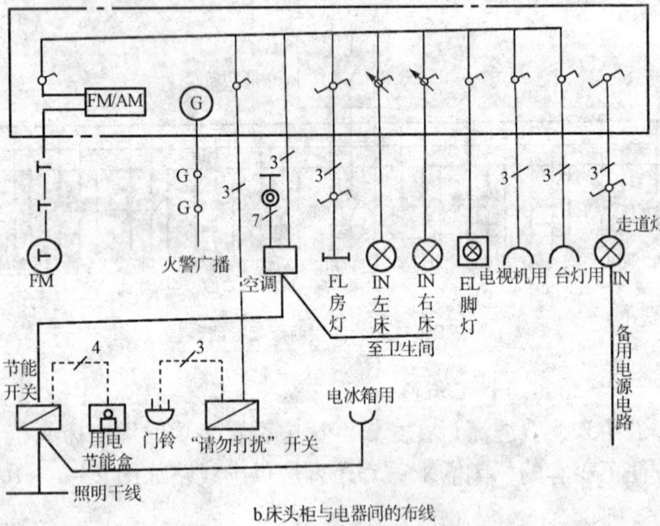

b.床头柜与电器间的布线

图 2－1－10　宾馆客房供电线路

走道灯、房间的一般照明、床头灯以及电视机等的电源，均可在多功能床头柜上进行控制。在客房门口及多功能床头柜上，设有“请勿打扰”及“访客门铃”等控制功能。为了节能，客房均设有节能钥匙，除电冰箱及走道灯外，都能自动切除电源。进门后将钥匙插入节能盒内，则可自由开启室内的一切用电设备。

凡是四星级以上宾馆的客房，走道灯都应作为备用照明，床头灯应采用可调光产品。等级标准较高的客房可不设一般照明，如需设置，可采用不同形式的漫射型灯具或向上照的装饰灯。一般客房可用荧光灯，它安装在窗帘盒上方，光由天花板向下反射，使光照效果良好。另外，图中还给出火灾报警用 1 W 音箱以及三波段收音机等线路，实际应用时可根据需要增删。

客房卫生间一般设有镜前灯，多采用日光式荧光灯嵌入镜前，吊顶安装，下设 PS 遮光板，用冷光色，色温在 5300 K 左右，使人感到卫生清洁。

第二节　企业供配电线路

一、低压供配电线路

1. 低压供电线路

(1) IT 低压供电系统：IT 低压供电系统如图 2－2－1 所示。IT 低压供电系统由供电设备、供电线路和用电设备等组成。IT 低压供电系统是电源端没有接地、负载端电气设备金属外壳进行保护接地的一种供电方式。第一个字母“I”表示电源端所有带电部分不接地或一点通过阻抗接地；第二个字母“T”表示设备外露导电部分的接地与电源系统的接地（无论是否接地）在电气上无关联。IT 低压供电系统在供电距离不太长时，供电可靠性高，安全性好，一般用于不允许停电或要求严格且连续供电的场所，如医院手术室、地下矿井等。这种供电方式不适宜在建筑工地上使用。

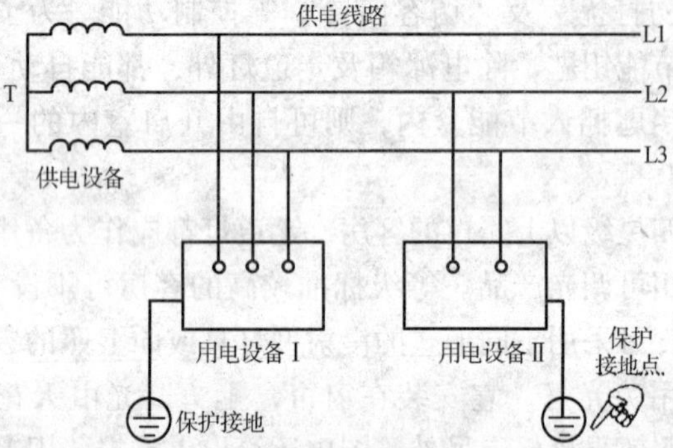

图2－2－1 IT低压供电系统

（2）TT低压供电系统：TT低压供电系统如图2－2－2所示。TT低压供电系统由供电设备、供电线路和用电设备等组成。TT低压供电系统有一点直接接地，设备外露导电部分的接地与电源系统接地在电气上无关联，也称为保护接地。第一个字母“T”表示电源系统中的一点直接接地；第二个字母“T”表示设备的外露导电部分的接地与电源系统的接地在电气上无关联。

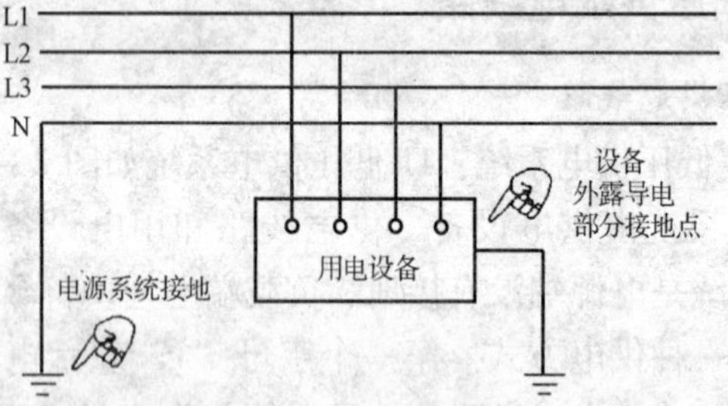

图2－2－2 TT低压供电系统

在TT低压供电系统中，一般将设备的金属外壳接地，与系统的中性点接地不相关联。当电气设备的绝缘损坏时，如果其外壳未接地，则外壳上就带有相电压，人体与之触碰就很危险。如果实行接地保护，就可以使绝大部分电流通过接地流散。因为人体电阻与接地电阻是并联的，而且人体电阻远大于接地电阻，所以通过人体的电流就很小。

（3）TN 低压供电系统：TN 低压供电系统如图 2－2－3 所示。TN 低压供电系统由供电设备、供电线路和用电设备等组成。

TN 低压供电系统中电源的中性点直接接地，负载设备的外露导电部分（金属外壳）通过保护导体与该接地点连接。其中“T”表示一点直接接地，“N”表示与低压系统的接地点有直接的电气连接。

根据中性导体与保护导体（保护接地）连接方式的不同，TN 系统又分为以下三种形式：TN－C 系统、TN－S 系统和 TN－C－S 系统。在 TN－C 系统中，中性导体和保护导体的功能合在一根导体上，如图 2－2－3a 所示；在 TN－S 系统中，中性导体和保护导体严格分开，如 2－2－3b 所示；在 TN－C－S 系统中，一部分中性导体和保护导体的功能合在一起，另一部分中件导体则和保护导体分开，如图 2－2－3c 所示。

2. 低压配电线路

（1）动力配电箱线路：动力配电箱线路如图 2－2－4 所示。动力配电箱线路由以下三部分组成：主电路、控制线路和信号指示电路。主电路包括电源开关 QF、交流接触器主触头以及连接导线等。

控制电路包括控制按钮 SB1、SB2 以及中间继电器 KA、交流接触器线圈 KM 等。信号指示电路包括电阻 R 以及信号指示灯 HL1～HL3 等。

使用时，合上 QF，按下控制按钮 SB2，中间继电器 KA 得电动作并自锁，同时接通交流接触器 KM 线圈工作回路，KM 得电动作，主触头闭合，负载得电工作。

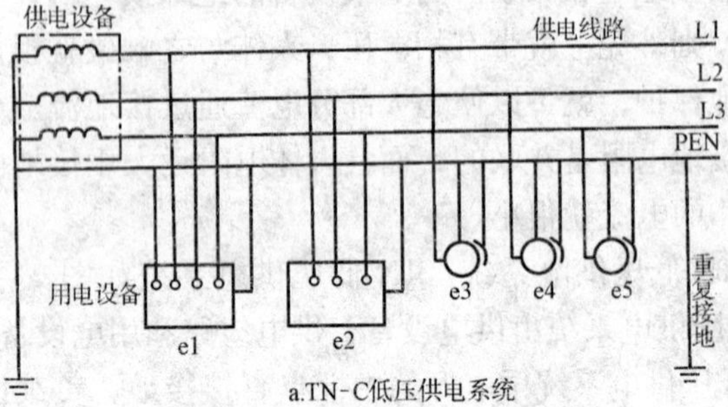

a.TN-C低压供电系统

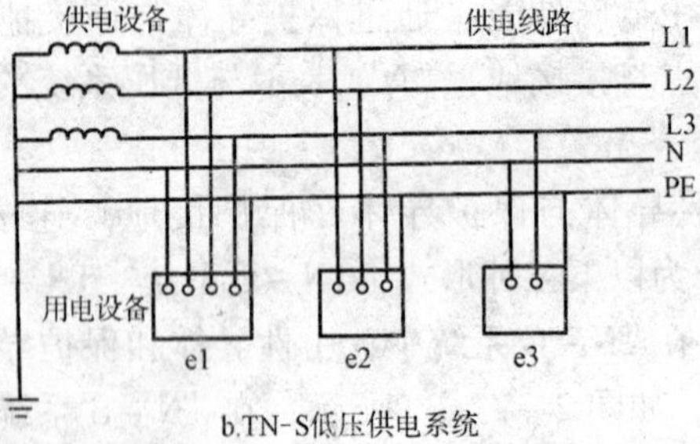

b.TN-S低压供电系统

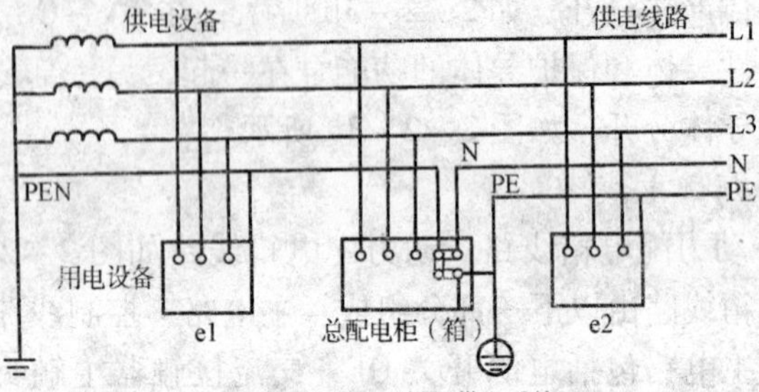

c.TN-C-S低压供电系统

图2-2-3 TN低压供电系统

如果L3相断路，则KA线圈失电；如果L2相断路，则KM线圈失电；如果L1相断路，则KA、KM两只线圈都失电。所以，L1、L2、L3中无论哪一相断路，都会跳闸，从而实施对负载电路断相的保护。

为了防止控制回路中控制触头出现故障，这个电路还增设了

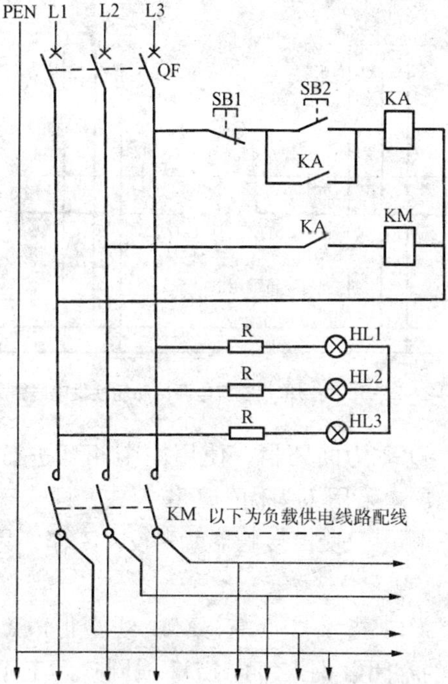

图 2-2-4　动力配电箱线路

各相信号指示灯。如果控制电路在负载回路出现断相时不能准确动作，检修人员还可通过观察信号指示灯判断负载端是否断相；HL1 熄灭，L3 断相；HL2 熄灭，L2 断相；HL3 熄灭，L1 断相。

（2）两路单相交流电源自动切换供电线路：两路单相交流电源自动切换供电线路如图 2-2-5 所示。

两路单相交流电源自动切换供电线路由以下两部分组成：Ⅰ路电源控制电路和Ⅱ路电源控制电路。Ⅰ路电源控制电路包括电源开关 QF1、交流接触器 KM1、交流接触器 KM2 的一个常闭触头以及电源信号指示灯等。Ⅱ路电源控制电路包括电源开关 QF2、交流接触器 KM2、交流接触器 KM1 的一个常闭触头以及电源信号指示灯等。

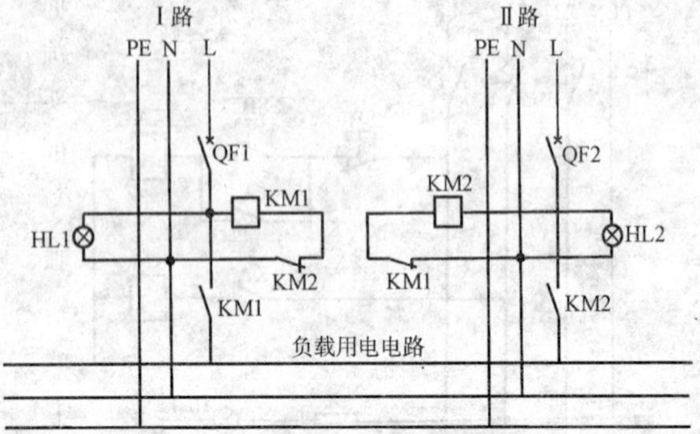

图2-2-5 两路单相交流电源自动切换供电线路

图中QF1、QF2为断路器，使用两个相互进行电气联锁的220 V交流接触器。采用人为优先工作模式，即人工控制哪一路接触器先得电，哪一只交流接触器就先投入工作，另一只接触器就等待备用。

合上QF1，HL1指示灯点亮，KM1线圈得电动作，断开与KM2线圈串联的常闭触头，禁止KM2线圈投入工作，KM1主触头闭合，将电源送达负载用电电路。

如果Ⅰ路电源失电，则交流接触器KM1的线圈失电，于是其常闭触头复位，在合上QF2的情况下，HL2点亮。KM2线圈得电动作，断开串联在KM1线圈回路中的常闭触头，防止KM1线圈投入工作。KM2线圈吸合后，其主触头闭合，保证负载用电电路继续得电运行。

如果仅用一路电源供电，可以将另一路的电源开关断开。这样，合上所用电路的电源开关，供电电路有电时，交流接触器工作，主触头闭合，为用电负载电路供电。当供电电路失电时，交流接触器停止工作，负载电路同样停止工作。

(3) 两路三相交流电源自动切换供电线路1：两路三相交流电源自动切换供电线路如图2-2-6所示。两路三相交流电源自动切换供电线路主要由Ⅰ路电源控制电路和Ⅱ路电源控制电路所构成。其中，Ⅰ路电源控制线路包括电源开关 QF1、交流接触器 KM1、时间继电器 KT1 以及交流接触器 KM2 的常闭触头等；Ⅱ路电源控制线路包括电源开关 QF2、交流接触器 KM2、时间继电器 KT2 以及交流接触器 KM1 的常闭触头等。

运行时，先合上开关 QF1，再合上 QF2，则交流接触器 KM1 的线圈首先得电，其主触头将电源接入负载工作电路。同时，KM1 的辅助常闭触头断开，KM2 线圈处于热备用状态。如果Ⅰ路电源因故停电，则交流接触器 KM1 的线圈失电，在主触头释放的同时，与 KM2 线圈串联的辅助常闭触头复位闭合，接通时间继电器 KT2 的线圈回路，KT2 线圈得电动作，与 KM2 线圈串联的延时闭合触头接通，KM2 线圈得电动作，其主触头闭合，为负载电提供电源。同时，KM2 与 KM1 线圈串联的常闭触头打开，不允许 KM1 动作，断开与 KT2 线圈串联的常闭触头，KT2 延时闭合触头瞬时释放。如果 KM1 控制的Ⅰ路电源恢复正常，则Ⅰ路电源转为热备用状态，Ⅱ路电源继续供电。

图 2－2－6 中 QF1、QF2 为断路器，两只交流接触器线圈的额定工作电压为 380 V，两只时间继电器线圈的额定工作电压也是 380 V。用时间继电器分别控制交流接触器 KM1 和 KM2 的线圈启动，又反过来利用交流接触器辅助常闭触头的断开切断时间继电器线圈的工作电源。使用交流接触器的常闭触头，对另一路控制线路的公共连线实行联锁控制，保证Ⅰ路电源投入时Ⅱ路电源备用，或者Ⅱ路电源投入时Ⅰ路电源备用。

这个电路采用人为优先和时间可选优先控制模式，即人工控制与时间控制相结合的控制方式，在相同时间控制下，哪一路时间继电器先得电，哪一只交流接触器就先工作，而另一路时间继电器和交流接触器就处于备用状态。如果两路电源同时送电，且 QF1、QF2 同时合上，则哪一路投入运行、哪一路作为备用取决于时间继电器的动作结果。一般要求这两只时间继电器的动作时间要错开，如错开 2 s。实际操作时，要依次送电，通过人为分级控制就可以避免时间继电器竞争接通。如果只用一路电源供电，则只要合上断路器中的任意一只，让另一只电源开关处于冷备用状态即可。

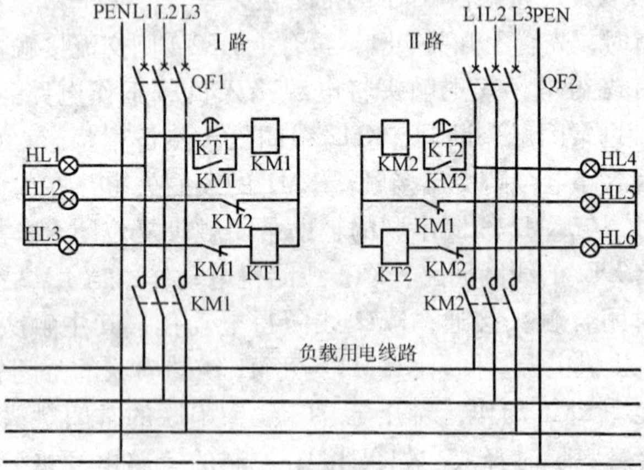

图 2-2-6　两路三相交流电源自动切换供电线路 1

(4) 两路三相交流电源自动切换供电线路 2：两路三相交流电源自动切换供电线路 2 如图 2-2-7 所示。该线路与图 2-2-6所示线路相比，少用了一个时间继电器，也是利用两个接触器互锁完成电源自动切换的。

用电时可同时合上刀闸开关 QS1 和 QS2，KM1 得电吸合，同时，时间继电器 KT 也得电，但由于 KM1 的吸合，KM1 常闭触点又断开了时间继电器的电源，这时甲电源向负载供电。当甲电源因故停电时，KM1 接触器释放，这时 KM1 常闭触点闭合，接通时间继电器 KT 线圈上的电源，时间继电器经延时数秒后，使 KT 延时常开触点闭合，KM2 得电吸合，并自锁。由于 KM2 的吸合，其常闭触点一方面断开延时继电器线圈电源，另一方面又断开 KM1 线圈的电源回路，使甲电源停止供电，保证乙电源

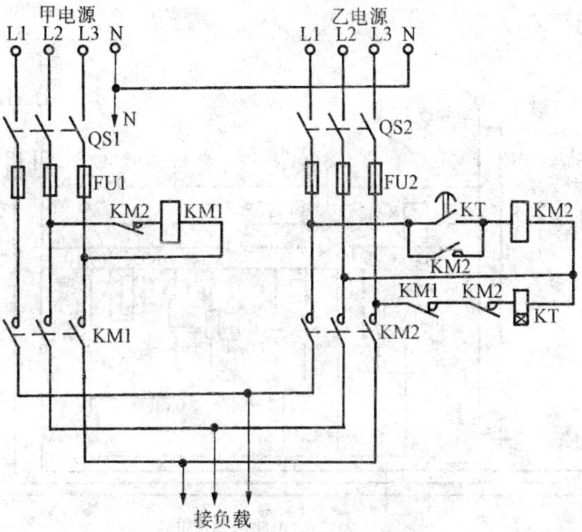

图2-2-7　两路三相交流电源自动切换供电线路2

进行正常供电。如果乙电源工作一段时间停电后，KM2 常闭触点会自动接通线圈 KM1 的电源，换为甲电源供电。

接触器应根据负载大小选定，时间继电器可选用 0～60 s 的交流时间继电器。

（5）两路三相交流电源自动切换供电线路 3：两路三相交流电源自动切换供电线路 3 如图 2-2-8 所示。1 号电源为主电源，2 号电源为备用电源。当合上 QS1 和 QS2 时，交流接触器 KM1、KM3 同时得电，分别接通 1 号电源和延时电路。而 KM1 常闭触点断开，又使 KM3 断电，这时 1 号电源正常供电。若因故 1 号电源停电，则 KM1 断电释放，KM3 得电，KT 线圈得电，其常开触点闭合，又使 KM2 得电，接通 2 号电源，由 2 号电源供电。同时 KM2 的常闭触点又断开了 KM3 线圈电源，KM3 断电释放、KT 也断电释放，但因 KM2 已自锁，保持 2 号电源供电。

本电路适用于三相四线制低压供电系统中，也可作为单相供电的备用电源自动控制电路。

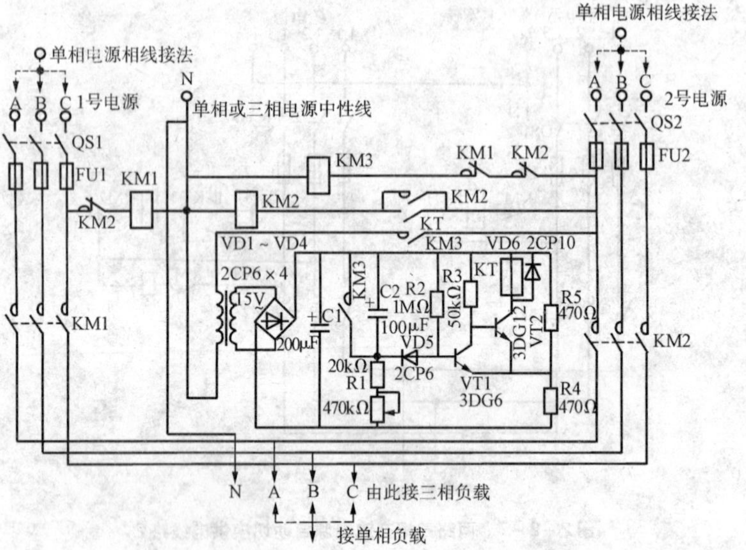

图 2-2-8　两路三相交流电源自动切换供电线路 3

（6）外电网电源与自备发电电源转换线路：为了避免因外电网电源停电带来的损失，许多单位配备了发电设备。但有时误将自发电送向外电网，或外电源来电时倒送入发电机，危及人身和设备安全，为此可采用图 2-2-9 所示的外电网电源与自备发电电源转换线路。

合上刀开关 QS1，当外电源有电时，继电器 KA 得电动作，其常开触头闭合，使接触器 KM1 得电动作，KM1 主触头闭合，外电源即向配电柜送电，同时 KM2 线圈不会得电。当外电源断电时，KA、KM1 线圈失电，KM1 主触头复位，切断负载回路，KM1 辅助常闭触头复位，为 KM2 线圈得电做好准备。

启动自备发电机，合上刀开关 QS2，然后按下启动按钮 SB2，KM2 线圈得电动作并自锁，KM2 主触头闭合，自备发电机向配电柜送电，同时 KM2 辅助常闭触头断开，KA 线圈不会得电。

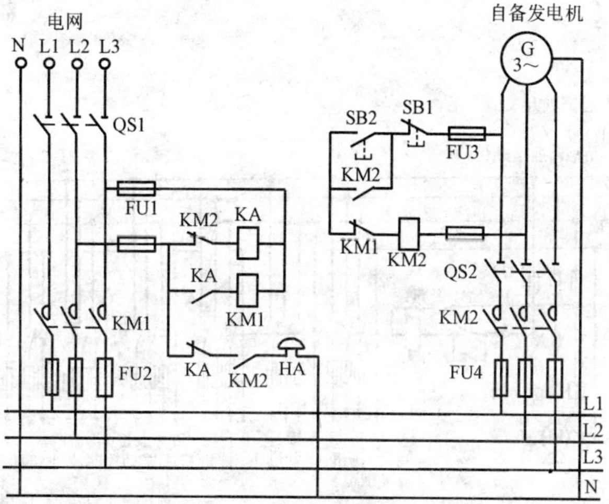

图2-2-9　外电网电源与自备发电电源的转换线路

3. 建筑工地配电线路

（1）建筑工地配电总线线路：图2-2-10所示是一种最基本、最常用的建筑工地配电总线线路，共分为九个供电支路：六个三相供电支路，分别为潜水泵电动机、卷扬机配电箱、打夯机、搅拌机、电焊机与振动棒、临时小型配电箱提供电源；三个单相供电支路，分别为手动工具临时配电箱、施工照明、照明备用供电。

建筑施工配电设备根据其用电量及用电设备的实际要求，装在防雨绝缘的配电箱内，故而可以设置总保险、总电源开关、分路空气开关、闸刀、单相照明闸刀以及三相四线制的临时四眼插座和单相三孔的插座等。

（2）建筑工地配电箱线路：图2-2-11是一种最基本、最常用的建筑工地配电箱线路。为了方便各种移动电动工具的使用而设置的具有防雨功能的小型配电箱，可以通过四孔插座和四芯橡皮电线，连接到移动工具的现场，以便于施工的操作。

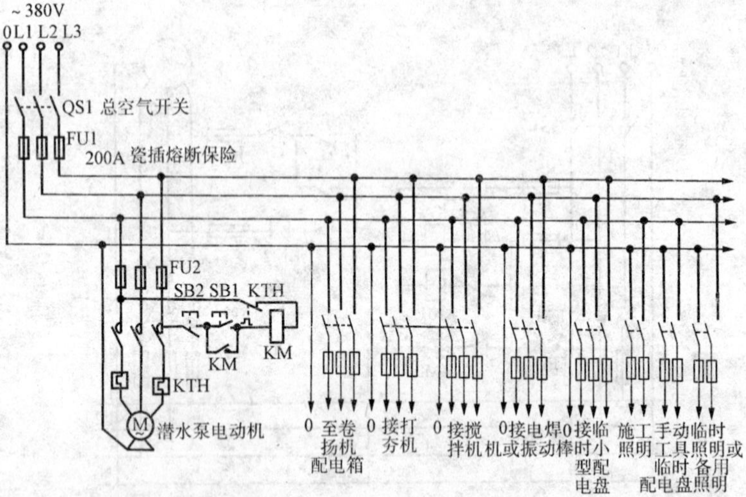

图 2-2-10　建筑工地配电总线线路

移动小型动力配电箱（盒）可以根据需要在不同的地点设置多个供方便使用。图 2-2-11 所示配电箱设置了六个供电支路，两个四孔插座供电提供给振动棒、打夯机等使用，三个三孔插座供电锤单相电动工具使用，一个两孔插座供电钻等使用。

图 2-2-11 所示移动小型动力配电箱（盒）内也应设置总电源开关及保险丝等，配电盒中的指示灯还可兼做临时照明灯使用，小型动力配电箱（盒）与建筑配电总线之间可通过两芯橡皮电缆进行连接，但应具有防雨绝缘措施，以保证用电的安全。小型动力配电箱（盒）也应注意防雨和绝缘，也可为各个插座加装分支闸刀。

（3）建筑装修用单相三线配电板线路：

1）房屋装修用单相三线配电板线路：房屋装修用单相三线配电板线路如图 2-2-12 所示。房屋装修用单相三线配电板线路由带漏电保护的电源开关 SD、电源指示灯 HL、三芯电源插座 XS1 ~ XS6 以及绝缘导线等组成。

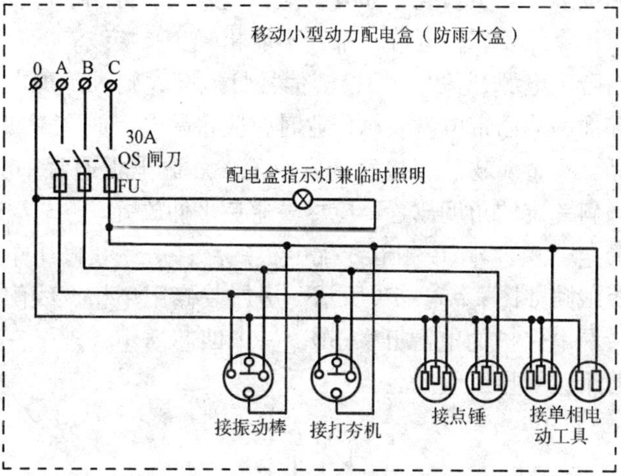

图 2－2－11　建筑工地配电箱线路

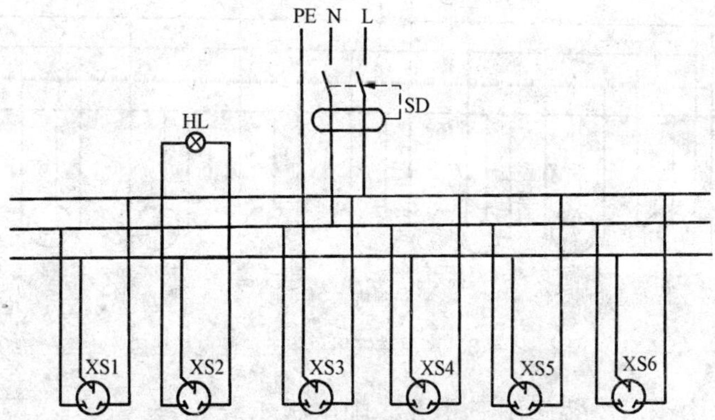

图 2－2－12　房屋装修用单相三线配电板线路

由于房屋装修用单相三线配电板非常频繁，故引入配电板的电源线要用优质的护套橡胶三芯多股软铜线。配电板的所有配线均安装在配电板的反面，然后用三合板或其他合适的木板封装，并且用油漆涂刷一遍。每次使用配电板之前，均应对护套绝缘电源线进行安全检查，如有破损，应处理后再用。电源工作零线与保护零线要严格区分开来，不能相互交叉接线。

当合上电源开关 SD 后，若信号灯点亮，则表示配电板上的电路和插座均已带电。装修作业时，应将配电板放在干燥、无易燃物品、无金属物品相接触的安全地段。配电板通常垂直放置，也可倾斜一定的角度放置，应尽量避免平仰放置。

2）房屋装修用单相五线配电板线路：房屋装修用单相五线配电板线路如图 2－2－13 所示。房屋装修用单相五线配电板线路由带漏电保护的电源开关 SD、一个四芯插座、六个三芯插座以及若干绝缘导线组成。

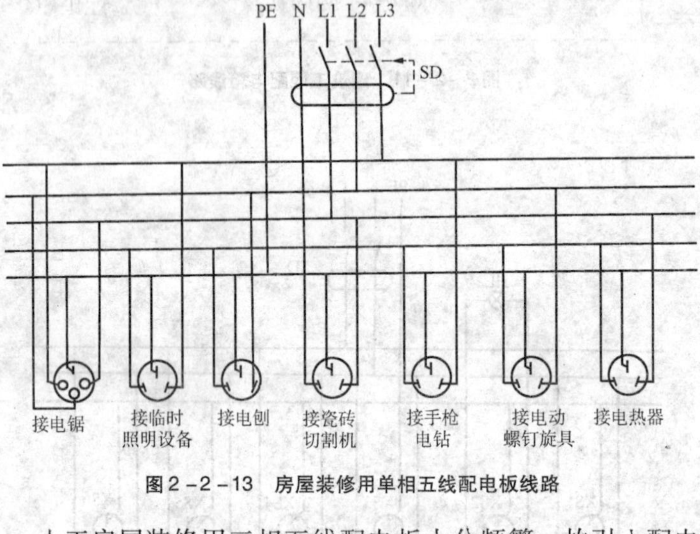

图 2－2－13　房屋装修用单相五线配电板线路

由于房屋装修用三相五线配电板十分频繁，故引入配电板的电源线要用优质的护套橡胶五芯多股软铜线。配电板的所有配线均安装在配电板的反面，然后用三合板或其他合适的木板封装，并且用油漆涂刷一遍。每次使用配电板之前，均应对护套绝缘电源线进行安全检查，如有破损，应处理后再用。电源工作零线与保护零线要严格区分开来，不能相互交叉接线。

二、高压供配电线路

1. 电力传输线路

高压传输的过程如图 2－2－14 所示。从发电厂或变电站升压把电力输送到降压变电站的高压电力线路叫输电线路，电压一般在 35 kV 以上。

从降压变电站把电力送到配电变压器的电力线路，叫高压配电线路，电压一般为 3 kV、6 kV、10 kV。

从配电变压器把电力送到用电点的线路叫低压配电线路，电压一般为 380 V/220 V。

就配电线路来讲，一般电压在 1～10 kV 者叫高压配电线路，电压 1 kV 以下者为低压配电线路。目前，我国电力线路电压等级有 6 kV、10 kV、35 kV、110 kV、220 kV、330 kV。

2. 高压电气主接线

（1）一路电源进线的单母线接线：如图 2－2－15 所示，这种接线方式适用于负荷不大、可靠性要求稍低的场合。当没有其他备用电源时，一般只用于三级负荷的供电；当进线电源为专用架空线或满足二级负荷供电条件的电缆线路时，则可用于二级负荷的供电。

（2）两路电源进线的单母线接线：如图 2－2－16 所示，两路 10 kV 电源一用一备，一般也都用于二级负荷的供电。

（3）无联络的分段单母线接线：如图 2－2－17 所示，两路 10 kV 电源进线，两段高压母线无联络，一般采用互为备用的工作方式。这种接线多用于负荷不太大的二级负荷的供电。

（4）母线联络的分段单母线接线：如图 2－2－18 所示，这是最常用的高压主接线形式，两路电源同时供电、互为备用，通常母联开关为断路器，可以手动切换，也可以自动切换，如果有后备措施，可适用于一级负荷的供电。

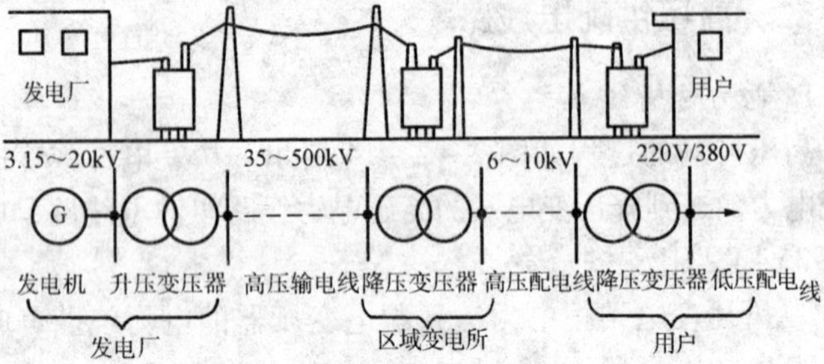

a.电力传输示意

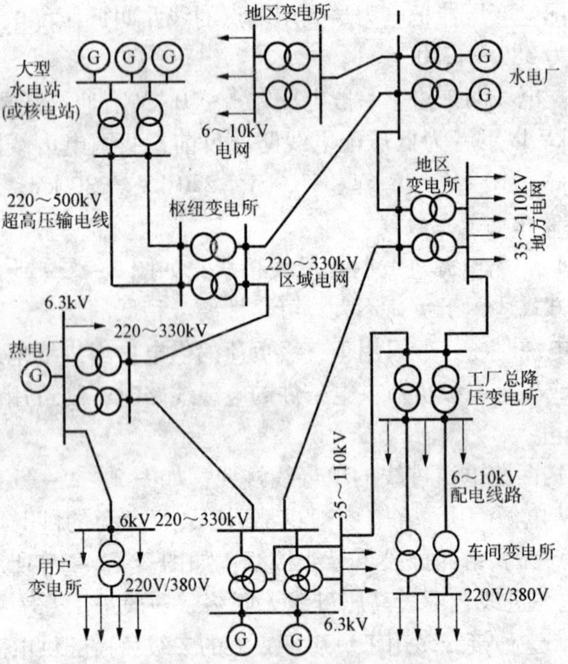

b.电力传输的过程

图2－2－14 电力传输系统

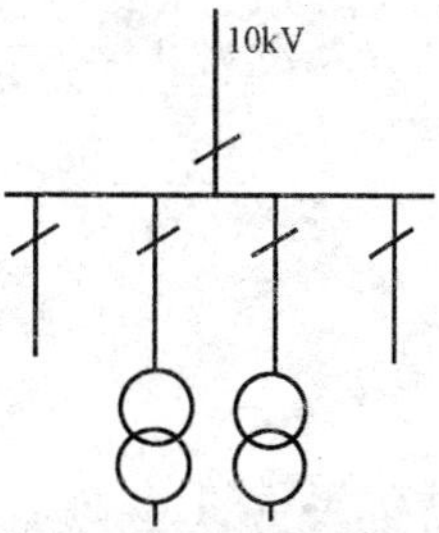

图 2-2-15　一路电源进线的单母线接线

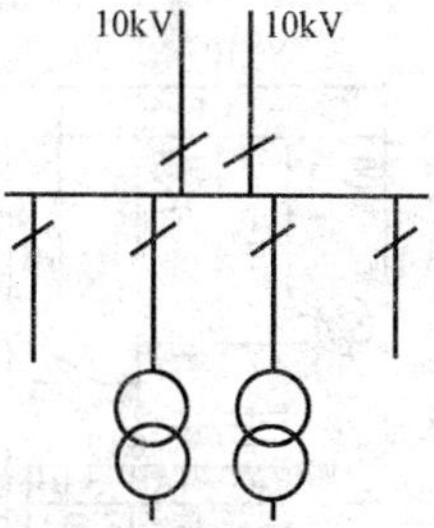

图 2-2-16　两路电源进线的单母线接线

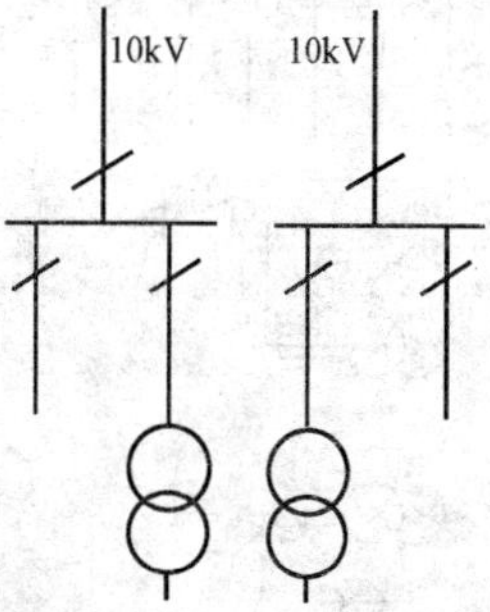

图 2-2-17　无联络的分段单母线接线

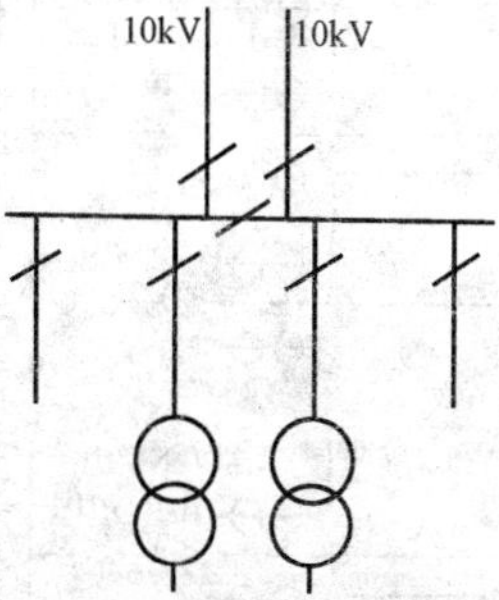

图 2-2-18　母线联络的分段单母线接线

3. 高压变（配）电所的主接线

高压变（配）电所担负着从电力系统受电并向各车间变（配）电所及某些高压用电设备配电的任务，图 2-2-19 所示是高压变（配）电所主接线电路。这一高压变（配）电所主接线方案具有一定的代表性。下面依其电源进线、母线和出线的顺序对此变（配）电所 WDT 进行分析介绍。

（1）电源进线：该变（配）电所有两路 10 kV 电源进线，一路是架空线 WL1，另一路是电缆线 WL2。最常见的进线方案是一路电源来自发电厂或电力系统变（配）电站，作为正常工作电源，而另一路电源则来自邻近单位的高压联络线，作为备用电源。

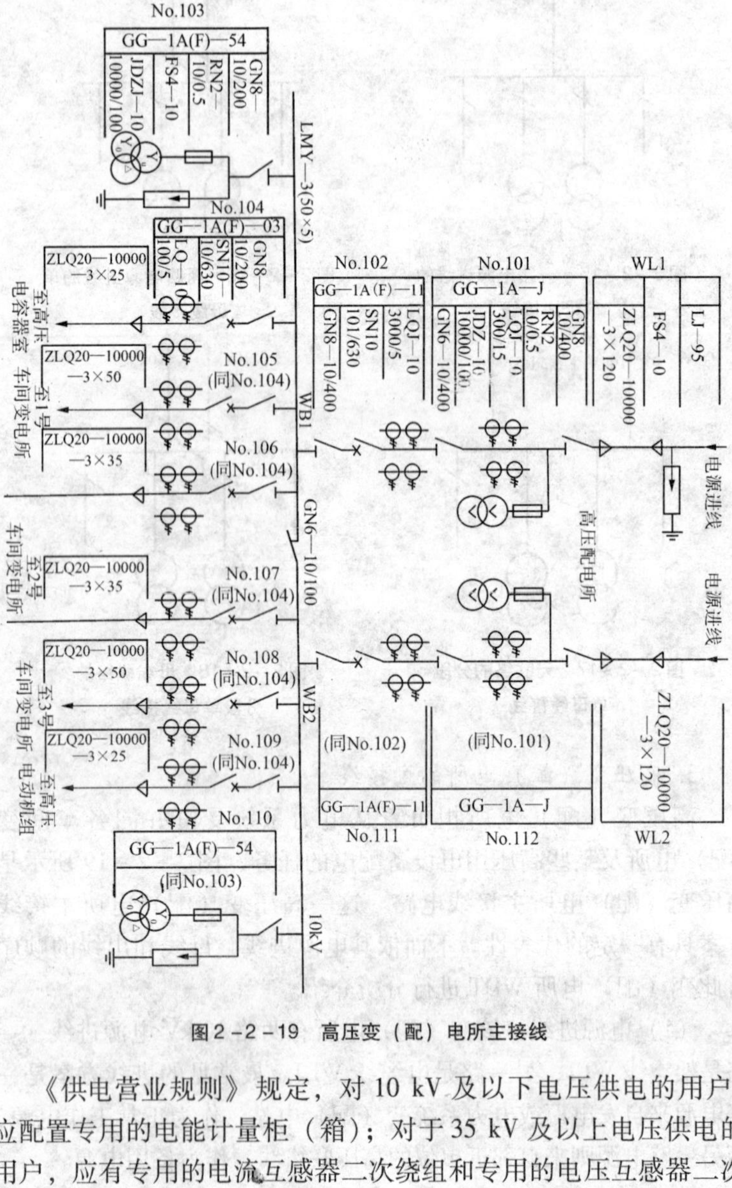

图 2－2－19　高压变（配）电所主接线

《供电营业规则》规定，对 10 kV 及以下电压供电的用户，应配置专用的电能计量柜（箱）；对于 35 kV 及以上电压供电的用户，应有专用的电流互感器二次绕组和专用的电压互感器二次连接线，并不得与保护、测量回路共用。根据以上规定，应在两路电路进线的主开关（高压断路器）柜之前（在其后亦可）各装设一台 GG—1A—J 型高压计量柜（No. 101 和 No. 112），其中的电流互感器和电压互感器只用来连接计费的电能表。

装设进线断路器的高压开关柜（No. 102 和 No. 111）需要与计量柜相连，因此采用 GG—1A(F) Ⅱ 型。由于进线采用高压断路器控制，所以切换操作十分灵活、方便，而且可配以继电保护和自动装置，使供电可靠性大大提高。

考虑到进线断路器在检修时有可能两端来电，因此为保证断路器检修时的人身安全，断路器两侧都必须装设高压隔离开关。

（2）母线：母线（文字符号为 W 或 WB）又称汇流排，是配电装置中用来汇集和分配电能的导体。

高压变（配）电所的母线，通常采用单母线制。如果是两路或以上电源进线时，则采用高压隔离开关或高压断路器（其两侧装隔离开关）分段的单母线制。母线采用隔离开关分段时，分段隔离开关可安装在墙上，也可采用专门的开关柜（亦称联络柜），如 GG—1A 型柜。

图 2－2－19 所示高压变（配）电所通常采用一路电源工作、一路电源备用的运行方式，因此母线分段开关通常是闭合的，高压并联电容对整个变（配）电所进行无功补偿。如果工作电源发生故障或进行检修时，在切除该进线后，投入备用电源即可恢复对整个变（配）电所的供电。如果装设备用电源自动投入装置，则供电可靠性可进一步提高，但这时进线断路器的操作机构必须是电磁式或弹簧式。

为了测量、监视、保护和控制主电路设备的需要，每段母线上都接有电压互感器，进线上和出线上都接有电流互感器。图 2－2－19上的高压电流互感器均有两个二次绕组，其中一个接测量仪表，另一个接继电保护装置。为了防止雷电过电压侵入变（配）电所时击毁其中的电气设备，各段母线上都装设了避雷器。避雷器和电压互感器共同装设在一个高压柜内，且共用一组高压隔离开关。

4. 35 kV 常用中心变电站的电气主接线

35 kV 常用中心变电站的电气主接线示意图如图 2 - 2 - 20 所示。变电站包括 35 kV/10 kV 中心变电站和 10 kV/0. 4 kV 变电室两个部分。中心变电站的作用是把 35 kV 的电压降到 10 kV，并把 10 kV 电压送至厂区各个车间的 10 kV 变电室，供车间动力、照明及自动装置用电；10 kV/0. 4 kV 变电室的作用是把 10 kV 电压降至 0. 4 kV，送到厂区办公、食堂、文化娱乐、宿舍等公共用电场所。

从主接线图可以看出，其供配电系统共有三级电压，三级电压均靠变压器连接，其主要作用就是把电能分配出去，再输送给各个电力用户。变（配）电站内还装设了保护、控制、测量、信号及功能齐全的自动装置，由此显示出变（配）电站装置的复杂性。

观察主接线图，可看出系统为两路 35 kV 供电，两路分别来自于不同的电站，进户处设置接地隔离开关、避雷器、电压互感器。这里设置隔离开关的目的是线路停电时，该接地隔离开关闭合接地，站内可以进行检修，省去了挂临时接地线的工作环节。

与接地隔离开关并联的另一组隔离开关，作用是把电源送到高压母线上，并设置电流互感器，与电压互感器构成测量电能的取样元件。

高压母线分为两段，两段之间的联络采用隔离开关，当一路电源故障或停电时，可将联络开关合上，两台主变压器可由另一路电源供电。联络开关两侧的母线必须经过核相，以保证它们的相序相同。

图中每段母线上均设置一台主变压器，变压器由 DW3 油断路器控制，并在断路器的两侧设置隔离开关 GW5，以保证断路器检修时的安全。变压器两侧设置电流互感器 3TA 和 4TA，以便

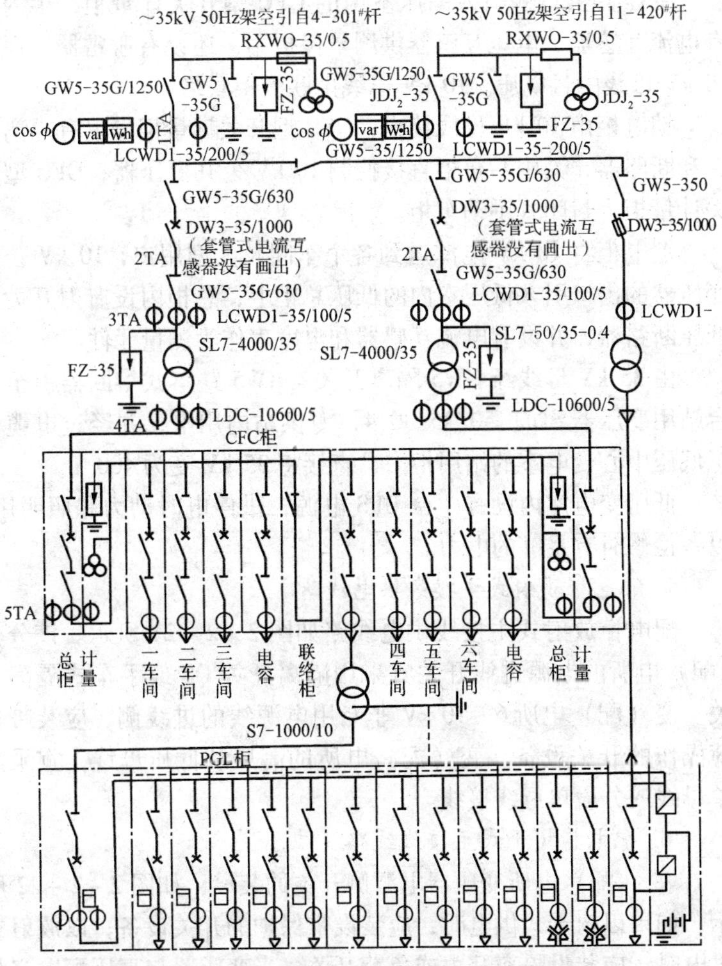

图 2－2－20　35 kV 常用中心变电站的电气主接线示意图

构成变压器的差动保护。同时在主变压器进口侧设置一组避雷器，目的是实现主变压器的过电压保护；在进户处设置的避雷器，目的是保护电源进线和母线的过电压。由断路器的套管式电流互感器 2TA 是做保护测量之用。

变压器出口侧引入高压室内的 GFC 型开关计量柜，柜内设有电流互感器、电压互感器供测量保护用，还设有避雷器，保护 10 kV 母线的过电压。10 kV 母线由联络柜联络。

馈电柜由 10 kV 母线接出，GFC 型开关计量柜设置有隔离开关和断路器，其中一台柜直接控制 10 kV 公共变压器，GFC 型开关计量柜为封闭式手动车柜。

馈电柜将 10 kV 电源送到各个车间及大型用户，10 kV 公共变压器的出口引入低压室内的低压总柜上，总柜内设有刀开关和低压断路器，并设有电流互感器和电度表作为测量元件。

由 35 kV 母线经 GW5 隔离开关，RW5 跌落式熔断器引至一台站用变压器 SL7—50/35—0.4，专供站内用电，并经过电缆引至低压中心变电室的站用柜内，直接将 35 kV 变为 400 V。

低压变电室内设有 4 台 UPS 电源，供停电时动力和照明用，以备检修时有足够的电力。

5. 配电柜放射式主接线供电线路

配电柜放射式主接线供电线路如图 2－2－21 所示。该分变（配）电所的电源进线开关宜采用隔离开关 QS 或手车式隔离开关。变（配）电所 6～10 kV 非专用电源线的进线侧，应装带负荷操作的开关设备。变（配）电所的高压和低压母线，宜采用单母线或分段单母线接线。

6. 配电柜树干式主接线线路

变（配）电所变压器电源侧开关的装设，如图 2－2－22 所示，如果以树干式供电时，应装设带保护的开关设备；以放射式供电时，应装设隔离开关或负荷开关。当变压器与高压配电室相邻时可不装设开关。

当低压母联断路器采用自投方式时，应装设“自投自复”、“自投手复”、“自投停用”三种状态的位置选择开关。低压母联断路器自投延时 0.1 s。当低压侧主断路器故障分闸时，不允许自动接通母联断路器。低压侧主断路器与母联断路器应有电气联

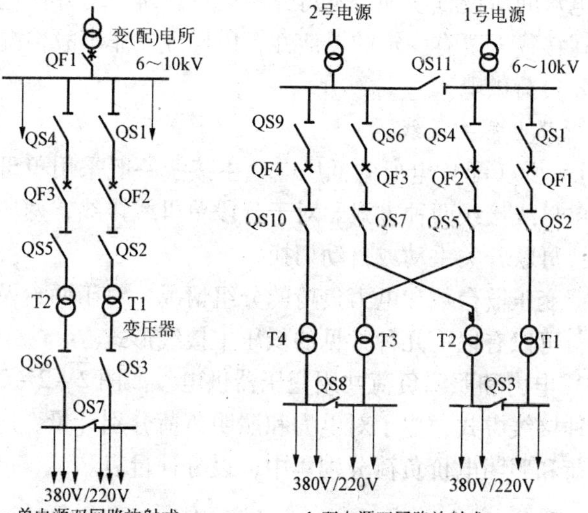

a.单电源双回路放射式　　b.双电源双回路放射式

图2-2-21　配电柜放射式主接线供电线路

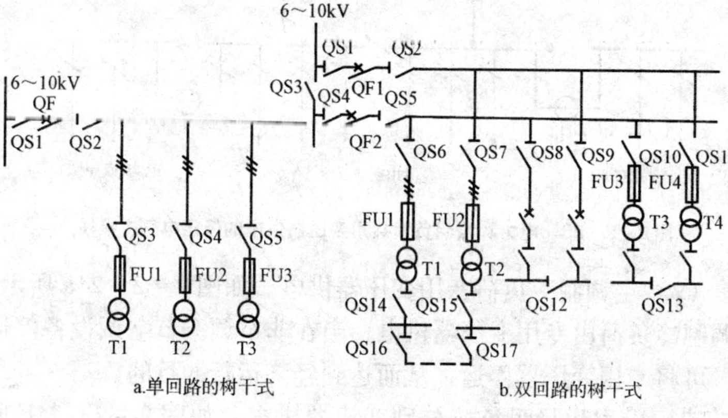

a.单回路的树干式　　b.双回路的树干式

图2-2-22　配电柜树干式主接线线路

锁，不得并网运行。

应急电源（如柴油发电机组）接入变电所低压配电系统时，

与外网电源间应设置联锁，不得并网运行，避免与外网电源计费混淆。在接线上要有一定的灵活性，以保证在非事故情况下能给部分重要负荷供电。

7. 低压电气主接线

10 kV 变（配）电所的低压电气主接线一般采用单母线接线和分段单母线接线两种方式。对于分段单母线接线，两段母线互为备用，母联开关手动或自动切换。

根据变压器台数和电力负荷的分组情况，对于两台及以上的变压器，可以有以下几种常见的低压主接线形式。

（1）电力和照明负荷共用变压器供电。如图 2－2－23 所示，对于这种接线方式，为了对电力和照明负荷分别计量，应将电力电价负荷和照明电价负荷分别集中，设分计量表。

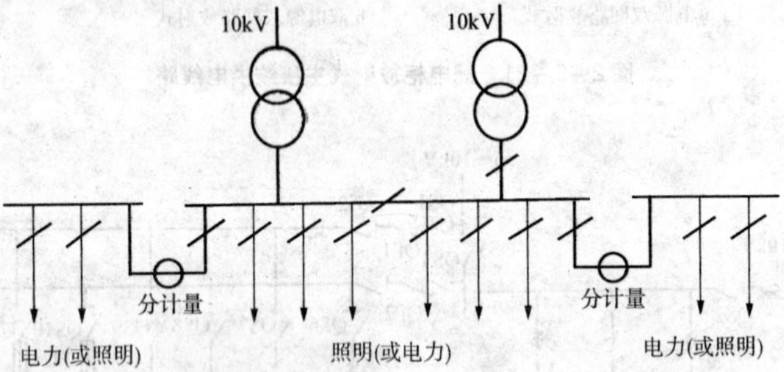

图 2－2－23　电力和照明负荷共用变压器供电的低压电气主接线

（2）空调制冷负荷专用变压器供电。如图 2－2－24a 所示，空调制冷负荷由专用变压器供电，当在非空调季节空调设备停运时，可将专用变压器停运，从而达到经济运行的目的。

（3）电力和照明负荷分别变压器供电。如图 2－2－24b 所示，将“制冷和空调”改为“电力”，“照明和一般电力”改为“照明”，则电力负荷和照明负荷分别由变压器供电。

为满足消防负荷的供电可靠性要求，在采用备用电源时，

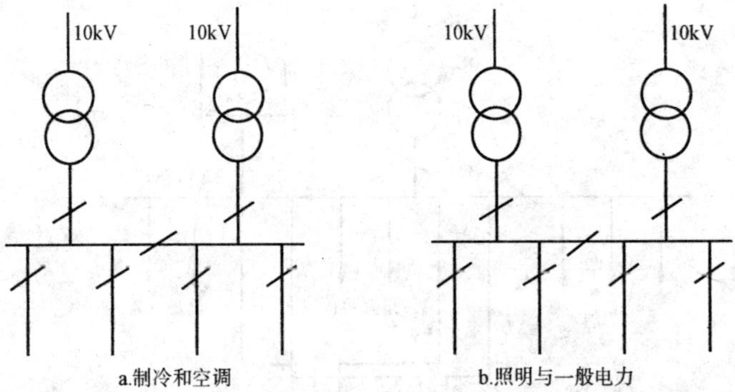

图2－2－24　空调制冷负荷专用变压器供电的低压电气主接线

变电所的低压电气主接线如图 2－2－25、图 2－2－26 所示（注：两图未考虑不同电价负荷的分别计量）。

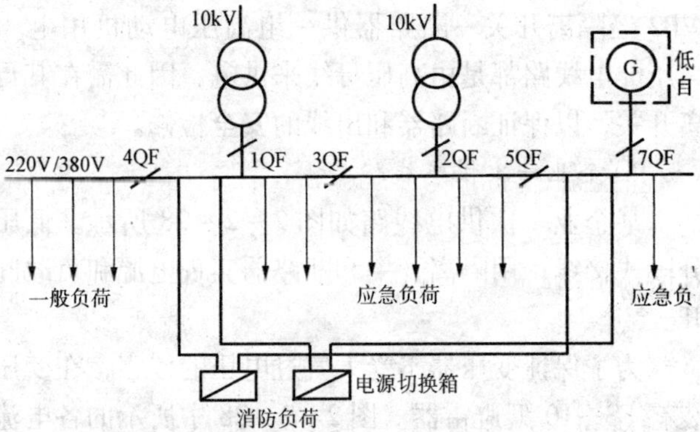

图2－2－25　两台变压器加一路备用电源的低压电气主接线

8. 生产车间高压配电出线线路

该生产车间高压配电出线线路共有 6 路高压出线，如图 2－2－27所示，其中有两路分别由两段母线经隔离开关—断路器配电给 2 号车间变电所；有一路由左段母线 WB1 经隔离开关—断路器供 3 号车间变电所；有一路由左段母线 WB1 经隔离开关—

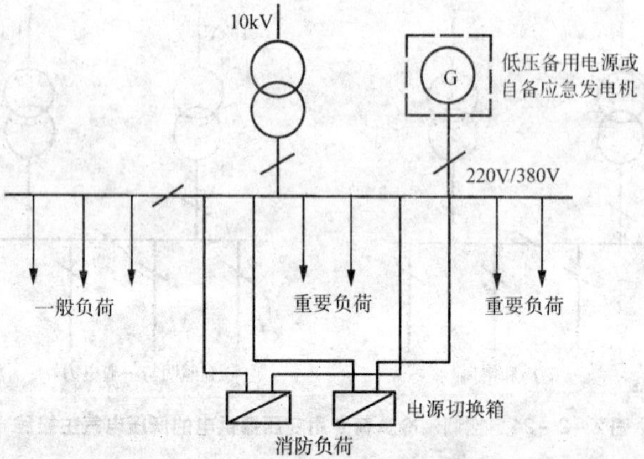

图2-2-26　一台变压器加一路备用电源的低压电气主接线

断路器供无功补偿的高压并联电容组；还有一路由右段母线WB2经隔离开关—断路器供一组高压电动机用电。由于这里的高压配电线路都是由高压母线来供电，因此需在其母线侧加装隔离开关，以保证断路器和出线的安全检修。

9. 企业一次供电线路

某企业一次供电线路如图2-2-28所示。低压侧母线采用分段式接线，用隔离开关和断路器实现电源和负载间的接通与断开。

为了保证变压器不受大气过电压的侵害，在变压器的高压侧装有FS—10型避雷器。图2-2-28中所示的各电流互感器在线路中供测量仪表使用。

图2-2-28所示为单母线分段放射式供电系统，用隔离开关来联络Ⅰ、Ⅱ两段母线。配电屏向用电设备进行供电的线路共有14条支路，系统采用双电源供电、母线分段式接线方式，电源进线和配线采用配电屏，整体结构紧凑，使用方便，便于安装和维护，供电可靠性高。

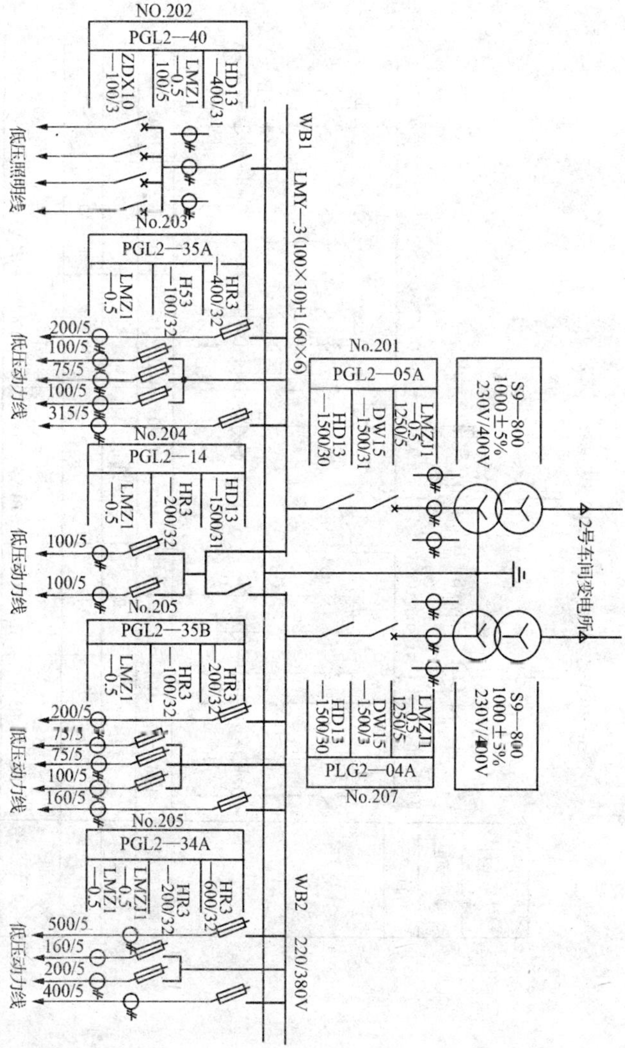

图2-2-27　生产车间高压配电出线线路

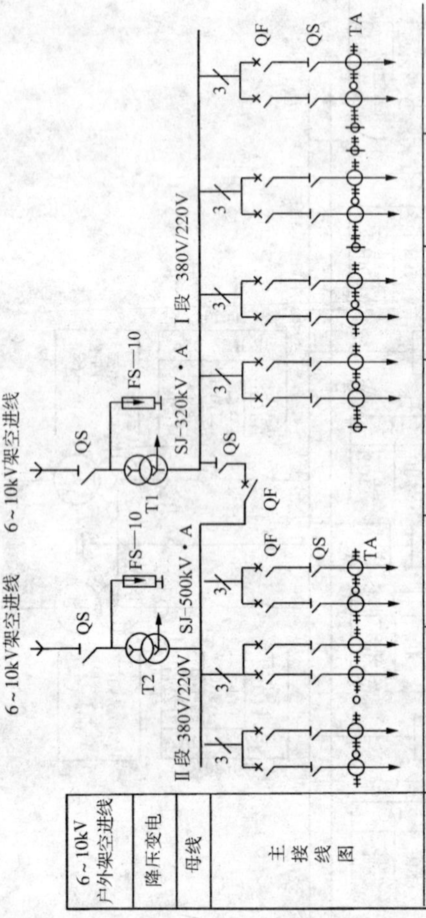

配电屏型号	BSL—11—01	BSL—11—01	BSL—11—07	BSL—11—07	BSL—11—02	BSL—11—07
车间编号	1	2	3	4	5	6
负荷量/kW	237.6	140	157	238.8	440	230
导线面积/mm²	95 BLV3×95	50 BLV3×95	70 BLV3×70	100 BLV3×100	120 BLV3×120	90 BLV3×90

图2-2-28 企业一次供电线路

第三章　三相异步电动机控制线路

第一节　连续运行控制线路

一、点动控制线路

点动正转控制线路是用按钮、接触器来控制电动机运转的最简单的正转控制线路，如图 3－1－1 所示。在该线路中，按照电路图的绘制原则，三相交流电源线 L1、L2、L3 依次水平地画在图的上方，电源开关水平画出；由熔断器 FU1、接触器 KM 的三对主触头和电动机组成的主电路，垂直电源线画在图的左侧；由启动按钮 SB，接触器 KM 的线圈组成的控制线路跨接在 L1 和 L2 的两条电源线之间，垂直画在主电路的右侧，且耗能元件 KM 的线圈与下边电源线 L2 相连，画在电路的下方，启动按钮 SB 则画在控制电路中，为表示它们是同一电器，在它们的图形符号旁边标注了相同的文字符号 KM。线路按规定在各接点进行了编号。图中没有专门的指示电路和照明电路。

所谓点动控制是指按下按钮，电动机就得电运转；松开按钮，电动机就失电停转。当电动机 M 需要点动时，先合上组合开关 QS，此时电动机 M 尚未接通电源。按下启动按钮 SB，接触器 KM 的线圈得电，使衔铁吸合，同时带动接触器 KM 的三对主触头闭合，电动机 M 便接通电源启动运转。当电动机 M 需要停车时，只要松开启动按钮 SB，使接触器 KM 的线圈失电，衔铁

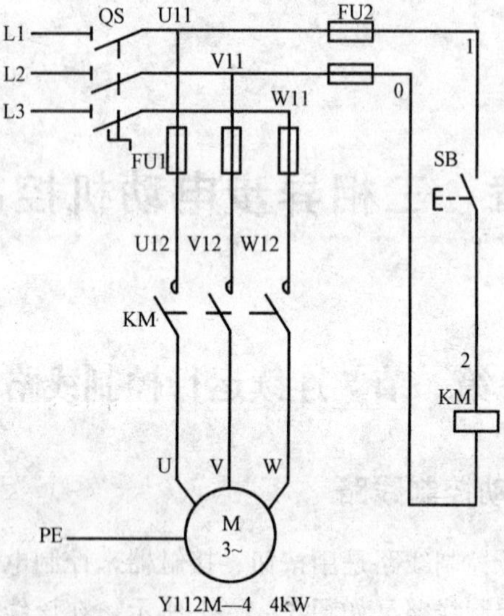

Y112M—4　4kW

△接法，380V，8.8A，1 440 r/min

图 3－1－1　点动控制线路

在复位弹簧的作用下复位，带动接触器 KM 的三对主触头复位分断，电动机 M 失电停转。

二、自锁控制线路

1．接触器自锁控制线路

在要求电动机启动后能连续运转时，应采用接触器自锁控制线路。接触器自锁控制线路如图 3－1－2 所示。

这种线路的主电路和点动控制线路的主电路相同，但在控制线路中又串联了一个停止按钮 SB1，在启动按钮 SB1 的两端并联了接触器 KM 的一对常开触头。

接触器自锁控制线路不但能使电动机连续运转，而且还具有欠压和失压（或零压）保护作用。

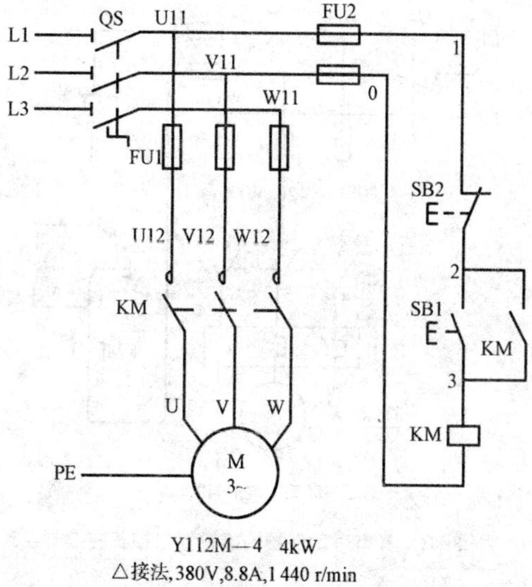

图3－1－2　接触器自锁控制线路

线路的工作原理如下：先合上电源开关 QS。

启动：按下SB1→KM线圈得电→KM主触头闭合——→电动机M启动连续运转
　　　　　　　　　　　　　└→KM常开辅助触头闭合┘

2. 具有过载保护的接触器自锁正转控制线路

过载保护是指当电动机出现过载时能自动切断电动机电源，使电动机停转的一种保护。具有过载保护的接触器自锁正转控制线路如图 3－1－3 所示。

线路与接触器自锁正转控制线路的区别是增加了一个热继电器 KTH，并把其热元件串联在主电路中，把常闭触头串联在控制线路中。线路的工作原理与接触器自锁正转控制线路的原理相同。只是过载时，热继电器动作。

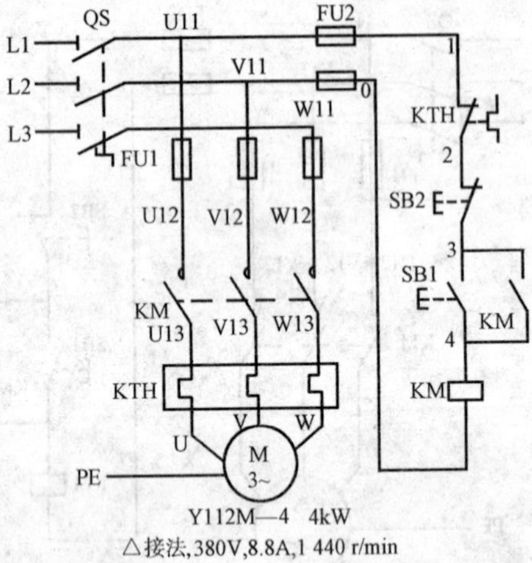

图3-1-3 具有过载保护的接触器自锁正转控制线路

第二节 可逆运行控制线路

正转控制线路只能使电动机带动生产机械的运动部件朝一个方向旋转，但许多生产机械往往要求运动部件能向正、反两个方向运动。当改变通入电动机定子绕组的三相电源相序，即把接入电动机三相电源进线中的任意两相对调接线时，就可使三相电动机反转。

一、倒顺开关控制的可逆运行线路

倒顺开关控制的可逆运行线路如图 3-2-1 所示。图中，QS 为倒顺开关，其结构如图 3-2-2 所示。

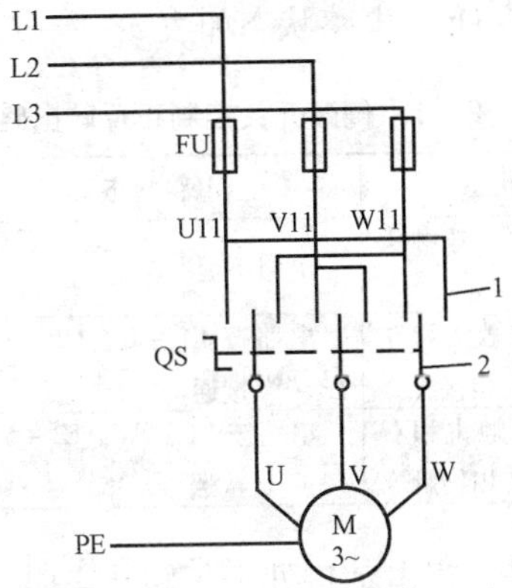

图3-2-1　倒顺开关正反转控制电路

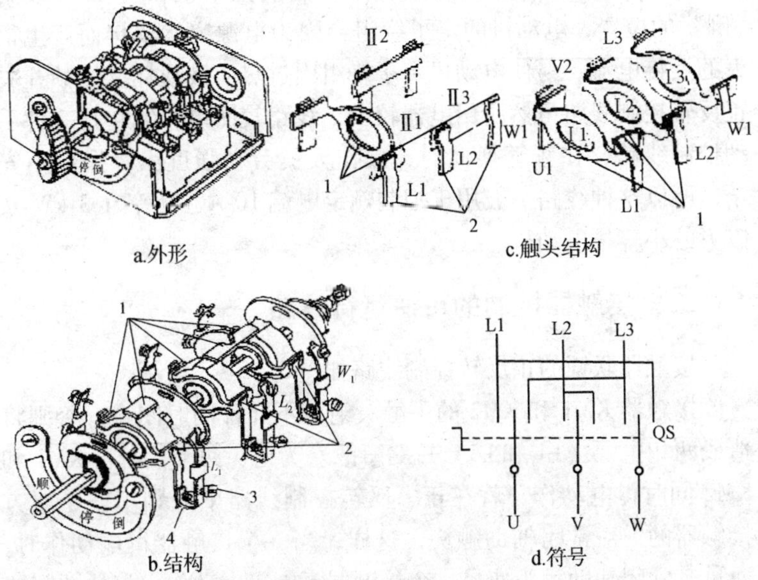

1. 动触头　2. 静触头　3. 调节螺钉　4. 触头压力弹簧

图3-2-2　倒顺开关的结构及符号

操作倒顺开关 QS，电路状态如表 3－2－1 所示。

表 3－2－1　倒顺开关控制正反转电路状态

手柄位置	QS 状态	电路状态	电动机状态
停	QS 的动、静触头不接触	电路不通	电动机不转
顺	QS 的动触头和左边的静触头相接触	电路按 L1－U，L2－V，L3－W 接通	电动机正转
倒	QS 的动触头和右边的静触头相接触	电路按 L1－W，L2－V，L3－U 接通	电动机反转

必须注意的是，当电动机处于正转状态时，要使它反转，应先把手柄扳到“停”的位置，使电动机先停转，然后再把手柄扳到“倒”的位置，使它反转。若直接把手柄由“顺”扳到“倒”的位置，电动机的定子绕组会因为电源突然反接而产生很大的反接电流，易使电动机定子绕组因过热而被损坏。倒顺开关正反转控制线路虽然所用电器较少，线路较简单，但它是一种手动控制线路，在频繁换向时，操作人员劳动强度大，操作不安全，所以这种线路一般用于控制额定电流 10 A、功率在 3 kW 及以下的小容量电动机。

二、接触器控制的可逆运行线路

接触器联锁的正反转控制线路如图 3－2－3 所示。

接触器 KM1 和 KM2 的主触头绝对不允许同时闭合，否则将造成两相电源（L1 和 L3）短路事故。为避免两个接触器 KM1 和 KM2 同时得电动作，就在正、反转控制线路中分别串联了对方接触器的一对常闭辅助触头，这样，当一个接触器得电动作时，通过其常闭辅助触头使另一个接触器不能得电动作，接触器间这种相互制约的作用称为接触器联锁（或互锁）。实现联锁作用的常闭辅助触头称为联锁触头（或互锁触头）。

接触器联锁的正反转控制线路的优点是安全可靠，缺点是操

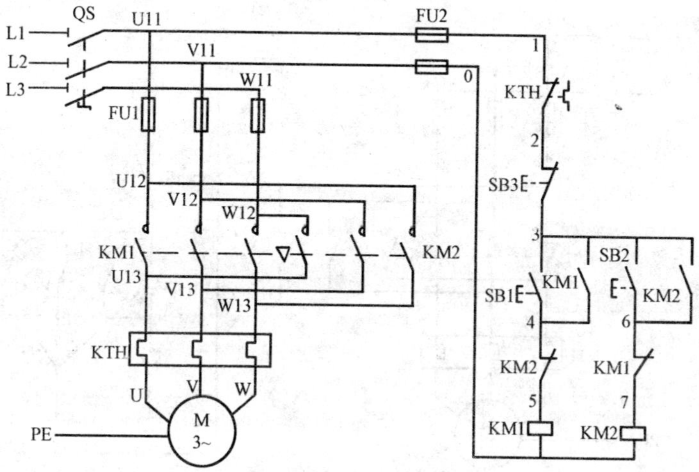

图3-2-3　接触器联锁的正反转控制线路

作不便。因电动机从正转变为反转时，必须先按下停止按钮后，才能按反转启动按钮，否则由于接触器的联锁作用，不能实现反转。为克服不足，可采用按钮联锁或按钮—接触器双重联锁的正反转控制线路。该线路兼有两种联锁电路的优点。

三、按钮控制的可逆运行线路

为克服接触器联锁正反转控制线路操作不方便的缺点，把正转按钮 SB1 和反转按钮 SB2 换成两个复合按钮，并使两个复合按钮的常闭触头代替接触器的联锁触头，就构成了按钮联锁正反转控制线路，如图 3-2-4 所示。

这种控制线路的工作原理与接触器联锁正反转控制线路的工作原理基本相同，只是当电动机从正转变为反转时，直接按下反转按钮 SB2 即可实现，不必先按停止按钮 SB3。因为当按下反转按钮 SB2 时，串联在正转控制线路中 SB2 的常闭触头先分断，使正转接触器 KM1 线圈失电，KM1 的主触头和自锁触头分断，

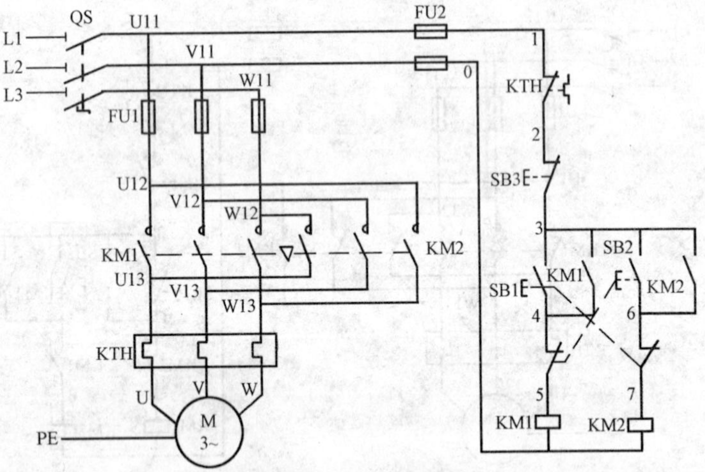

图 3－2－4　按钮联锁正反转控制线路

电动机 M 失电，惯性运转。SB2 的常闭触头分断后，其常开触头才随后闭合，接通反转控制线路，电动机 M 便反转。这样既保证了 KM1 和 KM2 的线圈不会同时通电，又可不按停止按钮而直接按反转按钮实现反转。同样，若使电动机从反转运行变为正转运行时，也只要直接按下正转按钮 SB1 即可。

四、接触器—按钮双重联锁控制的可逆运行线路

为克服接触器联锁正反转控制线路和按钮联锁正反转控制线路的不足，在按钮联锁的基础上，又增加了接触器联锁，构成接触器、按钮双重联锁正反转控制线路，如图 3－2－5 所示。该线路兼有两种联锁控制线路的优点，操作方便，安全可靠。

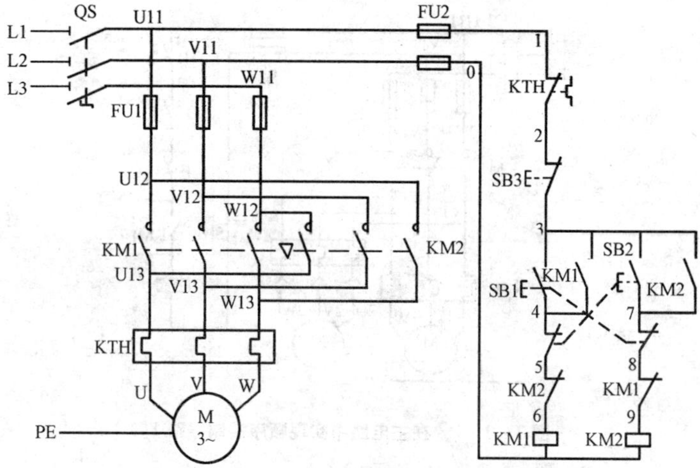

图3－2－5　按钮、接触器双重联锁的正反转控制线路

第三节　顺序运行与多地控制线路

一、顺序运行控制线路

要求几台电动机的启动或停止必须按一定的先后顺序来完成的控制方式，称为电动机的顺序控制。顺序控制可以通过控制电路实现，也可以通过主电路实现。

1. *在主电路中实现顺序控制*

（1）在主电路中实现顺序控制线路1。在主电路中实现顺序控制线路1如图3－3－1所示。电动机M2是通过接插器X接在接触器KM主触头的下面，因此，只有当KM主触头闭合，电动机M1启动运转后，电动机M2才可能接通电源运转。

（2）在主电路中实现顺序控制线路2。在主电路中实现顺序控制线路2如图3－3－2所示。电动机M1和M2分别通过接触器KM1和KM2来控制，接触器KM2的主触头接在接触器

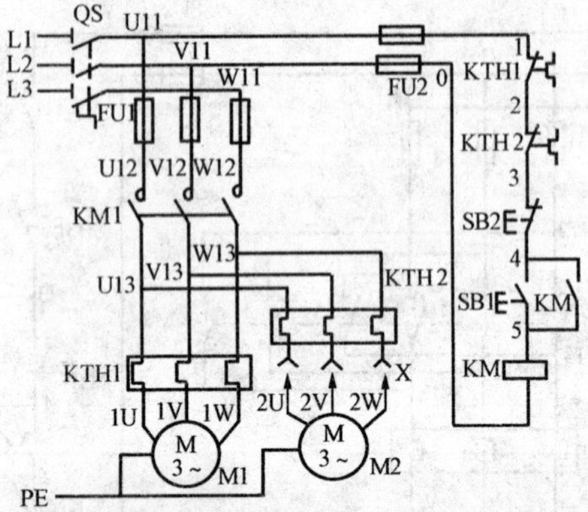

图3-3-1 在主电路中实现顺序控制线路1

KM1触头的下面，这样保证了当KM1主触头闭合、电动机M1启动运转后，M2才可能接通电源运转。

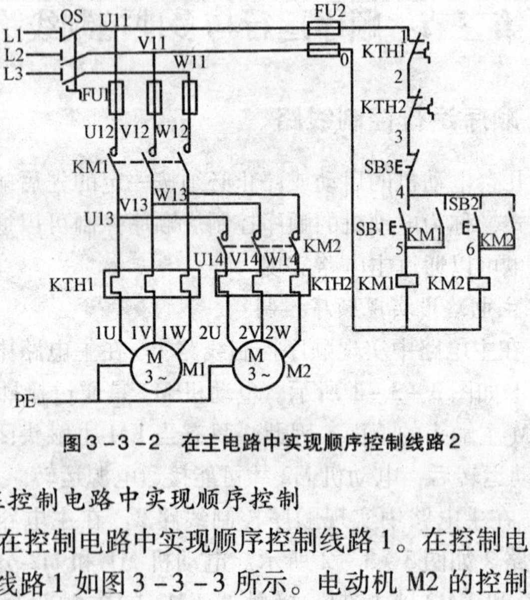

图3-3-2 在主电路中实现顺序控制线路2

2. 在控制电路中实现顺序控制

（1）在控制电路中实现顺序控制线路1。在控制电路中实现顺序控制线路1如图3-3-3所示。电动机M2的控制电路先与接触器 KM1 的线圈并联后再与 KM1 的自锁触头串联，这样保证了在 M1 启动后，M2 才能启动的顺序控制要求。

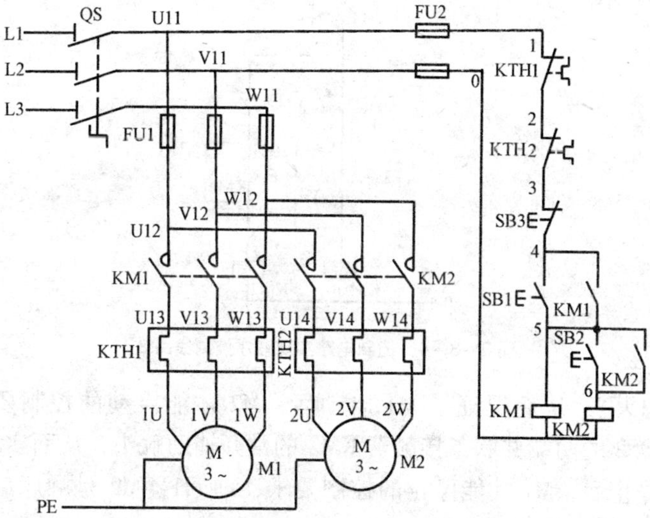

图 3 - 3 - 3　控制电路实现顺序控制线路 1

（2）在控制电路中实现顺序控制线路 2。在控制电路中实现顺序控制线路 2 如图 3 - 3 - 4 所示。在电动机 M2 的控制电路中串联了接触器 KM1 的常开辅助触头。显然，只要 M1 不启动，即使按下 SB21，由于 KM1 的常开辅助触头未闭合，KM2 线圈也不能得电，从而保证了 M1 启动后，M2 才能启动的控制要求。线路中停止按钮 SB12 控制两台电动机同时停止，SB22 控制 M2 的单独停止。

（3）在控制电路中实现顺序控制线路 3。在控制电路中实现顺序控制线路 3 如图 3 - 3 - 5 所示。这是两台电动机顺序启动、逆序停转控制的电路图。该电路是在电动机 M2 的控制电路中串联了接触器 KM1 的常开辅助触头。显然，只要 M1 不启动，即使按下 SB21，由于 KM1 的常开辅助触头未闭合，KM2 线圈也

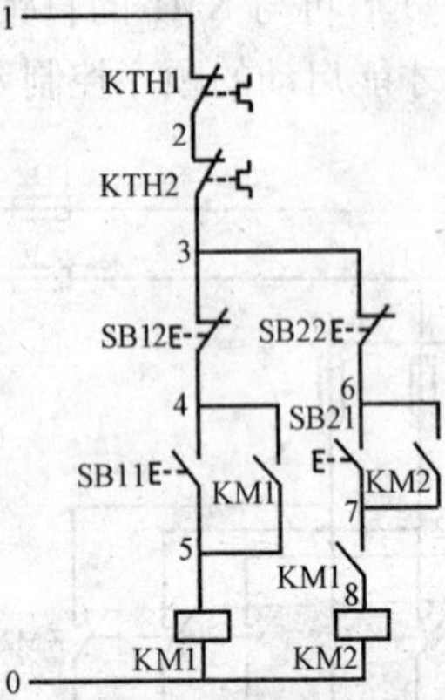

图3-3-4 控制电路实现顺序控制线路2

不能得电，从而保证了 M1 启动后，M2 才能启动的控制要求。在 SB12 的两端并联了接触器 KM2 的常开辅助触头，从而实现了 M2 停止后，M1 才能停止的控制要求，即 M1、M2 是顺序启动，逆序停止的。

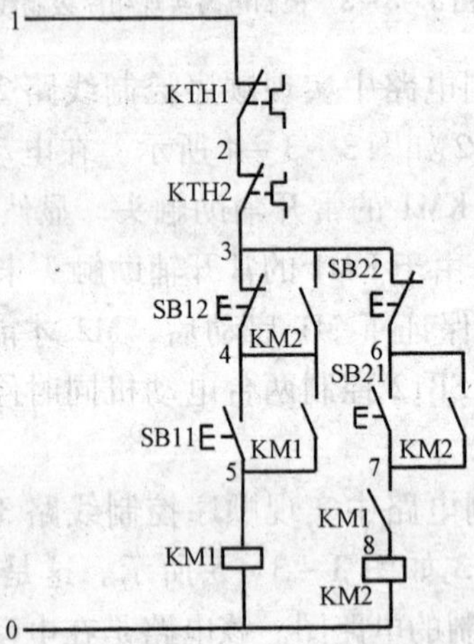

图3-3-5 控制电路实现顺序控制线路3

二、多地控制线路

有时为了减轻劳动者的生产强度，实际生产中常常采用在两处及两处以上同时控制一台电气设备，这就是多地控制。

具有两地控制的过载保护接触器自锁正转控制线路图如图 3 -3 -6所示。电路图中 SB11、SB12 为安装在甲地的启动按钮和停止按钮；SB21、SB22 为安装在乙地的启动按钮和停止按钮。该线路的特点是：两地的启动按钮 SB11、SB22 要并联在一起；停止按钮 SB12、SB22 要串联在一起。这样就可以分别在甲、乙两地启动和停止同一台电动机，达到操作方便之目的。

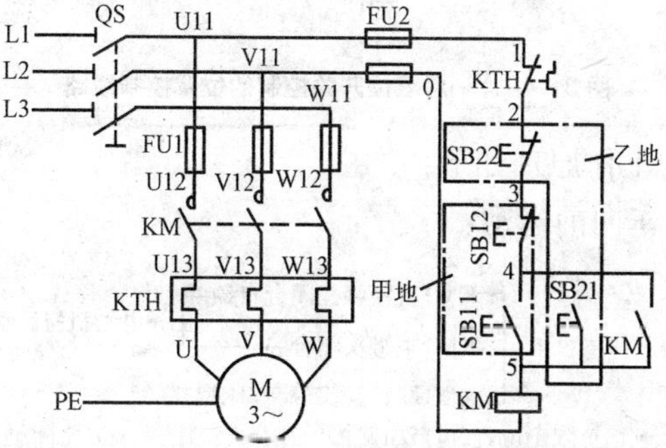

图 3 -3 -6　两地控制的过载保护接触器自锁正转控制线路

综上所述，对三地或多地控制，只要把各地的启动按钮并联、停止按钮串联就可以实现。

第四节　位置控制线路

一、限位控制线路

1. 用限位开关控制的位置控制线路

用限位开关控制的位置控制线路如图 3 -4 -1 所示。

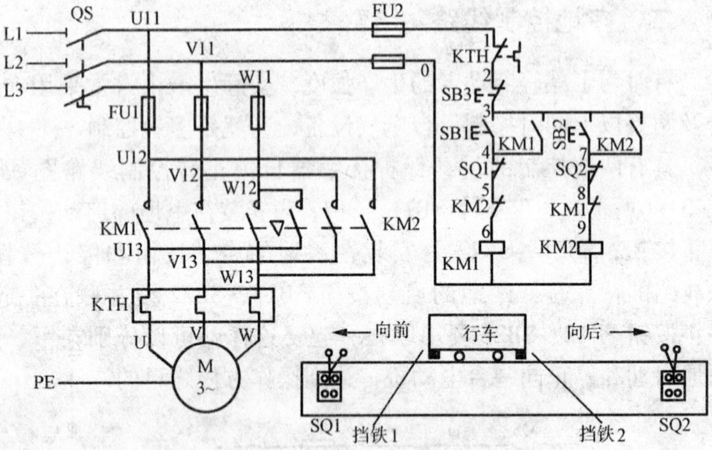

图3－4－1 用限位开关控制的位置控制线路

电路的工作原理如下：

（1）行车向前运动：

按下SB1→KM1线圈得电→KM1自锁触头闭合自锁、KM1主触头闭合→电动机M启动连续正转；KM1联锁触头分断对KM2联锁

→行车前移→移至限定位置，挡铁1碰撞位置开关SQ1→SQ1常闭触头分断→

→KM1线圈失电→KM1自锁触头分断解除自锁、KM1主触头分断→电动机M失电停转；KM1联锁触头恢复闭合 解除联锁

→行车停止前移

此时，即使再按下SB1，由于SQ1常闭触头分断，接触器KM线圈也不会得电，保证了行车不会超过SQ1所在位置。

（2）行车向后运动：

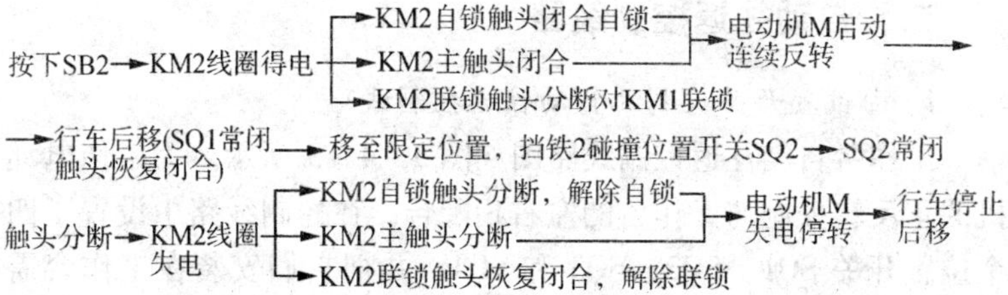

停车时只需按下 SB3 即可。

2. 用接近开关做自动停止的位置控制线路

图 3－4－2 所示即为用接近开关做自动停止的可逆运行控制线路。该线路采用了新型无触点晶体管接近开关，工作时它只需将一块可移动的金属片接近到规定位置，则接近开关的触点就会动作而接通控制电路。因而它比机械触撞式行程开关更可靠，寿命更长。

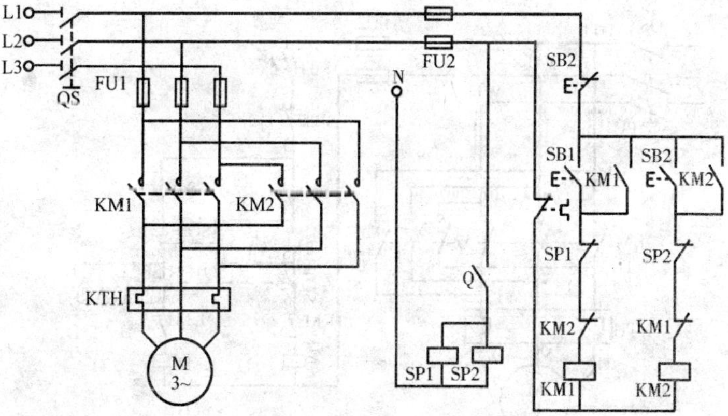

图 3－4－2　用接近开关做自动停止的可逆运行控制线路

二、自动往返控制线路

1. 由位置开关控制的自动往返控制线路

工作台自动往返控制线路图如图 3－4－3 所示。为了使电动机的正反转控制与工作台的左右相配合，在控制线路中设置了四个位置开关 SQ1、SQ2、SQ3 和 SQ4，并把它们安装在工作台需限位的地方。其中 SQ1、SQ2 被用来自动换接正反转控制电路，实现工作台自动往返行程控制；SQ3 和 SQ4 被用来做终端保护，以防止 SQ1、SQ2 失灵，工作台越过限定位置而造成事故。在工作台边的 T 型槽中装有两块挡铁，挡铁 1 只能和 SQ1、SQ3 相碰，挡铁 2 只能和 SQ2、SQ4 相碰。当工作台达到限定位置时，挡铁碰撞位置开关，使其触头动作，自动换接电动机正反转控制电路，通过机械机构使工作台自动往返运动。工作台行程可通过移动挡铁的位置来调节。

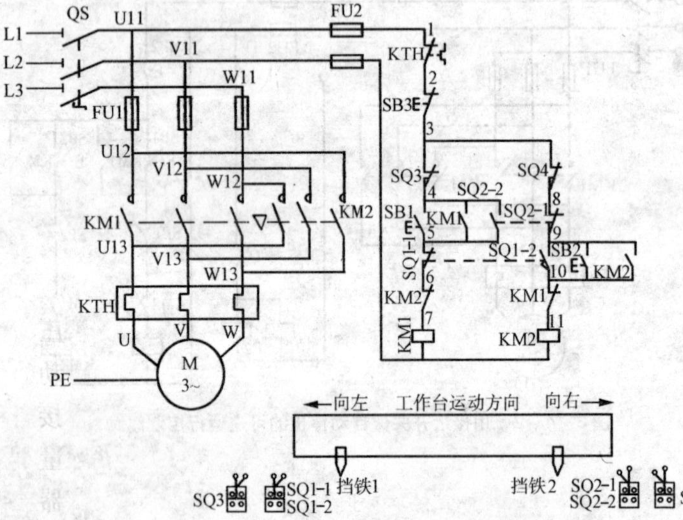

图 3－4－3 工作台自动往返控制线路图

2. 带点动的自动往返控制线路

图3－4－4所示即为带点动的自动往返控制线路。该线路在自动往返控制的基础上增加了一个点动断续运行部分，以方便在工作时进行调试。此线路是一种装有点动装置的全自动可逆运行控制线路，它适用于需要断续和连续运行的机械设备。

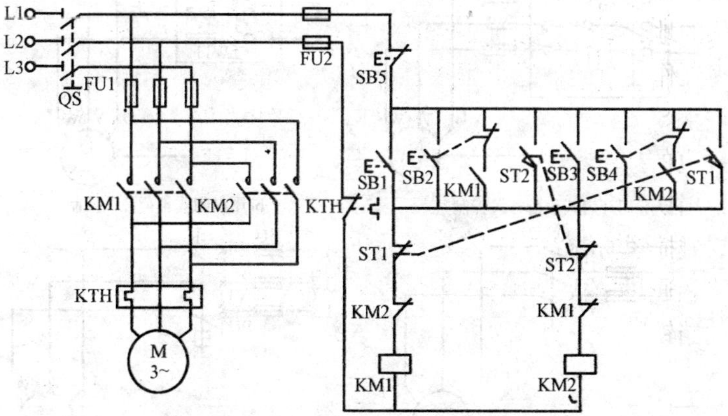

图3－4－4　带点动的自动往返控制线路

第五节　启动控制线路

一、直接启动控制线路

三相异步电动机启动时，加在电动机定子绕组上的电压为电动机的额定电压，属于全压启动，也称直接启动。直接启动的优点是电气设备少，线路简单，维修量较小。异步电动机直接启动时，启动电流一般为额定电流的4~7倍。在电源变压容量不够大而电动机功率较大的情况下，直接启动将导致电源变压器输出电压下降，不仅会减小电动机本身的启动转矩，而且会影响同一供电线路中其他电气设备的正常工作。

1. 低压开关控制的直接启动控制线路

手动正转控制线路是通过低压开关来控制电动机的启动和停止的，工厂中常用来控制三相电风扇和砂轮机等设备。常见的手动正转控制线路如图 3－5－1 所示。

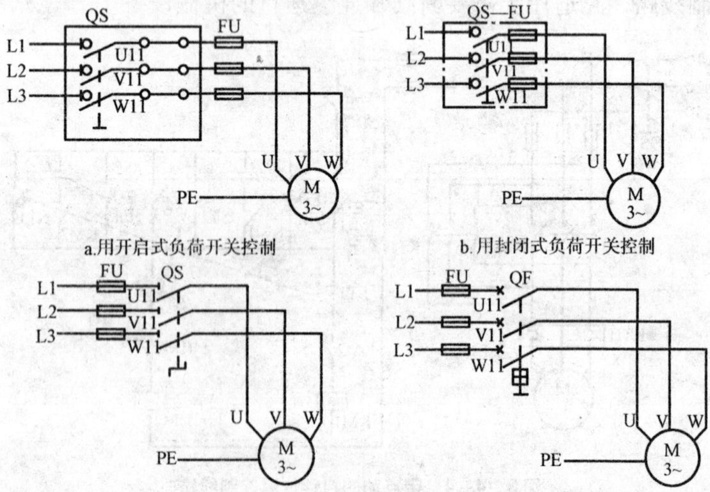

a.用开启式负荷开关控制　b.用封闭式负荷开关控制

c.用组合开关控制　d.用低压断路器控制

图 3－5－1　手动正转控制线路

2. 接触器控制的直接启动控制线路

（1）手动开关控制的连续与点动混合控制线路。机床设备在正常工作时，一般需要电动机处于连续运转状态，但在试车或调整刀具与工件的相对位置时，又需要电动机能点动控制，实现这种工艺要求的线路是连续与点动混合正转控制线路，如图 3－5－2 所示。该线路是在接触器自锁正转控制线路的基础上，把手动开关 SA 串联在自锁电路中。显然，当把 SA 闭合或断开时，就可实现电动机的连续或点动控制。

（2）复合按钮控制的连续与点动混合控制线路。复合按钮控制的连续与点动混合控制线路如图 3－5－3 所示。该线路是在

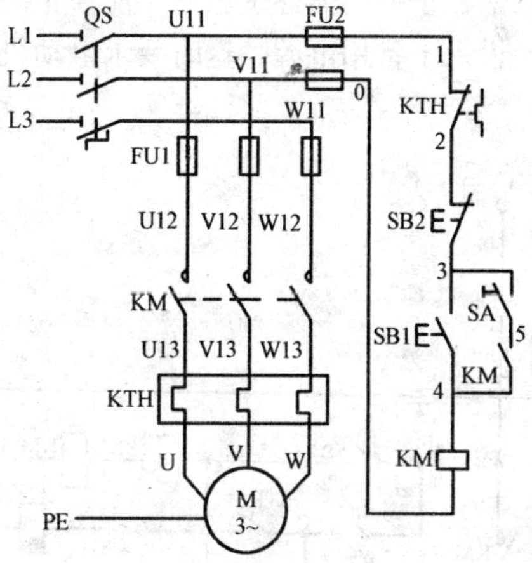

图 3-5-2　手动开关控制的连续与点动混合控制线路

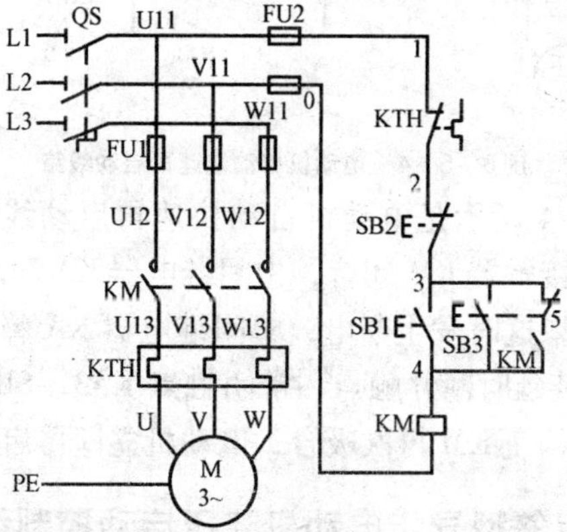

图 3-5-3　复合按钮控制的连续与点动混合控制线路

自锁正转控制线路的基础上，增加了一个复合按钮 SB3，来实现连续与点动混合正转控制的。SB3 的常闭触头应与 KM 自锁触头串联。

3. 接触器—时间继电器控制的直接启动控制线路

在某些情况下，电动机在经过短暂停电又恢复供电时需要快速自动启动。例如在重要的需连续作业不能停止的场合，当线路断电后，又自动投入了备用电源，这时要求电动机能马上自动再启动。

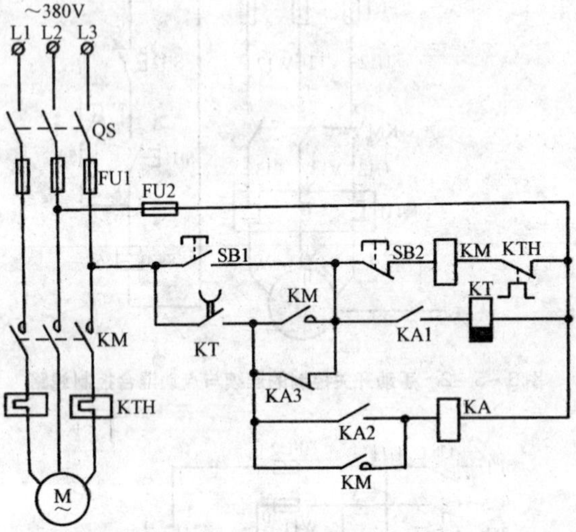

图 3-5-4 电动机自动快速再启动线路

图 3-5-4 所示是电动机自动快速再启动线路。当启动电动机后，交流接触器 KM 闭合，中间继电器 KA 和时间继电器 KT 先后吸合，如果这时发生断电，中间继电器 KA 释放，时间继电器 KT 断电，其延时断开触点、常闭触点 KA3、SB2 按钮及 KTH 线路构成回路，使 KM 再次吸合，电动机立即再启动。

二、三相笼型异步电动机降压启动控制线路

降压启动是指利用启动设备将电压适当降低后加到电动机定子绕组上进行启动，待电动机启动运转后，再使其电压恢复到额定值正常运转，由于电流随电压的降低而减小，所以降压启动达到了减小启动电流之目的。因此，降压启动需要在空载或轻载下启动。

通常规定：电源容量在 180 kV·A 以上，电动机容量在

7 kW以下的三相异步电动机可采用直接启动。

凡不满足直接启动条件的，均须采用降压启动。常见的降压启动方法有四种：定子绕组串联电阻降压启动、自耦变压器（补偿器）降压启动、Y—△降压启动和延边三角形降压启动。

1. Y—△降压启动控制线路

Y—△降压启动是指电动机启动时，把定子绕组接成星形，以降低启动电压，限制启动电流。待电动机启动后，再把定子绕组改接成三角形，使电动机全压运行。凡是在正常运行时定子绕组做三角形连接的异步电动机，均可采用这种降压启动方法。

电动机启动时接成星形，加在每相定子绕组上的启动电压只有三角形接法的$1/\sqrt{3}$，启动电流为三角形接法的1/3，启动转矩也只有三角接法的1/3。所以这种降压启动方法，只适用于轻载或空载下启动。

（1）按钮—接触器控制Y—△启动线路。按钮—接触器控制Y—△启动线路如图3－5－5所示。

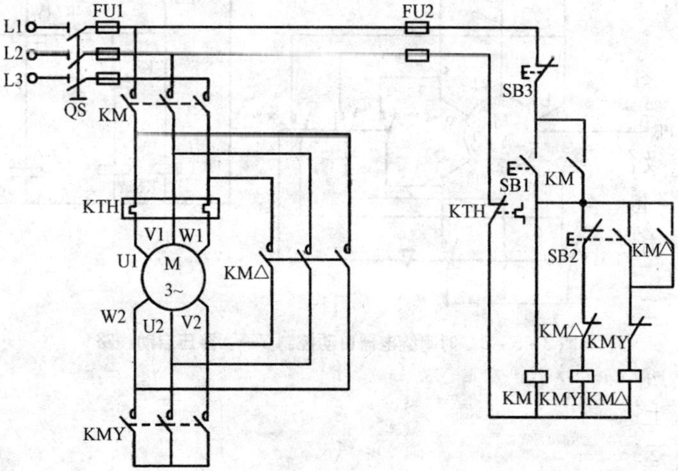

图3－5－5　按钮—接触器控制Y－△启动线路

（2）时间继电器自动控制 Y—△启动线路

1）时间继电器自动控制 Y—△启动线路 1。时间继电器自动控制 Y—△启动线路如图 3－5－6 所示。该线路由三个接触器、一个热继电器、一个时间继电器和两个按钮组成。时间继电器 KT 用做控制星形降压启动时间和完成 Y—△自动切换，线路的工作原理如下：先合上电源开关 QS。

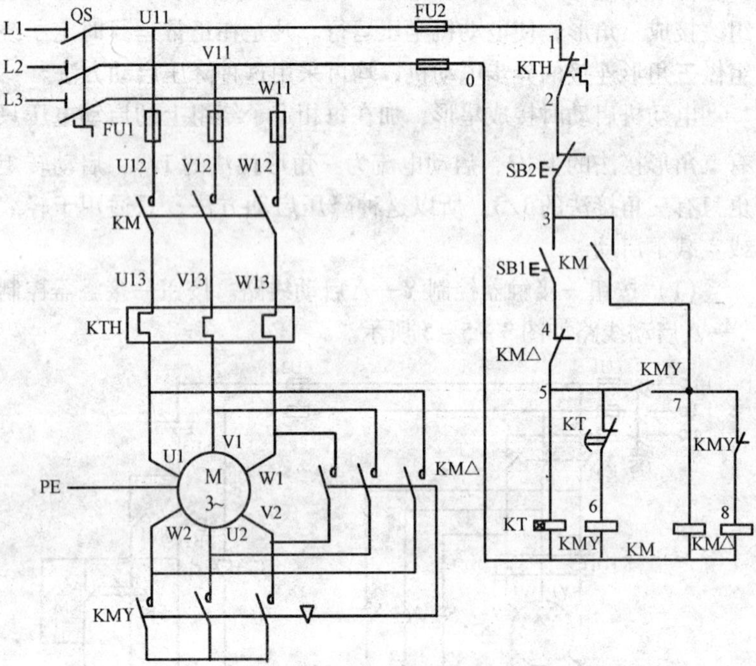

图 3－5－6　时间继电器自动控制 Y—△降压启动线路

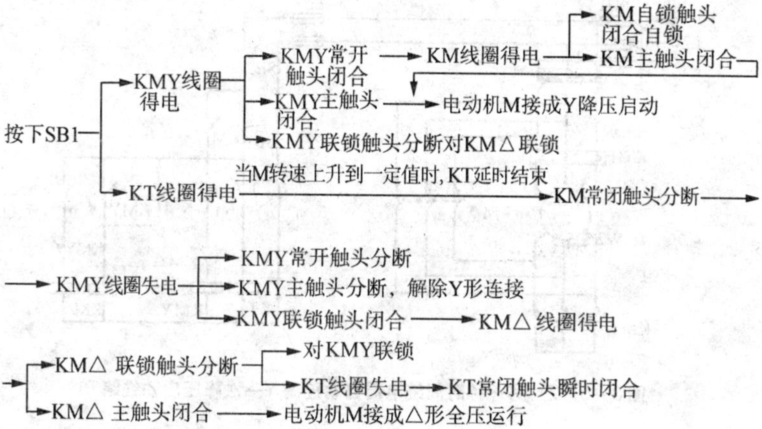

停止时按下 SB2 即可。

该线路中，接触器 KMY 得电以后，通过 KMY 的常开辅助触头使接触器 KM 得电动作，这样，KMY 主触头是在无负载的条件下进行闭合的，故可延长接触器 KMY 主触头的使用寿命。

2）时间继电器自动控制 Y　△降压启动线路图 2。另　种时间继电器自动控制 Y—△降压启动线路如图 3－5－7 所示。该线路主要由一只时间继电器和三只基础器 KMY、KM、KM△组成，时间继电器经一定延时时间后，即自动将电动机从启动星形接法转换成三角形接法。

3）时间继电器自动控制 Y—△降压启动线路 3。时间继电器自动控制 Y—△降压启动线路 3 如图 3－5－8 所示，该线路的工作原理与图 3－5－7 基本相同。

4）时间继电器自动控制 Y—△降压启动线路 4。两只接触器组成的 Y—△降压启动线路如图 3－5－9 所示。该线路的特点是利用接触器 KM2 的常闭触点作为星形的连接点，待时间继电器延时启动结束，致使接触器 KM2 得电动作，电动机即由星形转换为三角形全压运行。

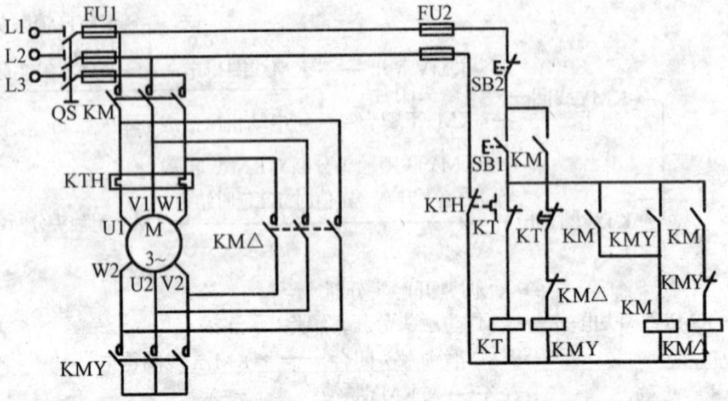

图 3-5-7 另一种时间继电器自动控制 Y—△降压启动线路

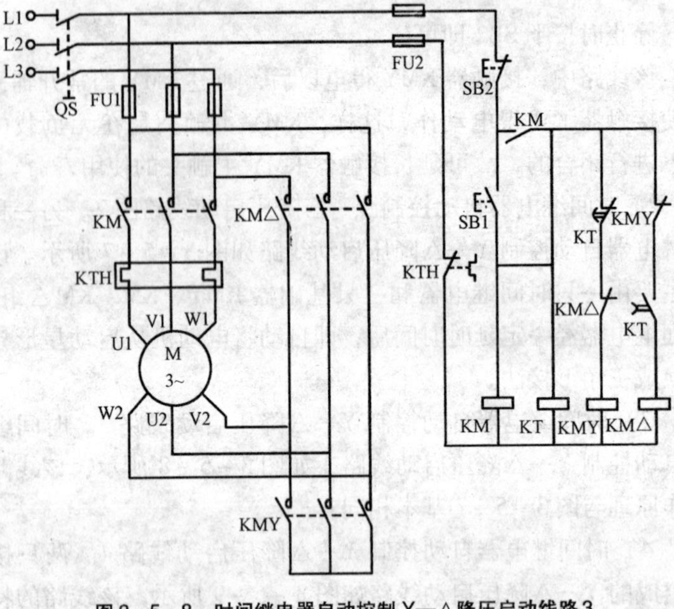

图 3-5-8 时间继电器自动控制 Y—△降压启动线路 3

5）时间继电器构成的 Y—△降压启动线路 5。时间继电器构成的 Y—△降压启动线路 5 如图 3-5-10 所示。电路中增加

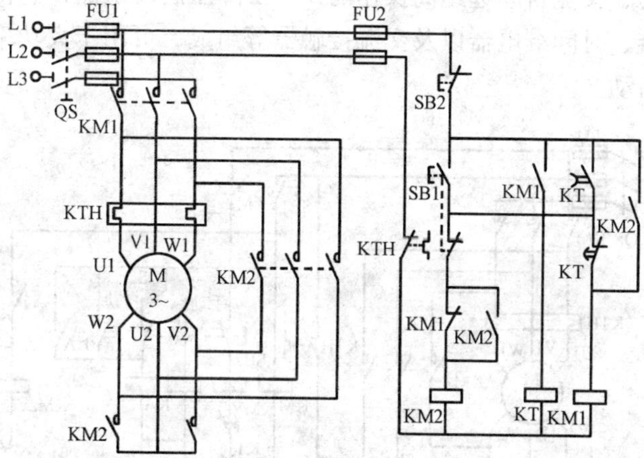

图 3-5-9　时间继电器自动控制 Y—△降压启动线路 4

了中间继电器和时间继电器，因而可以防止大功率电动机在星形三角形接法转换过程中，因电弧不能完全熄灭而可能造成短路。

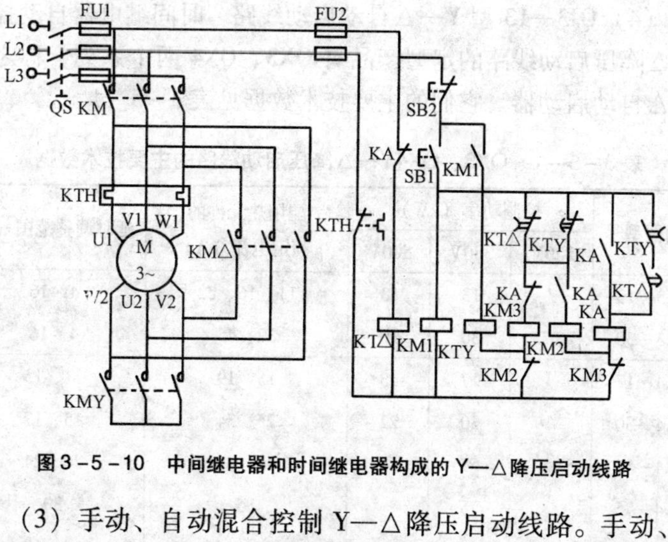

图 3-5-10　中间继电器和时间继电器构成的 Y—△降压启动线路

（3）手动、自动混合控制 Y—△降压启动线路。手动、自动混合控制 Y—△降压启动线路如图 3-5-11 示。该线路是既能手动、又能自动远距离操作的Y—△降压启动电路，它由中间继电器、时间继电器以及交流接触器等组成，可用于大功率电动机的启动。

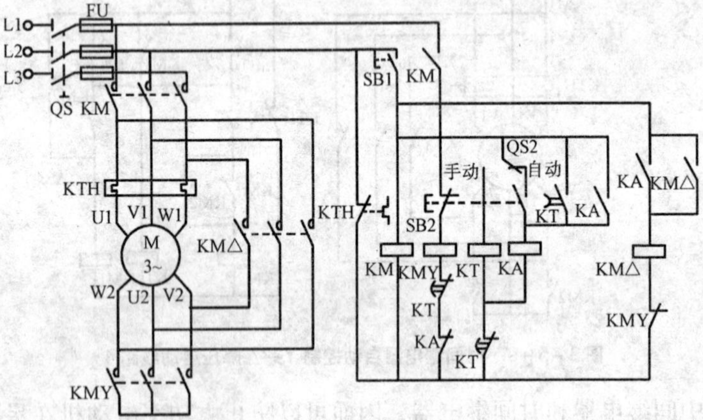

图3-5-11　手动、自动混合控制Y—△降压启动线路

（4）QJ3—13型Y—△自动启动线路。时间继电器自动控制Y—△降压启动线路的定型产品有QX3、QX4两个系列，称之为Y—△自动启动器。它们的主要技术数据见表3-5-1。

表3-5-1　QX3、QX4Y—△降压启动线路的主要技术数据

启动器型号	控制功率（kW）			配用热元件的额定电流（A）	延时调整范围（s）
	220V	380V	500V		
QX3—13	7	13	13	11、16、22	4～16
QX3—30	17	30	30	32、45	4～16
QX4—17		17	13	15、19	11、13
QX4—30		30	22	25、34	15、17
QX4—55		55	44	45、61	20、24
QX4—75		75		85	30
QX4—125		125		100～160	14～60

QX3—13 型 Y—△自动启动器外型结构和线路如图 3－5－12 所示。这种启动器主要由三个接触器（KM，KMY，KM△）、一个热继电器 KTH、一个通电延时型时间继电器 KT 和按钮等组成。

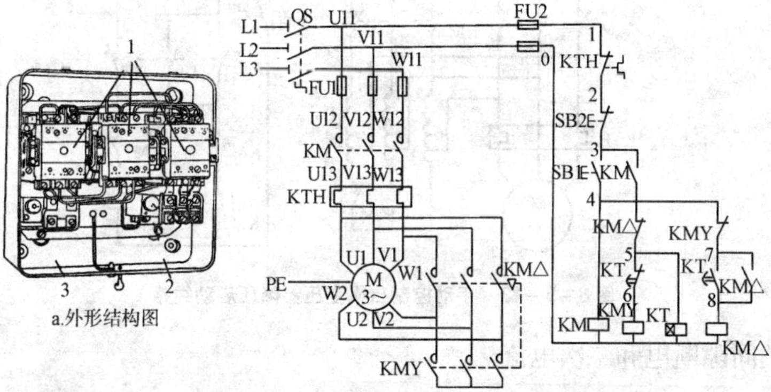

a.外形结构图　　b.线路图

1. 接触器　2. 热继电器　3. 时间继电器

图 3－5－12　QX3－13 型 Y—△自动启动器线路

2. 自耦变压器降压启动控制线路

自耦变压器降压启动是指电动机启动时利用自耦变压器来降低在电动机定子绕组上的启动电压。待电动机启动后，再使电动机与自耦变压器脱离，从而在全压下全速运行。

（1）手动控制自耦变压器降压启动线路。手动控制自耦变压器降压启动线路如图 3－5－13 所示。该线路由两只交流接触器 KM1、KM2，按钮 SB1、SB2、SB3 和热继电器 KTH 等组成。当按下 SB1 时，电动机经自耦变压器降压启动，然后再按下 SB2 时，电动机则将进入全压额定运行。

（2）由按钮、中间继电器构成的自耦变压器启动线路。由按钮、中间继电器构成的自耦变压器启动线路如图 3－5－14 所示。该线路增加了一个中间继电器 KA 和接触器 KM1，能可靠地防止因误操作而引起的电动机全压启动，也不会出现启动过程中

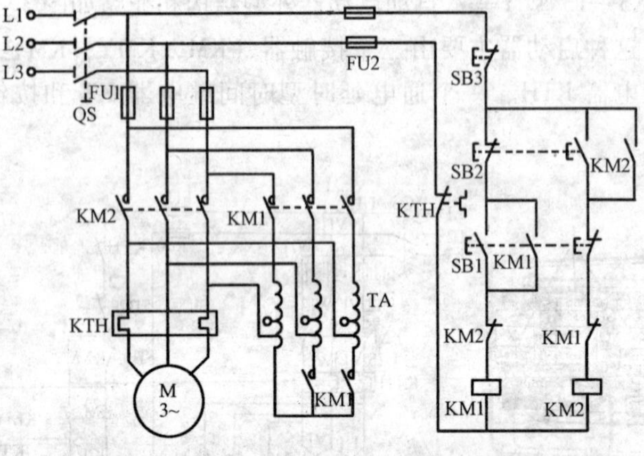

图 3-5-13 手动控制自耦变压器降压启动线路

的间隙断电和二次电流。

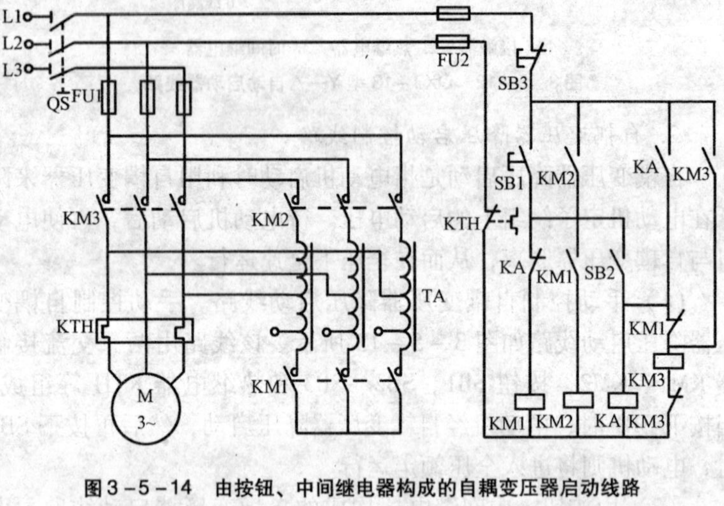

图 3-5-14 由按钮、中间继电器构成的自耦变压器启动线路

（3）由按钮、中间继电器、接触器构成的自耦变压器启动线路。由按钮、中间继电器、接触器构成的自耦变压器启动线路如图 3-5-15 所示。

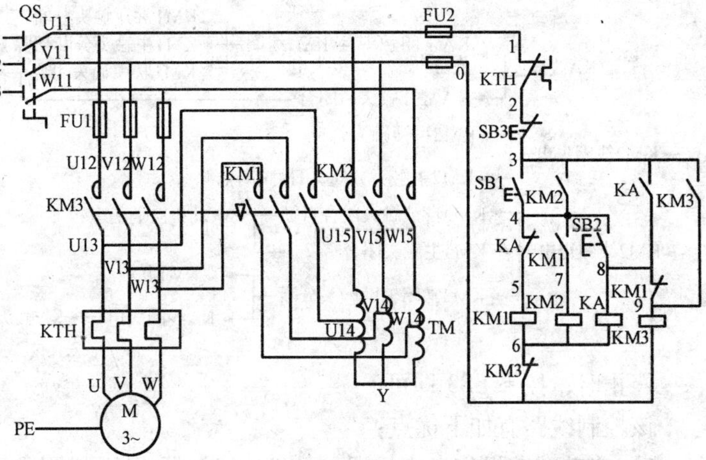

图3-5-15　由按钮、中间继电器、接触器构成的自耦变压器启动线路

其工作原理如下：

降压启动：

按下SB1→KM1线圈得电→KM1常开辅助触头闭合→KM2线圈得电→KM2自锁触头闭合自锁；KM2主触头闭合→

KM1线圈得电→KM1主触头闭合→

KM1线圈得电→KM1联锁触头分断对KM3联锁

→电动机M接入TM降压启动

全压运转：当电动机转速上升到接近额定转速时：

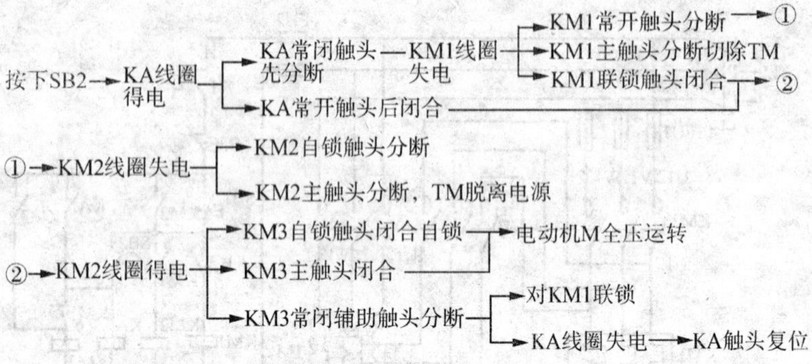

停止时，按下 SB3 即可。

该控制线路有如下优点：

1）启动时若操作者直接误按 SB2，接触器 KM3 线圈也不会得电，避免电动机全压启动。

2）由于接触器 KM1 的常开触头与 KM2 线圈串联，所以当降压启动完毕后，接触器 KM1、KM2 均失电，即使接触器 KM3 出现故障使触头无法闭合，也不会使电动机在低压下运行。

该线路的缺点是：从降压启动到全压运转，需两次按动按钮，操作不便，且间隔时间也不能准确掌握。

（4）时间继电器构成的自耦变压器启动线路。时间继电器构成的自耦变压器启动线路如图3－5－16所示。该电路利用时间继电器的延时功能，在设定的启动时间内切断接入自耦变压器的接触器 KM1，而由接触器 KM2 将电源直接进入电动机以作全压稳定运行。

（5）另一种时间继电器自动控制补偿器降压启动控制线路。另一种时间继电器自动控制补偿器降压启动控制线路如图3－5－17所示。该线路的特点是：启动时，接触器 KM1 直接从自耦变压器抽头引入降压后的电压进入电动机，经设定时间后则时间继电器 KT 动作，这时电动机即自动进入全压稳定运行。

（6）手动、自动混合控制自耦变压器降压启动控制线路。

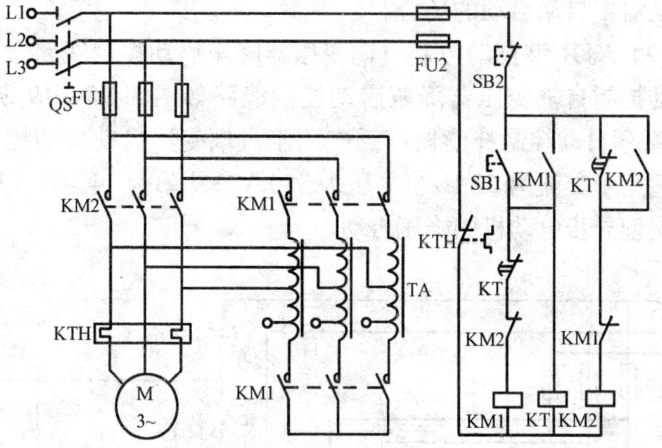

图 3－5－16　时间继电器构成的自耦变压器启动线路

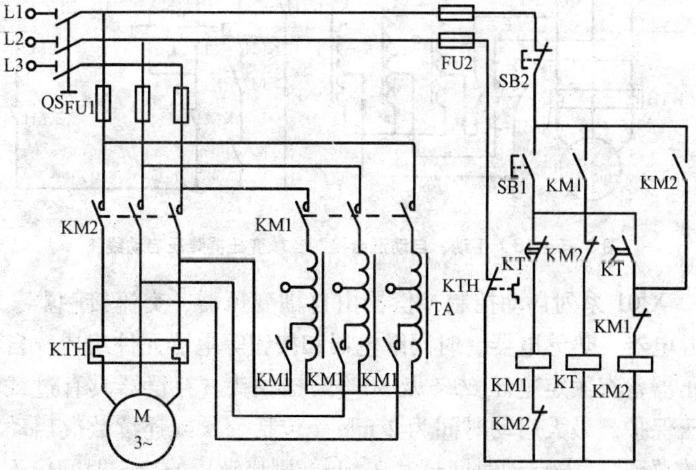

图 3－5－17　另一种时间继电器自动控制补偿器降压启动控制线路

手动、自动混合控制自耦变压器降压启动线路如图 3－5－18 所示。该线路是一种既能手动又能自动控制的自耦变压器降压启动混合控制线路，它适用于较大容量的笼型三相异步电动机既需要手动又需要自动启动的场合。

(7) XJ01 型自动控制自耦变压器降压启动控制线路。XJ01 型自动控制自耦变压器降压启动控制线路如图 3－5－19 所示。XJ01 系列自动控制补偿器广泛应用于自耦变压启动自动控制设备，适用于交流为 50 Hz、电压为 380 V、功率为 14～75 kW 的三相笼型异步电动机的降压启动。

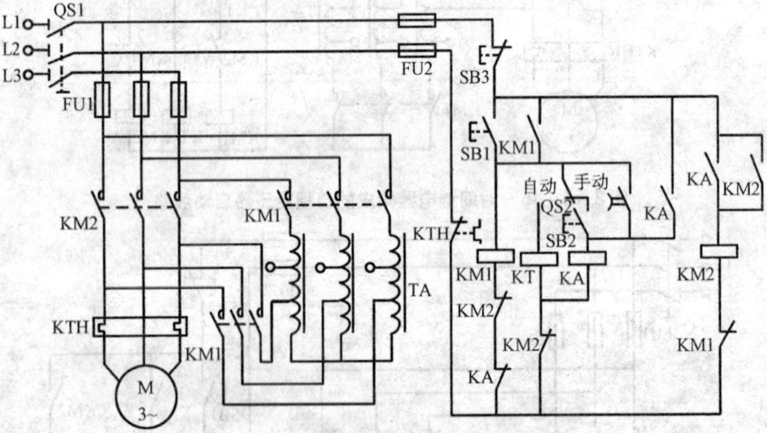

图 3－5－18 手动、自动混合控制自耦变压器降压启动线路

XJ01 系列自动控制补偿器由自耦变压器、交流接触器、中间继电器、热继电器、时间继电器和按钮等电器元件组成。自耦变压器备有额定电压 60% 及 80% 两挡抽头。补偿器具有过载和失压保护，最大启动时间为 2 min（包括一次或连续数次启动时间的总和），若启动时间超过 2 min，则启动后的冷却时间应不少于 4 h 才能再次启动。XJ01 型自动控制补偿器降压启动的电路分成主电路、控制电路和指示电路三个部分，虚线框内的按钮是异地控制按钮。

工作原理如下：

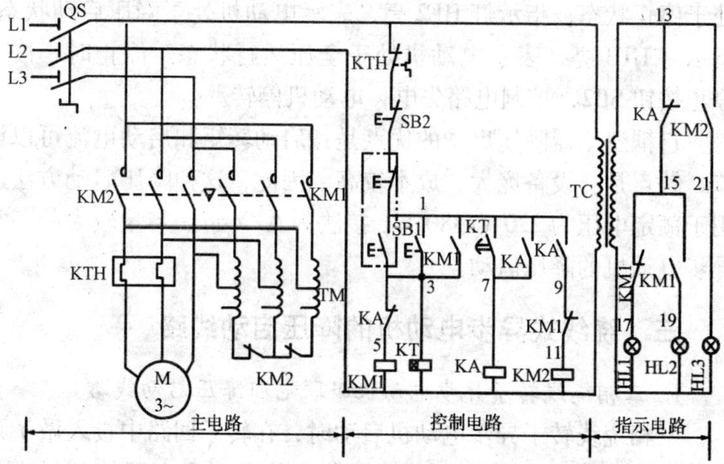

图 3－5－19　XJ01 型自动控制自耦变压器降压启动控制线路

1）降压启动

按下SB1
- →KM1线圈得电
  - →KM1（1-3）闭合自锁 ┐→电动机M接入TM降压启动
  - →KM1主触头闭合 ┘
  - →KM1（9-11）分断对KM2联锁
  - →KM1（15-17）分断→指示灯HL1熄灭
  - →KM1（15-19）闭合→指示灯HL2亮
- →KT线圈得电，为电动机M的正常运转做准备→

2）全压运行

当M转速上升到一定值时，KT延时结束→KT（1-7）闭合→KA线圈得电→

→
- →KA（3-5）分断→KM1线圈失电
  - →KM1辅助触头全部复位
  - →KM1主触头分断→TM切除
- →KA（1-7）闭合自锁
- →KA（1-9）闭合→KM2线圈得电
  - →KM2两对常闭触头分断，解除TM的Y形连接
  - →KM2主触头闭合→电动机M全压运转
  - →KM2（13-21）闭合→指示灯HL3亮
- →KA（13-15）分断→指示灯HL1、HL2熄灭

由以上分析可见，指示灯 HL1 亮，表示电源有电，电动机

处于停止状态；指示灯 HL2 亮，表示电动机处于降压启动状态；指示灯 HL3 亮，表示电动机处于全压运行状态。停止时，按下停止按钮 SB2，控制电路失电，电动机停转。

自耦变压器降压启动的优点是：启动转矩和启动电流可以调节。缺点是：设备庞大，成本较高。因此，这种降压启动方法适用于额定电压为 220 V/380 V、接法为△/Y 形、容量较大的三相异步电动机的降压启动。

三、绕线式异步电动机的降压启动线路

1. 三相绕线转子异步电动机串联电阻降压启动线路

三相绕线转子异步电动机启动时，在转子回路中接入做 Y 形连接、分级切换的三相启动电阻器，并把可变电阻放到最大位置，以减小启动电流，获得较大的启动转矩。随着电动机转速的升高，可变电阻逐级减小。启动完毕后，可变电阻减小到零，转子绕组被直接短接，电动机便在额定状态下运行。

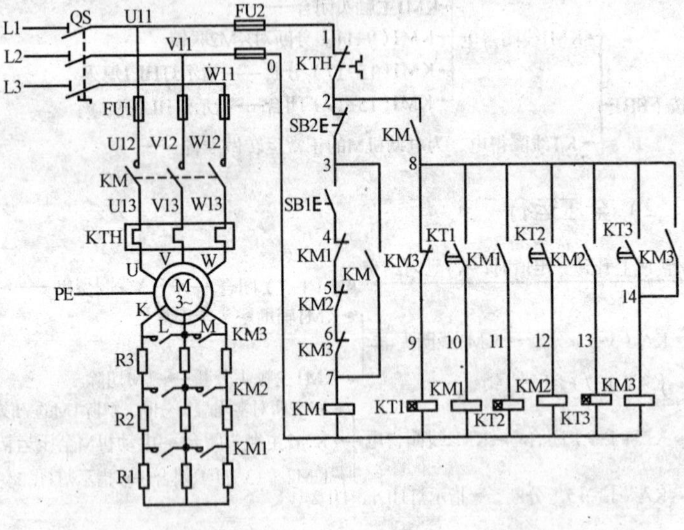

图 3-5-20　时间继电器自动控制的转子绕组串联电阻启动线路

（1）时间继电器自动控制的转子绕组串联电阻启动线路。时间继电器自动控制的转子绕组串联电阻启动线路如图 3－5－20 所示。

该线路是用三个时间继电器 KT1、KT2、KT3 和三个接触器 KM1、KM2、KM3 的相互配合来依次自动切除转子绕组中的三级电阻的。工作原理如下：

合上电源开关 QS：

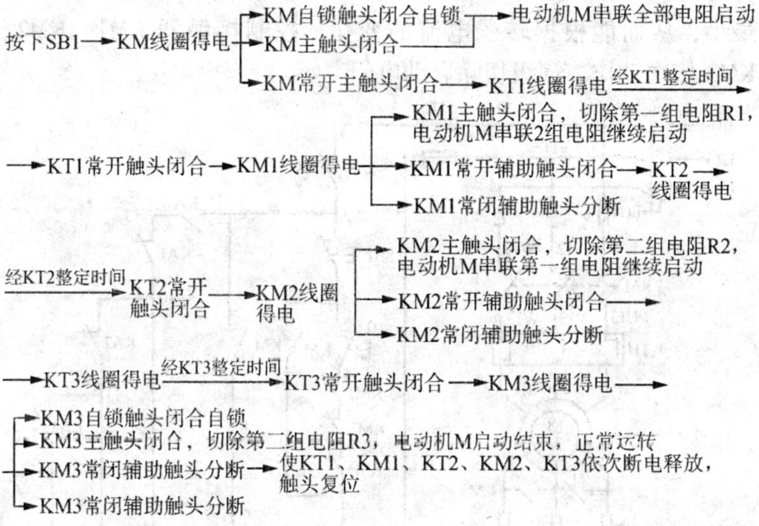

与启动按钮 SB1 串联的接触器 KM1、KM2 和 KM3 常闭辅助触头的作用是保证电动机在转子绕组中接入全部外加电阻的条件下才能启动。如果接触器 KM1、KM2 和 KM3 中任何一个触头因熔焊或机械故障而没有释放时，启动电阻就没有被全部接入转子绕组中，从而使启动电流超过规定值。若把 KM1、KM2 和 KM3 的常闭触头与 SB1 串联在一起，就可避免这种现象的发生，因为三个接触器中只要有一个触头没有恢复闭合，电动机就不可能接通电源直接启动。

停止时，按下 SB2 即可。

（2）电流继电器自动控制线路。绕线转子异步电动机刚启动时转子电流较大，随着电动机转速的增大，转子电流逐渐减小，根据这一特性，可以利用电流继电器自动控制接触器来逐级切除转子回路的电阻。

电流继电器自动控制线路如图 3－5－21 所示。三个过电流继电器 KA1、KA2 和 KA3 的线圈串联在转子回路中，它们的吸合电流都一样，但释放电流不同，KA1 最大，KA2 次之，KA3 最小，从而能根据转子电流的变化，控制接触器 KM1、KM2、KM3 依次动作，逐级切除启动电阻。

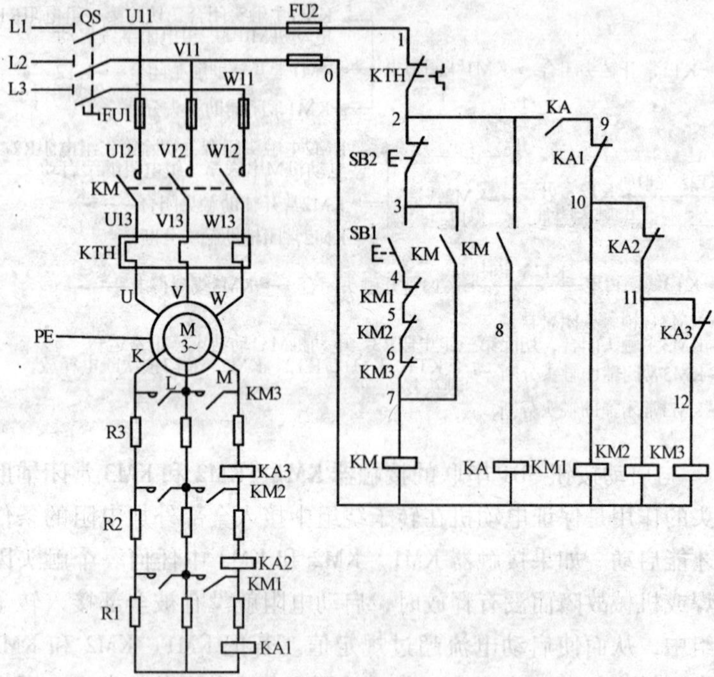

图 3－5－21 电流继电器自动控制线路

线路的工作原理如下：合上电源开关 QS。

按下SB1→KM线圈得电→KM主触头闭合→电动机M串联全部电阻启动
KM线圈得电→KM自锁触头闭合→电动机M串联全部电阻启动
KM线圈得电→KM辅助常开触头闭合→KA线圈得电→KA常开触头闭合，为KM1、KM2、KM3得电做准备

2. 转子绕组串联频敏变阻器启动的线路

频敏变阻器是利用电磁材料的损耗随频率变化来自动改变等效阻抗值，以使电动机达到平滑启动的变阻器。它是一种静止的无触点电磁元件，实质上是一个铁芯损耗非常大的三相电抗器。适用于绕线转子异步电动机的转子回路，做启动电阻用。在电动机启动时，将频敏变阻器串联在转子绕组中，由于频敏变阻器的等效阻抗随转子电流频率减小而减小，从而减小机械和电流的冲击，实现电动机的平稳无级启动。

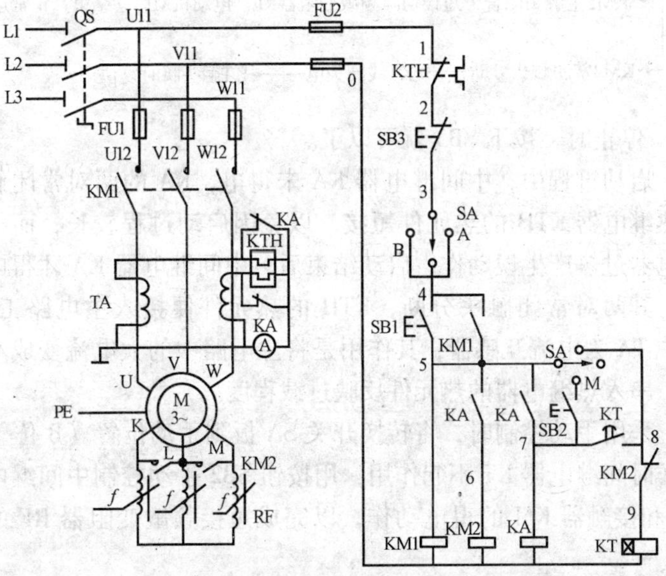

图3－5－22　转子绕组串联频敏变阻器启动的线路

转子绕组串联频敏变阻器启动的线路如图3－5－22所示。

启动过程可以利用转换开关 SA 实现自动控制和手动控制。

采用自动控制时，将转换开关 SA 扳到自动位置（A 位置），时间继电器 KT 将起作用。线路工作原理如下：先合上电源开关 QS。

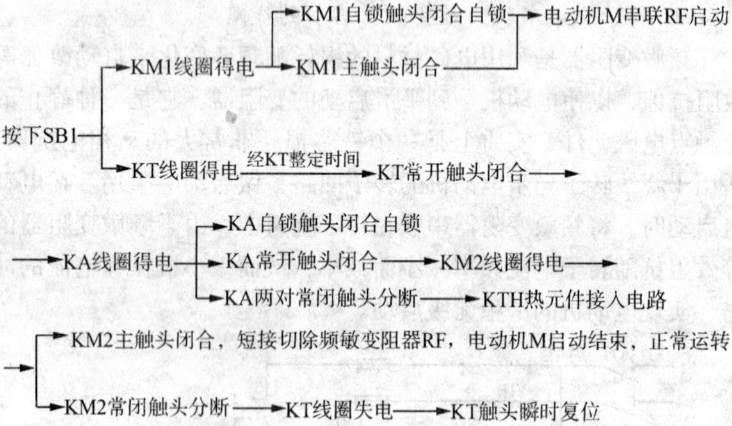

停止时，按下 SB3 就可以了。

启动过程中，中间继电器 KA 未得电，KA 的两对常闭触头将热继电器 KTH 的热元件短接，以免因启动过程较长，而使热继电器过热产生误动作。启动结束后，中间继电器 KA 才得电动作，其两对常闭触头分断，KTH 的热元件便接入主电路工作。图中 TA 为电流互感器，其作用是将主电路中的大电流变成小电流，串入热继电器的热元件反映过载程度。

采用手动控制时，将转换开关 SA 扳到手动位置（B 位置），这样时间继电器 KT 不起作用，用按钮 SB2 手动控制中间继电器 KA 和接触器 KM 的得电动作，以完成短接频敏变阻器 RF 的工作。

用频敏变阻器启动绕线转子异步电动机的优点是：启动性能好，无电流和机械冲击，结构简单，价格低廉，使用维护方便。

但功率因数较低，启动转矩较小，不宜用于重载启动。

四、软启动器控制的降压启动线路

由软启动器组成的控制电动机启动的装置，除主要电器设备——软启动器外，为了实现与电网、电动机之间的电连接可靠工作，仍需施加起保护、协调与控制作用的低压电器，如刀开关、熔断器（快速熔断器）、刀熔开关、断路器、热继电器等，实现功能不同，线路配置也不同。

1. *基本启动线路*

最简单的软启动应用线路由一台软启动器和一只自动空气断路器组成，无旁路接触器，如图3－5－23所示。目前，大多数国外品牌软启动器允许不用旁路接触器，而一些国产品牌的软启动器则要求必须配置旁路接触器，这种区别主要是由产品自身的热容量和散热系统设计所决定的。有些软启动器设计热容量较小（使用的晶闸管容量较小，散热器尺寸较小），有些不装设散热风机，这样虽然使得软启动器体积较小，成本较便宜，但也因此不能够在线运行，启动完成后就必须用接触器将软启动器旁路切除。

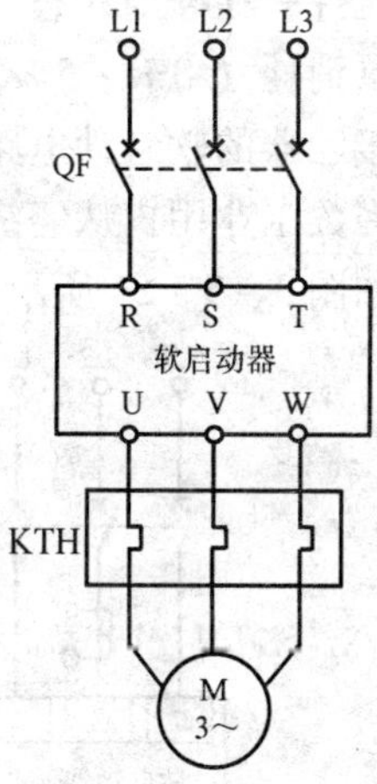

图3－5－23　最简单的软启动线路

断路器是必不可少的。断路器在这里起到两个作用：一是接通和分断回路；二是提供短路保护。由于软启动无切断短路电流的作用，因此必须配置短路保护以保护电器。

热继电器用于电动机过载保护，目前大多数软启动器均具有在线电动机过载保护功能，即使旁路运行后仍对电动机进行保护，所以不必采用热继电器。但是也有些经济型软启动器无过载保护功能，必须配置热继电器。

2. 带旁路接触器的启动控制线路

旁路接触器（KM）用以在软启动器启动结束后旁路晶闸管通电回路使用。旁路接触器的通断一般由软启动器继电器输出口自动控制，由于在这种工作方式下旁路接触器通断时触点承受的电流冲击较小，所以旁路接触器电气寿命很长，其容量按电动机额定电流选择，无需考虑放大容量。虽然有些品牌的软启动器允许不用旁路接触器，但软启动器主电路元件——晶闸管是一种半导体元件，在导通状态下存在约1 V的导通压降，这将造成额外的能量消耗（3‰~5‰），同时散热要求也高一些。因此，配置旁路接触器的软启动电路是目前软启动器在工业上应用的主流，也是多数工业用户从经济、技术、运行角度经过思考后的首选方案，如图3-5-24所示。

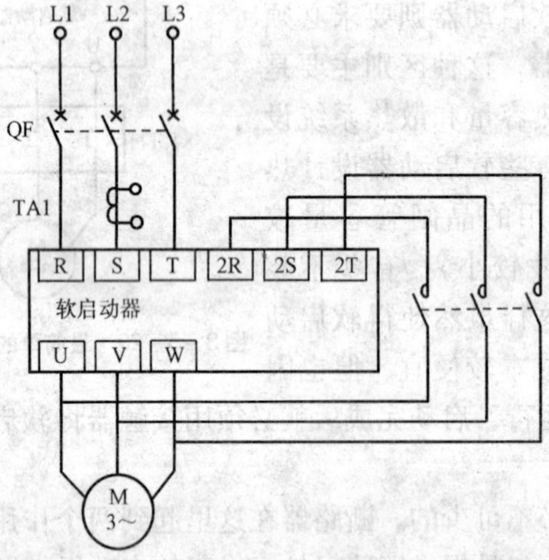

图3-5-24 带旁路接触器的启动控制线路

另外，有的软启动器已经具有内置旁路接触器，这类产品一般为小容量产品，设计目的主要是为了节省安装空间，该类产品的特点是安装和接线非常方便，并可在一个柜体内安装多个电动机软启动回路。

3. 负荷开关—熔断器控制的启动线路

负荷开关—熔断器控制的启动线路如图 3－5－25 所示。装设负荷开关（刀开关）的主要目的是为了方便检修，在检修时负荷开关提供一个明显的电气断点，对检修安全有利。装设熔断器的主要目的是当短路或过电流故障时，对晶闸管提供保护，同时又可兼线路保护用。

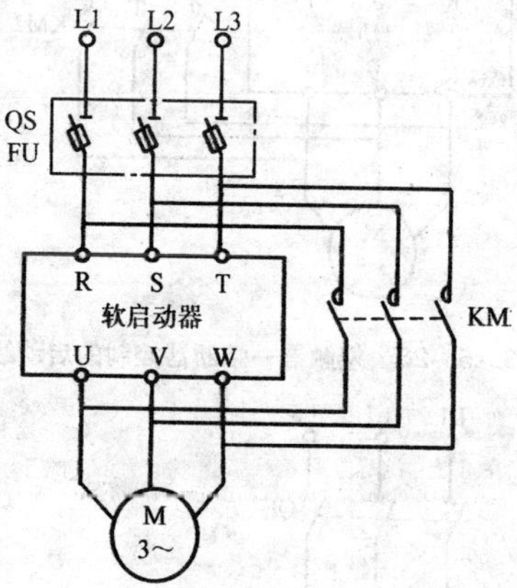

图 3－5－25　负荷开关—熔断器控制的启动线路

4. 接触器—熔断器控制的启动线路

在软启动电路中，值得推荐的是接触器—熔断器电路，即 F—C 电路。即使不使用软启动的平滑启动而用硬启动，F—C 电路也是一种很好的方案，如图 3－5－26 所示。

需要说明的是软启动可以选择加装快速熔断器，但主接触器仍要接入，否则当停止时电动机侧仍带电。这是由于晶闸管具有漏电流特性，不能从电气上完全分断电路，只有在软启动器的上侧接一个接触器，其断开后电动机才能不再带电。

5. 断路器—接触器控制的启动线路

这种接线方式是目前大多数国产软启动用户采用的首选方案，

如图3－5－27所示。其中断路器既可以采用带热磁脱扣器或电磁脱扣器的塑壳开关，也可采用框架式断路器或万能断路器。

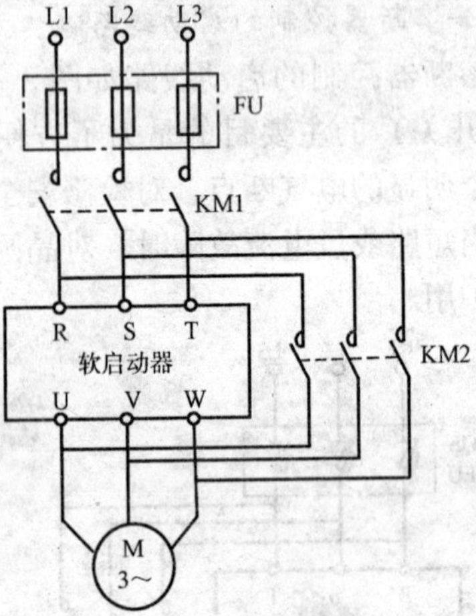

图3－5－26 接触器—熔断器控制的启动线路

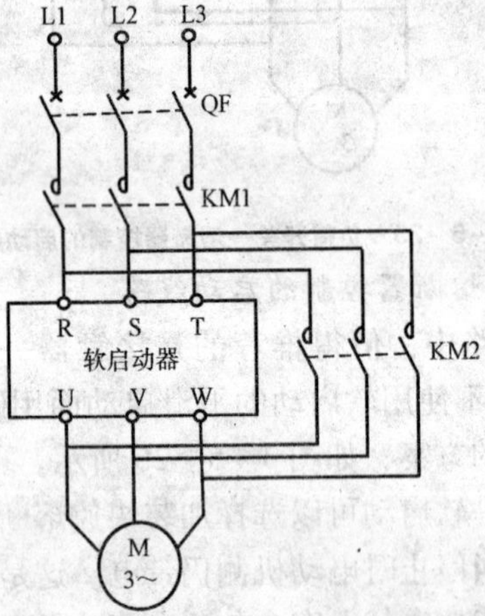

图3－5－27 断路器—接触器控制的启动线路

6. 断路器—熔断器控制的启动线路

在远距离操作及对选择性保护要求较高的场合，虽然多采用断路器，但由于其分断能力一般较同容量的熔断器低（尤其是小容量断路器的分断能力，更远不如熔断器），保护特性并不理想。因此，往往采取断路器与熔断器串联使用。这样做，既可以自动操作，又有较高的分断能力，使保护更可靠，如图 3－5－28 所示。

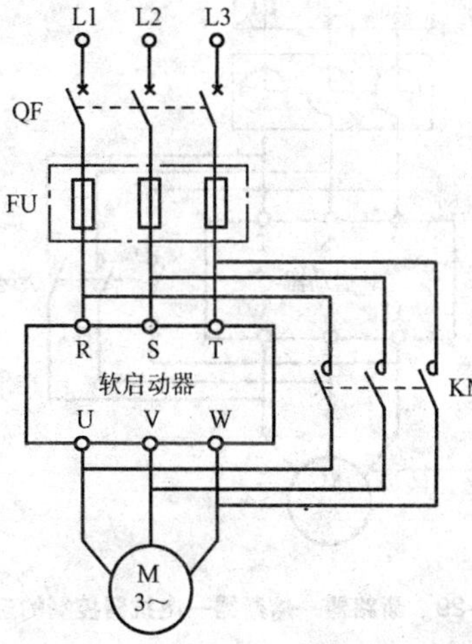

图 3－5－28　断路器—熔断器控制的启动线路

7. 断路器—熔断器—电抗器控制的启动线路

在对谐波有特殊要求的场合，一般可在软启动器进线侧主回路中串联专用交流电抗器或滤波器，如图 3－5－29 所示。同时，交流电抗器还可以起到限制短路电流，对软启动器的短路故障提供更有效的保护作用。此外，还可以抑制 di/dt。

8. 一台软启动器控制多台电动机的启动线路

工业应用中，一般情况下应采用一台软启动器拖动一台电动机的方案（一拖一控制方案），尤其对负载等级要求较高的场合，如锅炉风机、消防水泵、连续性生产的设备等。这种方案的电气主回路及控制回路接线非常简单，同时大多数品牌的软启动器具有过电流、缺相、过载等多种保护功能，无需另配电动机保护电器，并可对电动机实施在线保护，充分发挥软启动器的软

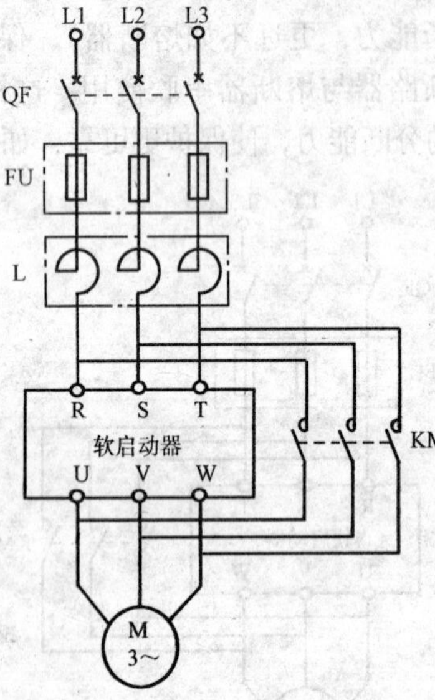

图 3-5-29 断路器—熔断器—电抗器控制的启动线路

启、软停及综合保护功能。

然而，对于有些工作场合，例如负载等级要求一般、负载允许短时间停机、一般性民用负载、非连续性生产的一般负载等，为了节省设备投资，可以采用一台软启动器循环拖动多台电动机负载的方案。理论上一台软启动器可以循环拖动任意台电动机，但考虑到外部控制电路的复杂性、系统的可靠性等因素，实际生产中采用一台软启动器拖动两台、三台电动机负载的情况较多，一般不建议拖动超过三台电动机的负载。

(1) 一台软启动器拖多台电动机按序启动线路。如图 3-5-30所示为一台软启动器按序启动三台电动机启动线路，在主回路接线方面是将软启动器的阀侧（电动机侧）分别引出三个并联支路，然后分别通过接触器接到三台负载电动机上。若考虑到启动过后的旁路接触器分别与电网并联，还要单独设置其旁路接触器（KM2、KM4、KM6）。

对这种应用电路，软启动器的容量选择应考虑两种情况：一是三台电动机的容量相同，那么软启动器的容量按通常的方法计算即可；二是三台电动机的容量不相同，则软启动器的容量要按照三台电动机中的最大容量来选择。

同时，还应考虑电动机的启动间隔时间，这一间隔时间一定要大于该软启动器所允许的启动间隔时间。如果多台电动机连续启动，没有间隔时间，因每次启动引起的软启动器温升来不及冷却，会导致软启动器温升过高，报警装置动作，甚至将软启动器损坏。如果确实需要连续启动，则在这种情况下建议将各台电动机作为一台电动机考虑，并求出它们的有效平均电流，根据这一有效平均电流来选择软启动器容量。

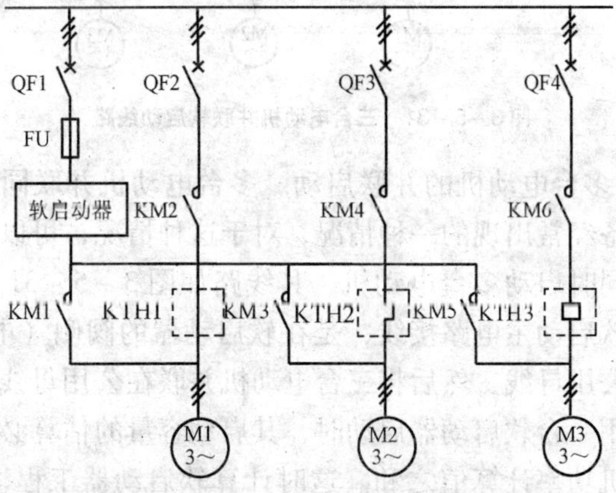

图3-5-30　“一拖三”软启动线路

按照以上电路，可以控制三台电动机分时先后启动，在任一台电动机启动完成后，软启动器处于待命状态，此时方可允许启动下一台电动机。

这种方式下，软启动器的软停功能一般不能使用，同时每台电动机回路必须另设电动机过载保护元件。相比一拖一的控制方案，其电气主回路和控制回路的电器元件较多，接线复杂，不能充分利用软启动器的综合保护功能。另外，考虑到启动过后，每台电动机通过各自相应的旁路接触器与电网并联，因此，每台电动机回路还应当增加断路器和热继电器来提供电动机运行时的短路和过载保护。

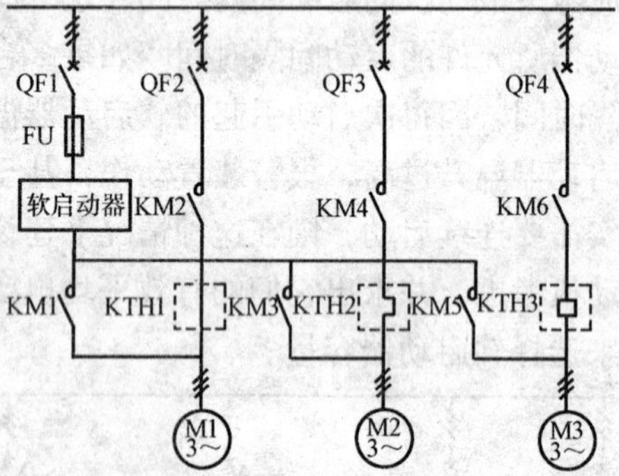

图 3－5－31 三台电动机并联软启动线路

（2）多台电动机的并联启动。多台电动机并联同时启动也是工业设备经常出现的一种情况，对于这种情况，可以共用一台软启动器同时启动多台电动机，其线路如图 3－5－31 所示。三台电动机软启动主电路接线，是在软启动器的阀侧（电动机侧）引出一个公用母线，然后将三台电动机并联在公用母线上。多台电动机共用一台软启动器启动时，其启动容量的估算必须是根据所有电动机功率计算值之和。这时计算软启动器工程整定值时，是依据近似的转矩—速度特性和近似转动惯量。

要注意的是，这种软启动方式下，由于额定参数将按照总容量设置，因此对于每一台电动机来说，软启动器的一些保护将失效，如过电流保护、过载保护等。

（3）“多用一备”线路。“多用一备”线路中，最为常用的是“一用一备”、“两用一备”。再多则外围电路太复杂，可靠性将受到影响。

对于“多用一备”线路还有两种方案：一种是软启动器和电动机都备用，另一种是仅电动机备用。如图 3－5－32a 和图 3－5－32b所示。下面以“一用一备”为例来讨论其工作原理。

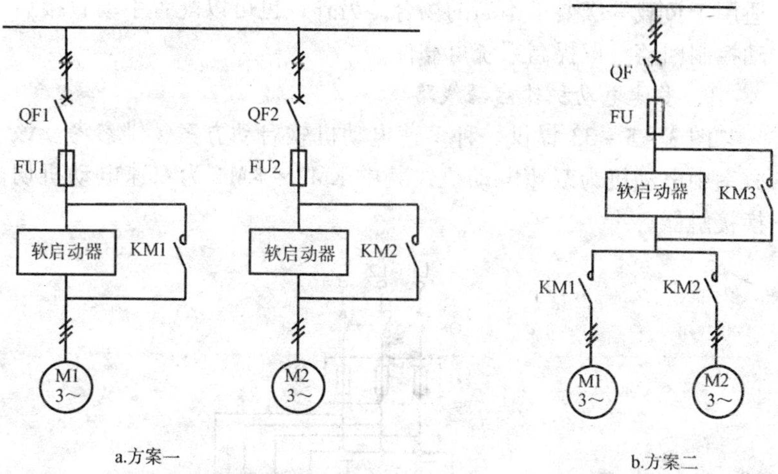

图 3－5－32 “一用一备”软启动电路

一是软启动器和电动机都备用，一台电动机负载运行，另一台电动机备用。通常在二次控制线路设计上两台电动机是互为备用，可以通过面板旋钮选择任意一台电动机作为备用电动机，另一台电动机则作为主用电动机。当主用电动机在运行中因故障停机时，则备用电动机负载自动投入运行。主用电动机故障信号通常由软启动器继电器输出口提供，该信号可以用做备用电动机启动的控制信号。采用这种方案时应有两个独立的软启动控制回路，并且可以配置手动直接启动控制回路，当软启动器出现故障时可以手动直接启动电动机。这种方案可靠性比较高，系统部分电路出现故障时也可以保证工作。一般消防水泵应采用该方案。

二是电动机备用方案，即采用一台软启动器拖动两台电动机负载中任意一台电动机负载工作的方案，启动电动机前通过二次控制回路选择开关或自控 PLC 等选择所要启动的电动机。当主用电动机在运行中因故障停机时，可以手动切换到另一台电动机上，重新启动。这个方案仅需要一台软启动器，比较经济。但是，当软启动器出现故障时，问题得不到解决，因此，该方案仅适用于负载等级要求不高的场合。另外，也可以配置手动直接启动控制回路，以提高系统可靠性。

9. 多速电动机软启动线路

图 3－5－33 提供一种多速电动机软启动方案，供参考。该方案中电动机为双速电动机，其中 KM2～KM4 为双速电动机切换接触器。

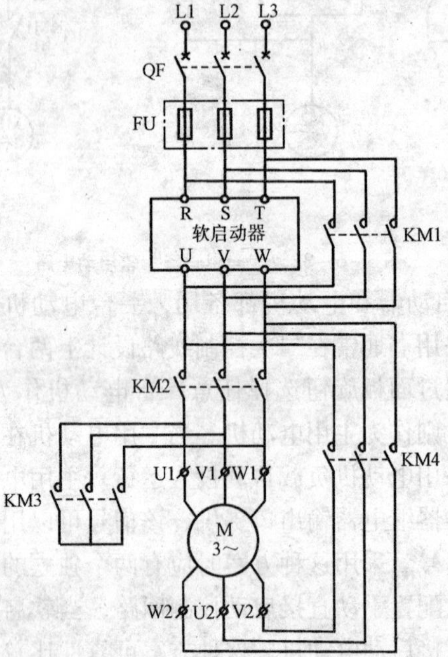

图 3－5－33 双速变极电动机软启动线路（△/YY 接法）

所谓多速电动机实际是利用改变电动机定子绕组的接线以

改变电动机的极数，从而改变其同步转速，具有随负载的不同要求而有级地变化功率和转速的特性。例如，一台 YD180L—4/2 双速电动机通过电动机的不同接线将电动机进行 2 极和 4 极变换，其相应的同步转速也进行从 3 000 r/min 到 1 500 r/min 的变换。

其工作原理为：低速启动时，KM2 闭合，KM3、KM4 断开，电动机接成 4 极；高速时 KM2、KM3 闭合，KM1 断开，电动机接成 2 极。

10. *软启动降压启动正反转控制线路*

图 3－5－34 是一个带旁路接触器的正反转控制线路，其中 KM1 为主接触器，KM3 为旁路接触器，KM2 为反方向运转接触器。KM1、KM2 应当具备电气、机械双重互锁，利用两者的切换

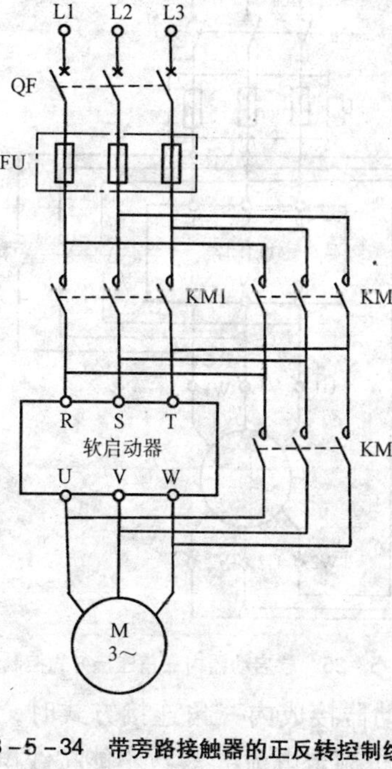

图 3－5－34　带旁路接触器的正反转控制线路

可以操纵正向与反向运行。软启动完成后的旁路运行由软启动内部的继电器逻辑输出信号控制。

11. 软启动器内三角连接方式控制线路

软启动器内三角连接方式控制线路如图 3 - 5 - 35 所示，这种接法可以增容。所谓“增容”，是指在这种接法下，比一般三相全控三角形接法下晶闸管所承受的电流小，因此额定电流相同的软启动器在这种接法下容量可以提高 1.732 倍。例如，75 kW 的软启动器在内三角接线时，可以拖动 132 kW 的电动机，因此可以节约成本。但是，这种接法下，启动电流存在 3 次谐波电流，且电动机引出线需要 6 根，接线比较麻烦，如电动机到软启动器的接线距离较远时，没有太大意义。

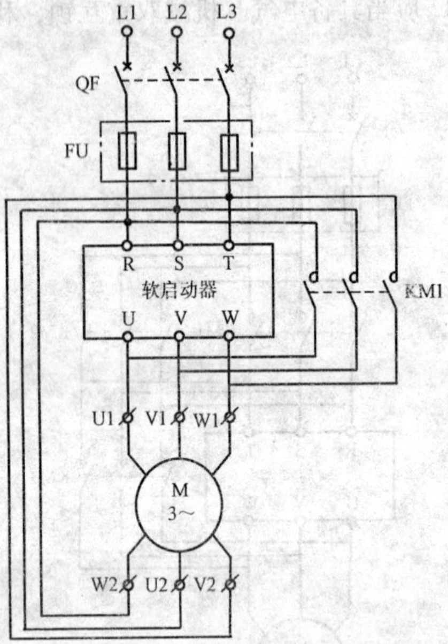

图 3 - 5 - 35　软启动器内三角连接方式控制线路

说明：软启动器接成内三角连接方式时，参数设置也要做相应变化。“电动机额定电流”参数不能按线电流设置，而应该按相电流设置。

第六节　调速控制线路

一、三相笼型异步电动机调速控制线路

在电动机负载不变的前提下，改变电动机的转速称为调速。由异步电动机的转速公式可知：改变电动机的磁极对数、电源频率和转差率等任何一个参数，都可使电动机的转速改变。改变磁极对数调速的调速方法只适用于笼型电动机，由于电动机的磁极对数是整数，电动机的转速是阶跃式变化，故变极调速为有级调速。

1. 三相笼型异步电动机双速控制线路

双速电动机定子绕组共有 6 个出线端，通过改变 6 个出线端与电源的连接方式，就可得到两种不同的转速。双速电动机定子绕组的△/YY 接线如图 3－6－1 所示。低速时接成△接法，磁极为 4 极，同步转速为 1 500 r/min；高速时接成 YY 接法，磁极为 2 极，同步转速为 3 000 r/min。可见双速电动机高速运转时是低速运转时转速的 2 倍。

（1）按钮和接触器控制双速异步电动机的控制线路 1。按钮和接触器控制双速异步电动机的控制线路 1 如图 3－6－2 所示。

其工作原理如下：按下低速启动按钮 SB1，低速接触器 KM1 线圈通电，电动机低速运转，此时电动机的绕组做△连接。如需换为高速运转，可按下高速启动按钮 SB3，于是 KM1 线圈断电，高速接触器 KM2 和 KM3 线圈通电，电动机高速运转。注意：为保证高、低速转向一致，必须将高速电源反过来，此时电动机的绕组做双 Y 形连接。

（2）按钮和接触器控制双速异步电动机的控制线路 2 。按钮和接触器控制双速异步电动机的控制线路 2 如图 3－6－3 所示。

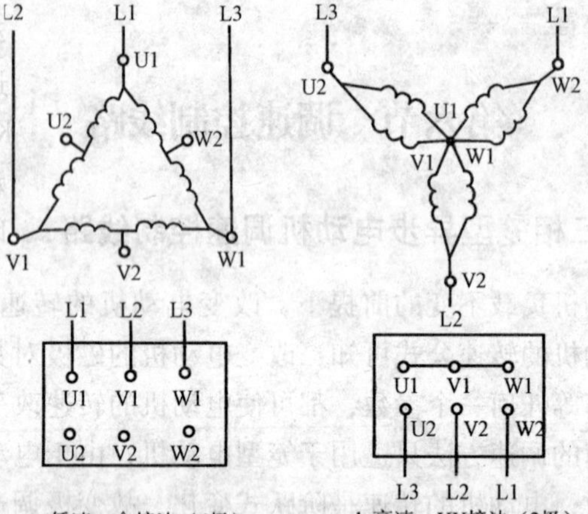

a.低速—△接法（4极） b.高速—YY接法（2极）

图3-6-1 双速电动机定子绕组的△/YY接线

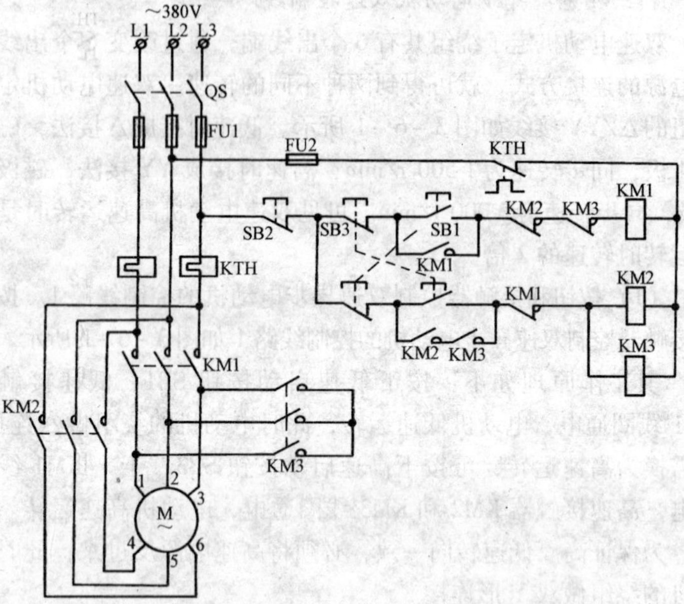

图3-6-2 按钮和接触器控制双速异步电动机的控制线路1

按下低速启动按钮 SB1，低速接触器 KM1 通电动作，其常开辅助触点闭合自锁，电动机定子绕组接成△低速运转。变速时，按下高速启动按钮 SB3，SB3 常闭触点断开使 KM1 失电释放，同时 SB3 常开触点闭合，高速接触器 KM2 得电动作，其常开辅助触点闭合后，KM3 才得电动作，以避免 KM3 闭合时电流很大，使 KM2 触点被烧坏。

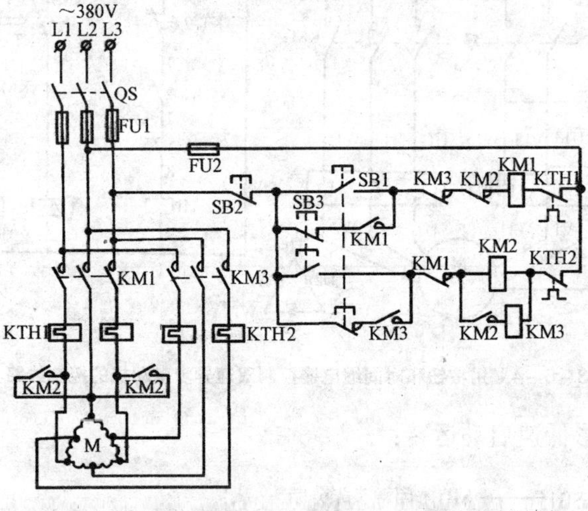

图 3-6-3　按钮和接触器控制双速异步电动机的控制线路 2

（3）用按钮和时间继电器控制双速异步电动机的控制线路 1。用按钮和时间继电器控制双速异步电动机的控制线路 1 如图 3-6-4所示。

该线路用时间继电器 KT 控制双速异步电动机△形启动时间和△—YY 的自动换接运转。

线路的工作原理如下：先合上电源开关 QS。

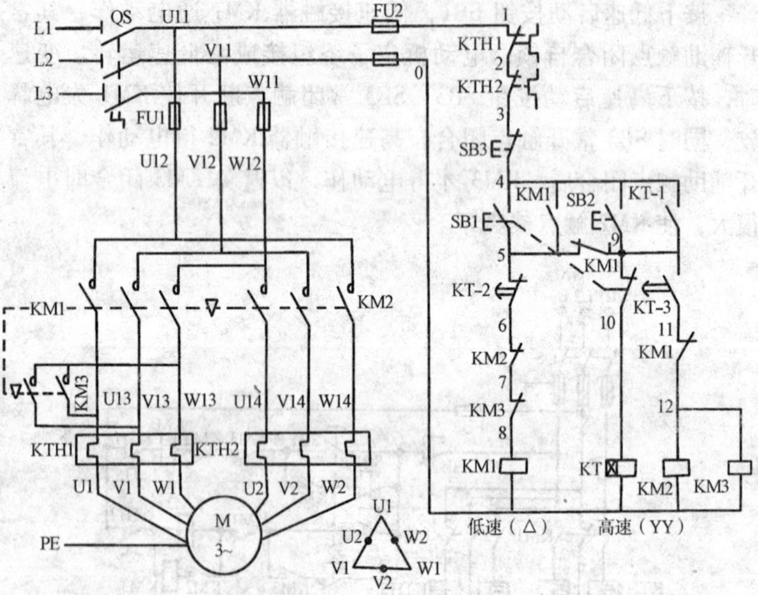

图3-6-4　用按钮和时间继电器控制双速异步电动机的控制线路1

△形低速启动运转：

按下SB1 → SB1常闭触头先分断
　　　　 → SB1常开触头后闭合 → KM1线圈得电 →

→ KM1自锁触头闭合自锁 → 电动机M接成△形低速启动运转
→ KM1主触头闭合
→ KM1两对常闭触头分断对KM2、KM3联锁

YY 形高速运转：

按下SB2 → KT线圈得电 → KT－1常开触头瞬时闭合自锁 →

经KT整定时间 → KT－2先分断 → KM1线圈失电 → KM1常开触头均分断；→ KM1常闭触头恢复闭合 →
经KT整定时间 → KT－3后闭合 →

→ KM2、KM3线圈得电 → KM2、KM3主触关闭合 → 电动机M接成YY形高速运转；→ KM2、KM3联锁触头分断对KM1联锁

停止时，按下 SB3 即可。

若电动机只需高速运转时，可直接按下 SB2，则电动机△形低速启动后，YY 高速运转。

（4）用按钮和时间继电器控制双速异步电动机的控制线路2。用按钮和时间继电器控制双速异步电动机的控制线路 2 如图 3－6－5所示。

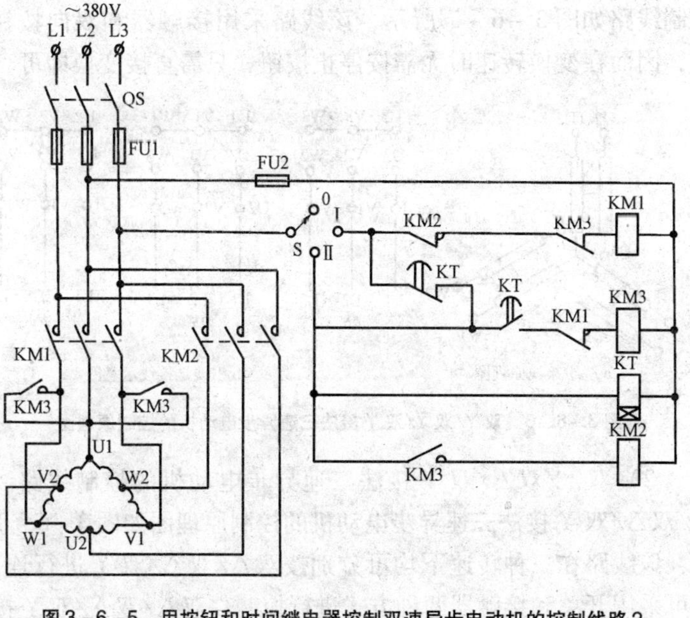

图 3－6－5　用按钮和时间继电器控制双速异步电动机的控制线路 2

该线路为自动加速电路，当速度选择开关 S 放在中间位置时，电动机不加电处于停滞状态。当将开关 S 扳到“Ⅰ”时，接触器 KM1 动作，电动机按△接法与电源相接，三相电源由 U1、V1、W1 三个接点接入。当开关扳到“Ⅱ”时，电动机则先低速转动，经过时间继电器 KT 延时后自动切换到高速。这时接触器 KM2、KM3 动作，三相电源从 U2、V2、W2 三个接入点接入，为双 Y 形接法，转速提高 1 倍。

2. 三速异步电动机的控制线路

(1) 单绕组三速异步电动机的控制线路：

1) 双 Y/双 Y/双 Y 接法三速异步电动机的控制线路。双 Y/双 Y/双 Y 接法三速异步电动机的控制原理图如图 3－6－6 所示，该线路在三种转速下均接成双 Y 形，可用开关进而接触器组合两种方法进行控制。双 Y/双 Y/双 Y 接法单绕组三速异步电动机的控制线路如图 3－6－7 所示，该线路采用接触器和双向按钮组成，因而在变换转速时无需按停止按钮，只需直接变换即可。

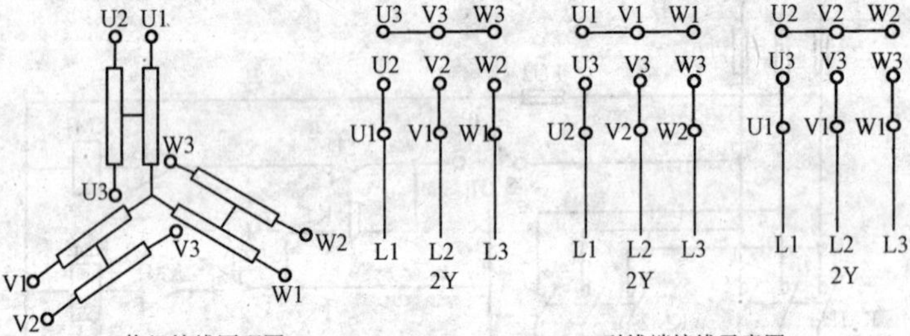

a.绕组接线原理图　　　　b.引线端接线示意图

图 3－6－6　双 Y/双 Y/双 Y 接法三速异步电动机的控制原理图

2) 双△/双△/双 Y 接法三速异步电动机的控制线路。双△/双△/双 Y 接法三速异步电动机的控制原理图如图 3－6－8 所示，该线路在三种转速下均可分别按双△/双△/双 Y 进行连接，它可采用开关和接触器两种方式进行控制。双△/双△/双 Y 接法三速异步电动机的控制线路如图 3－6－9 所示，该线路中的电动

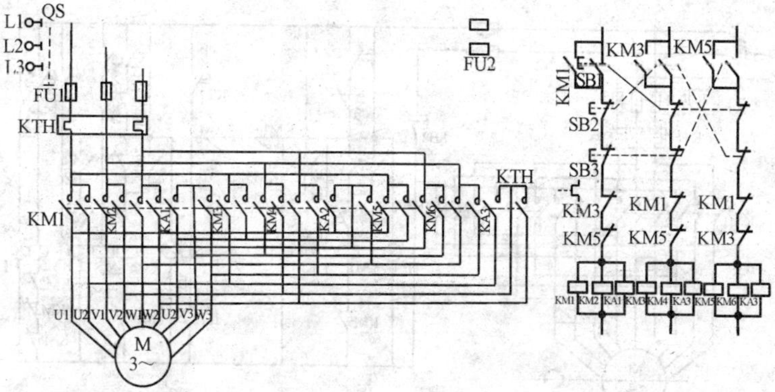

图 3-6-7　双 Y/双 Y/双 Y 接法单绕组三速异步电动机的控制线路

机安装有速度继电器 SR，同时还配置有时间继电器 KT1、KT2，它是一种具有自动加速功能的控制线路，此线路中的时间继电器 KT1、KT2 两只线圈的断电时间，不由接触器的常闭触点来控制，而分别取决于 KT2 和速度继电器 SR 常闭触点的打开与否。

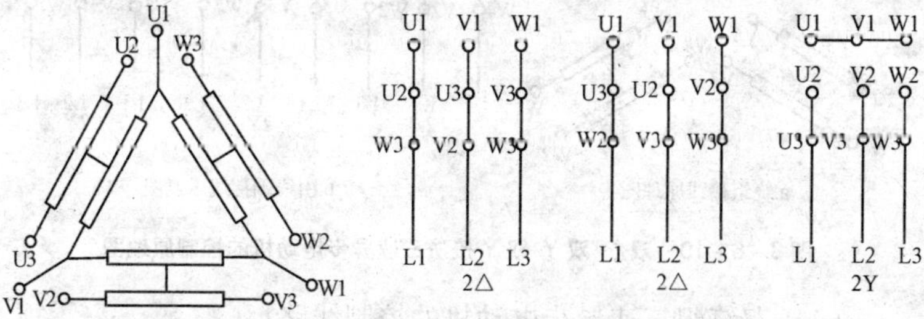

a.绕组接线原理图　　　　b.引线端接线示意图

图 3-6-8　双△/双△/双 Y 接法三速异步电动机的控制原理图

3）双△/双 Y/双 Y 接法三速异步电动机的控制线路。双△/双 Y/双 Y 接法三速异步电动机的控制原理图如图 3-6-10 所示，该线路在三种转速下分别按双△、双 Y、双 Y 接法，它也可用开关和接触器两种方式控制。

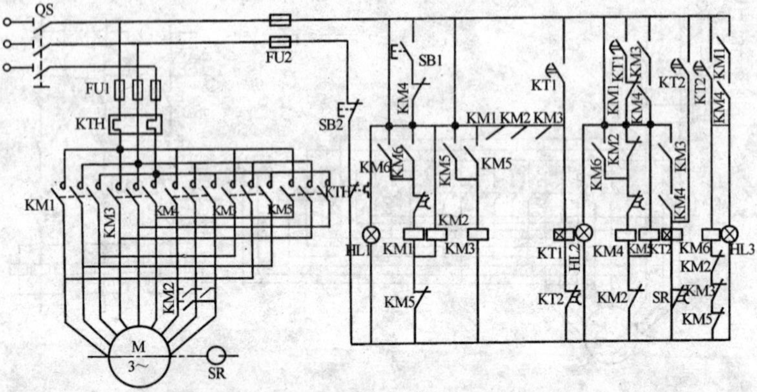

图 3－6－9　双△/双△/双 Y 接法三速异步电动机的控制线路

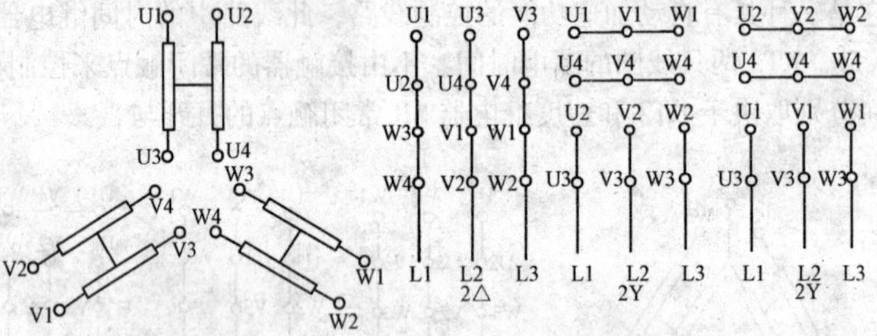

a.绕组接线原理图　　b.引线端接线示意图

图 3－6－10　双△/双 Y/双 Y 接法三速异步电动机的控制原理图

（2）双绕组三速异步电动机的控制线路：

1）△/Y/双 Y 接法三速异步电动机的控制线路。三速电动机有两套定子绕组，分两层安放在定子槽内，第一套绕组（双速）有七个出线端 U1、V1、W1、U3、U2、V2、W2，可做△形和 YY 接法；第二套绕组（单速）有三个出线端 U4、V4、W4，只做 Y 形连接，如图 3－6－11a 所示。当分别改变两套定子绕组的连接方式（改变极对数）时，电动机就可得到三种不同的运

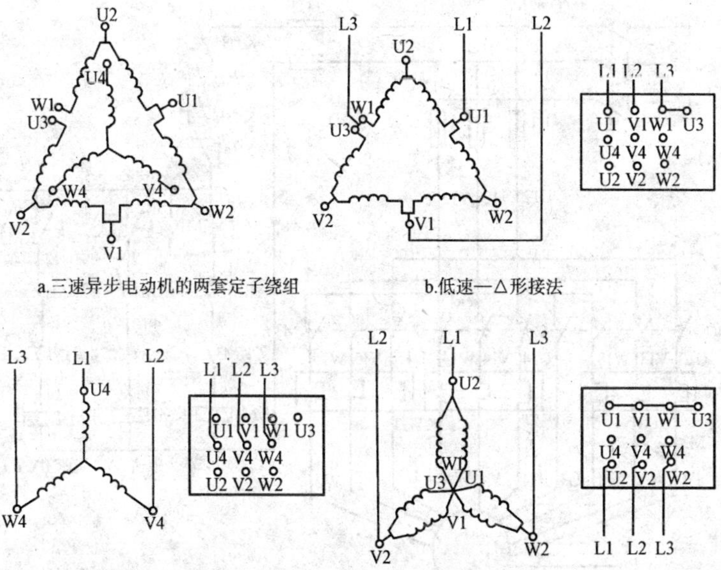

a.三速异步电动机的两套定子绕组　b.低速—△形接法

c.中速—Y形接法　d.高速—YY接法

图 3－6－11　三速异步电动机定子绕组接线图

转速度。三速异步电动机定子绕组的接线方式如图 3－6－11b、c、d 所示。图中 W1 和 U3 出线端分开的目的是：当电动机定子绕组接成 Y 形中速运转时，避免在△形接法的定子绕组中产生感生电流。

①接触器控制三速异步电动机的控制线路。接触器控制三速异步电动机的控制线路如图 3－6－12 所示。

该线路的缺点是进行速度转换时，必须先按下停止按钮 SB4 后，才能按相应的启动按钮变速，所以操作不便。

②用时间继电器自动控制三速异步电动机的控制线路。用时间继电器自动控制三速异步电动机的控制线路如图 3－6－13 所示。SB1，KM1 控制电动机△形接法下的低速运转；SB2、KT1、KM2 控制电动机从△形接法下低速启动到 Y 形中速运转的自动

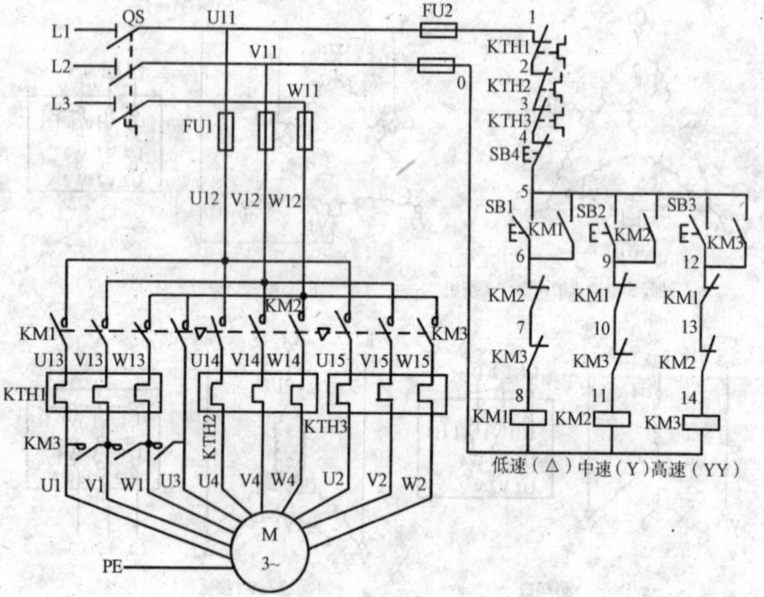

图 3-6-12　接触器控制三速异步电动机的控制线路

变换；SB3、KT1、KM3 控制电动机从△形接法下低速启动到 Y 形中速过渡到 YY 接法下高速的自动变换。

2）Y/Y/双 Y 接法三速异步电动机的控制线路。Y/Y/双 Y 接法三速异步电动机的控制线路如图 3-6-14 所示。该线路采用时间继电器 KT 和中间继电器 KA 进行自动控制，使电动机的转速得以自动变换。

二、三相绕线式异步电动机调速控制线路

1. 串电阻调速线路

（1）按钮操作平衡短接法可逆启动调速控制线路。按钮操作平衡短接法可逆启动调速控制线路如图 3-6-15 所示。该线路中电动机的启动、调速以及启动（调速）电阻的短接，都通

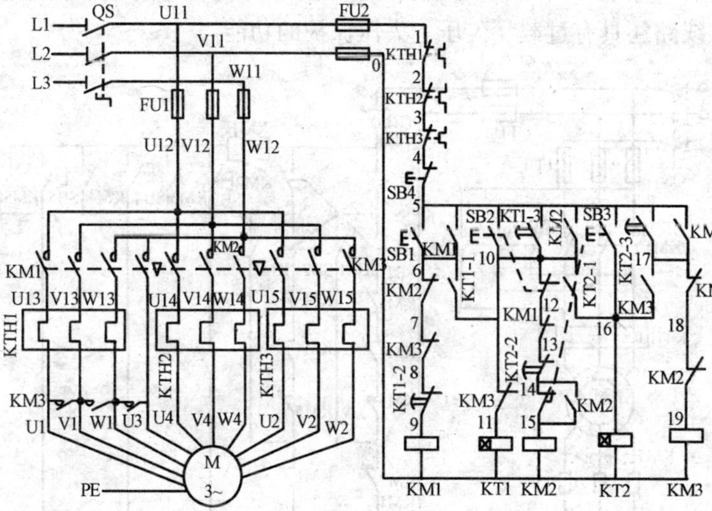

图 3－6－13　用时间继电器自动控制三速异步电动机的控制线路

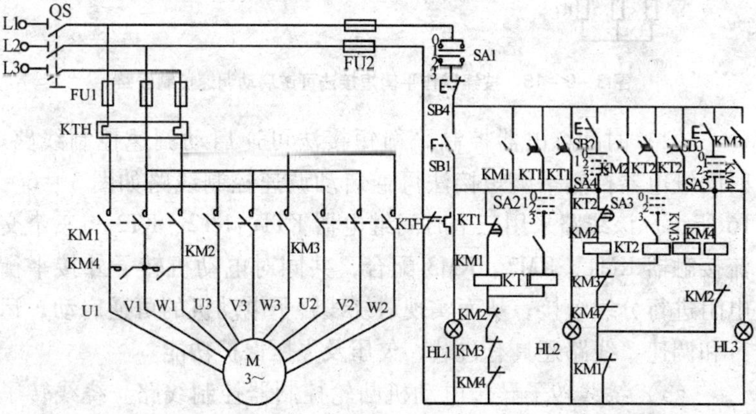

图 3－6－14　Y /Y/双 Y 接法三速异步电动机的控制线路

过按钮的手动操作来控制。SB1、SB2 为正、反向启动的按钮，按下这两个按钮电动机即做正、反向启动。SB3、SB4、SB5 为短接启动电阻 R3、R2、R1 的按钮，按下后启动电阻被依次短接。该线路还具有过载、欠压、失压保护的功能。

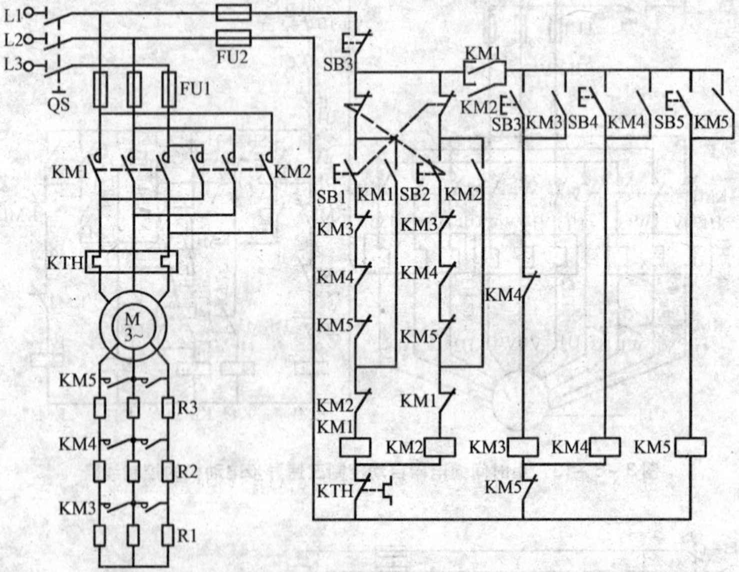

图 3－6－15 按钮操作平衡短接法可逆启动调速控制线路

（2）时间继电器控制平衡短接法可逆启动调速控制线路。时间继电器控制平衡短接法可逆启动调速控制线路如图 3－6－16 所示。该线路采用三个时间继电器 KT1、KT2、KT3 与三个交流接触器 KM1、KM2、KM3 配合，共同对电动机转子外接平衡电阻进行分级短接，从而实现对绕线转子电动机的可逆启动、运行和调速，线路还具有过载、欠压及失压保护功能。

（3）绕线转子异步电动机凸轮控制器控制线路。绕线转子异步电动机凸轮控制器控制线路如图 3－6－17 所示。图中转换开关 QS 作引入电源用；熔断器 FU1、FU2 分别作为主电路和控制电路的短路保护；接触器 KM 控制电动机电源的通断，同时起欠压、失压保护作用；位置开关 QS1、QS2 分别作为电动机正、

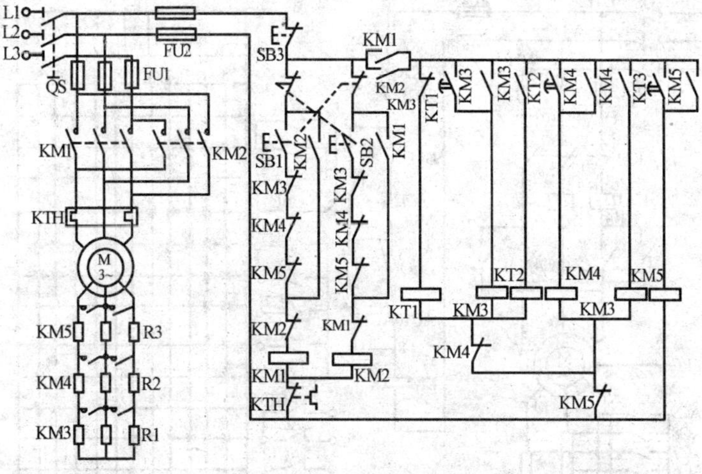

图 3－6－16　时间继电器控制平衡短接法可逆启动调速控制线路

反转时工作机构运动的限位保护；过流继电器 KA1、KA2 作为电动机的过载保护；R 是电阻；AC 是凸轮控制器。

工作原理：先合上电源开关 QS，然后将 AC 手轮放在“0”位，这时最下面三对触头 AC10～AC12 闭合，为控制电路的接通做准备。按下 SB1，接触器 KM 线圈得电，KM 主触头闭合，接通电源，为电动机启动做准备，KM 自锁触头闭合自锁。将 AC 手轮从“0”位转到正转“1”位置，这时触头 AC10 仍闭合，保持控制电路接通，触头 AC1、AC3 闭合，电动机 M 接通三相电源正转启动，此时由于 AC 触头 AC5～AC9 均断开，转子绕组串联全部电阻 R，所以启动电流较小，启动转矩也较小。如果电动机负载较重，则不能启动，但可以消除传动齿轮间隙和起拉紧钢丝绳的作用。当 AC 手轮从正转“1”位转到“2”位时，触头 AC10、AC1、AC3 仍闭合，AC5 闭合，把电阻 R 的一级电阻切除，使电动机 M 正转加速。同理，当 AC 手轮依次转到正转“3”和“4”位置时，触头 AC10 、AC1、AC3、AC5 仍保持闭合，

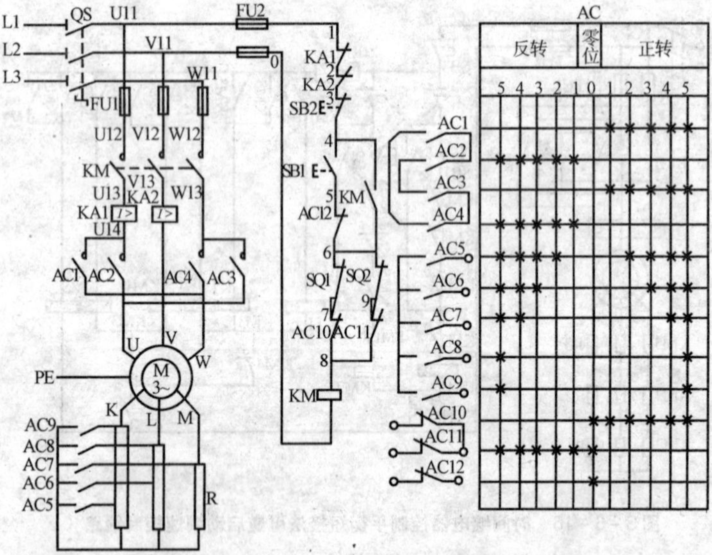

图 3－6－17　绕线转子异步电动机凸轮控制器控制线路

AC6、AC7 先后闭合，把电阻 R 的两级电阻相继短接，电动机 M 继续正转加速。当 AC 手轮转到正转“5”位置时，AC5～AC9 五对触头全部闭合，电阻 R 全部电阻被切除，电动机启动完毕后全速运转。

当把手轮转到反转的“1”～“5”位置时，触头 AC2 和 AC4 闭合，接入电动机的三相电源相序改变，电动机反转。触头 AC11 闭合使控制电路接通，接触器 KM 线圈继续得电工作。凸轮控制器反向启动依次切除电阻的程序及工作原理与正转类同。

由凸轮控制器触头分合表可以看出，凸轮控制器最下面的 3 对辅助触头 AC10～AC12，只有当手轮置于“0”位时才全部闭合，而在其余各挡位置都只有 1 对触头闭合（AC10 或 AC11），而其余两对断开。这三对触头在控制电路中如此安排，就保证了手轮必须置于“0”位时，按下启动按钮 SB1 才能使接触器 KM

线圈得电动作。然后通过凸轮控制器 AC 使电动机进行逐级启动，从而避免了电动机的直接启动，同时也防止了由于误按 SB1 而使电动机突然加速运转产生的意外事故。

（4）手动可逆启动、调速凸轮控制器控制线路。手动可逆启动、调速凸轮控制器控制线路如图 3－6－18 所示。该线路是采用凸轮控制器来实现绕线转子异步电动机的启动、调速及正反转的。此线路保护完备、运行可靠、维护方便，它常用于桥式起重机上。

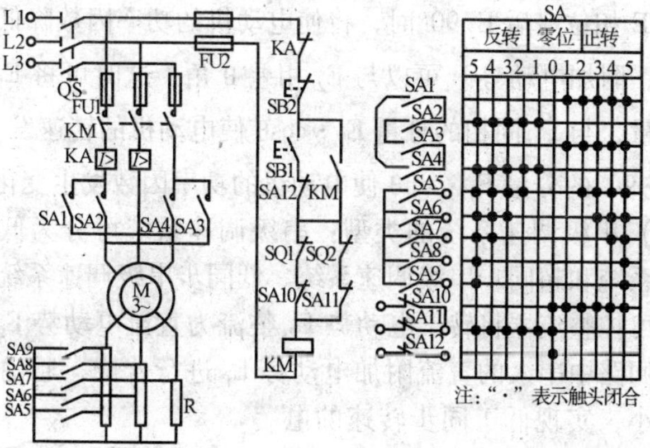

a.控制电路　　b.触头分合表

图 3－6－18　手动可逆启动、调速凸轮控制器控制线路

2. 串级调速线路

串级调速就是在绕线转子感应电动机的转子电路中引入一个附加电动势 E_f，来调节电动机的转速。附加电动势 E_f 的频率等于转子频率 S_{f1}，而其大小和相位都可以改变。串级调速原理如图 3－6－19 所示。

当附加电动势 $\dot{E}_f$ 与 $\dot{E}_{2s}$ 频率相同、相位相同时，转子电流 $I_2=\frac{s\cdot E_{20}+E_f}{\sqrt{R_2^2+(s\cdot X_{20})^2}}$ 将增大，由于负载转矩不变，使得电磁转

矩 T 增大，电动机加速，转差率 s 下降，合成电动势 $\dot{E}_{2s}+\dot{E}_f$减小，电流 I_2 和电磁转矩 T 则在上升到最大值后逐渐下降，直到 $T=T_L$ 时为止，电动机便在比原来转速值高的转速下稳定运行，这是升速过程。调节 $\dot{E}_f$的大小可以调节电动机的转速，并可使电动机的转速超过其同步转速。

当附加电动势 $\dot{E}_f$与 $\dot{E}_{2s}$频率相同、相位相反时，电动机将减速，调节 $\dot{E}_f$的大小，可使电动机在同步转速以下调速。

当附加电动势 $\dot{E}_f$相位超前 $\dot{E}_{2s}$ 90°时可提高电动机的功率因数；若 $\dot{E}_f$相位滞后 $\dot{E}_{2s}$ 90°时，将使电动机的功率因数降低。一般情况下，附加电动势 $\dot{E}_f$可以与 $\dot{E}_{2s}$相差 θ 角，这时可将 $\dot{E}_f$分解为两个分量，与 $\dot{E}_{2s}$同相的分量 $\dot{E}_f\cdot\cos\theta$ 使电动机的转速发生变化，与 $\dot{E}_{2s}$成 90°的分量 $\dot{E}_f\cdot\sin\theta$ 使电动机的功率因数发生变化。

（1）串级调速系统的类型：串级调速系统可分为低同步串级调速系统和超同步串级调速系统。低同步串级调速系统的特点是用不可控整流器将转子电动势 $\dot{E}_{2s}$整流为直流电动势 E_2，与转子整流回路中串入的直流附加电动势 E_f 进行合成，通过改变 E_f 值的大小，实现低于同步转速的电动运行和高于同步转速的回馈制动运行。由于转子整流器是不可控的，转差功率只能通过产生可控的附加直流电动势装置回馈给电网，单方向从转子流出，无法使转差功率流入转子，故不能实现高于同步转速的电动运行和低于同步转速的回馈制动运行。

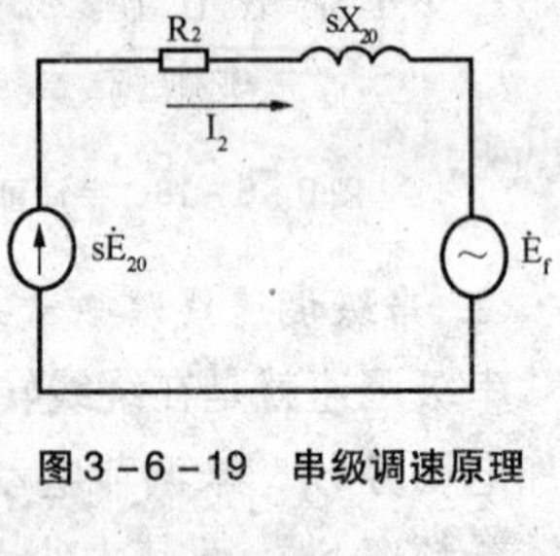

图 3-6-19　串级调速原理

低同步串级调速系统原理线路如图 3-6-20 所示。UI 为晶闸管有源逆变器，它始终工作在有源逆变状态下，即 β < 90°。直流逆变电压 U_β 即为直流附加电动势 E_f。调节逆变角 β 可改变

直流附加电动势的大小，从而实现串级调速。通常 β 取 30° ~ 90°，当 $\beta=\beta_{max}=90°$ 时，$U_\beta=2.34U_{2T}\cdot\cos\beta=0$，电动机便以接近额定转速的最高转速运行；当 $\beta=\beta_{min}=30°$ 时，逆变电压 U_β 最大，转子电流最小，电动机以最低速运行。

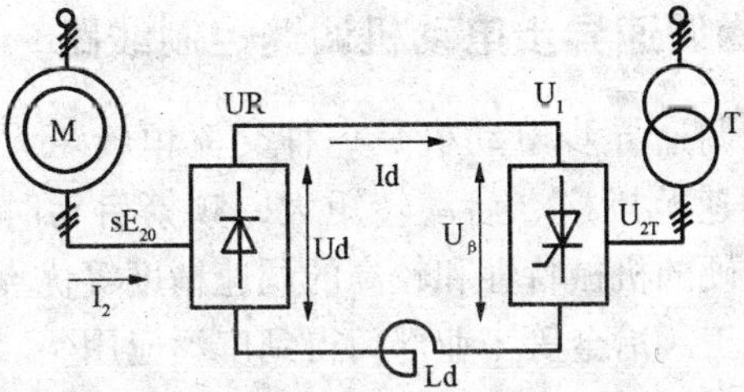

图 3-6-20 低同步串级调速系统原理电路

超同步串级调速系统的特点是：在转子回路中串入的附加电势 $\dot{E}_f$ 为频率可变的交流附加电动势，使 $\dot{E}_f$ 在保持与 $\dot{E}_{2s}$ 同频率的条件下，通过改变 $\dot{E}_f$ 的幅值大小和相位，实现四象限运行，并可解决低同步串级调速系统功率因数低等问题，但它需要一个产生这种 $\dot{E}_f$ 的变流器，设备复杂。按变流器类型的不同，又可分为转子交—交变流方式和转子交—直—交变流方式的超同步串级调速系统。超同步串级调速系统适用于需要四象限运行的大容量生产机械。

（2）串级调速性能特点。绕线转子感应电动机串级调速与转子串电阻调速相比，其优点是机械特性较硬，调速平滑性好，损耗小，效率高（大容量系统满载时的效率可达 90% 以上，中小容量系统满载时极间漏磁，效率也可达 80% 以上），便于向大容量发展；其缺点是功率因数较低（低同步串级调速），设备较复杂，低速时电动机过载能力较低。

由于串级调速系统转子直流回路等效电阻大，因此其机械特性比感应电动机的自然机械特性要软。这使得电动机在额定负载时难以达到其额定转速，而且电动机在串级调速时所产生的最大转矩也比电动机固有机械特性的最大转矩减小 17.4%，即为 0.826 T_m。

因此，串级调速适用于调速范围不太大的场合，如风机、泵类、压缩机等生产机械中节能调速的应用。

三、电磁调速异步电动机调速控制线路

三相电磁调速异步电动机是一种交流恒转矩无级调速电动机，它具有调速范围广、启动转矩大，频繁启动时对电网无冲击，以及有较硬的机械特性和较高的调速精度等优点，因而在纺织、化工、轻工、冶金等工业部门得到广泛应用。

1. 电磁调速异步电动机自动换极控制线路

电磁调速异步电动机自动换极控制线路如图 3－6－21 所示。该线路采用一台单绕组双速电动机来拖动电磁离合器，线路能够使电动机定子绕组自动变换极数，从而克服了电磁离合器低速运行时效率过低的缺点，并扩大了电动机的有效调速范围。

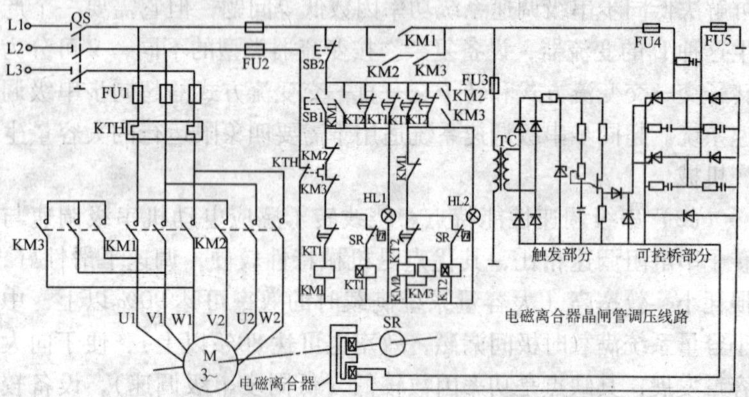

图 3－6－21 电磁调速异步电动机自动换极控制线路

2. 电磁调速异步电动机自动调速线路

电磁调速异步电动机自动调速线路如图 3－6－22 所示，由

图可见，系统主要由五部分组成：主电路、给定电压环节、测速反馈环节、比较和放大环节及触发电路。

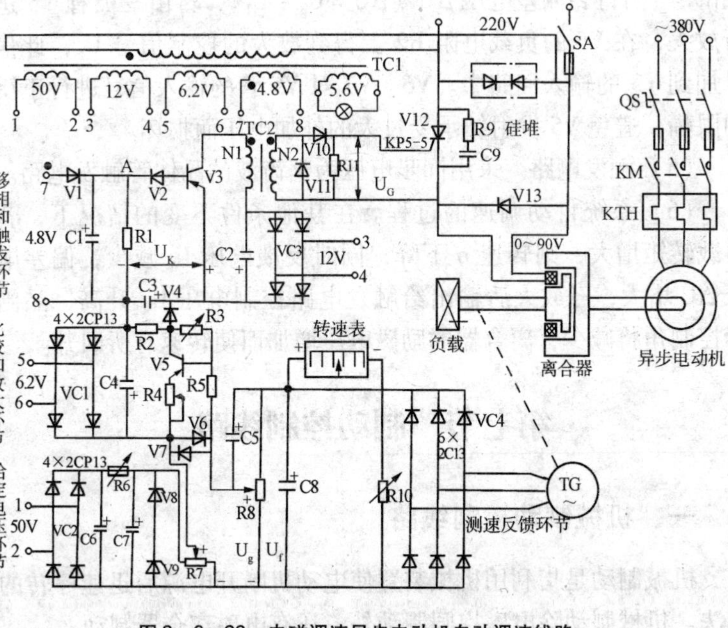

图3-6-22　电磁调速异步电动机自动调速线路

（1）主电路。主电路电磁转差离合器励磁绕组的直流供电采用带续流二极管V13的半波可控整流电路。硒堆和阻容元件R9、C9做过压保护。

（2）给定电压环节。由单相桥式整流器VC2整流，经阻容Ⅱ型滤波和稳压管V8、V9稳压后，输出一定直流电压，再经R7分压，即得到给定电压Ug。调节R7，可以改变给定电压Ug的大小，从而实现电动机调速。

（3）测速反馈环节。三相交流测速发电机TG与负载同轴相连，它将转速转变为三相交流电压，经三相桥式整流和电容C8滤波后，由电阻R8分压得到反馈电压U_f。电位器R8用来调节

反馈电压 U_f 的大小。

（4）比较和放大环节。给定电压 U_g 与反馈电压 U_f 比较（相减）后得到偏差电压 ΔU（$\Delta U = U_g - U_f$），再由三极管 V5 进行放大，在 V5 的负载电阻 R2 上得到放大的控制信号 U_k，此信号加到 V3 的输入回路中。V6、V7 对 V5 管的输入信号进行正反向限幅，避免 V5 发射结承受过大的外加电压而损坏。

（5）触发电路。采用同步电压为锯齿波的晶体管触发电路。

（6）系统自动调速的过程。在其他条件不变的情况下，若负载转矩增大，则转速 n 下降，同时反馈电压 U_f 减少，偏差电压 ΔU 增大，经放大后输出给触发电路控制电压 U_k 升高，晶闸管控制角将减少，离合器的励磁电压增加而使转速有所回升。

第七节　制动控制线路

一、机械制动控制线路

机械制动是指利用机械装置使电动机断开电源后迅速停转的方法。机械制动除电磁抱闸制动外，还有电磁离合器制动。

1. 电磁抱闸断电制动线路

电磁抱闸制动器断电制动控制线路如图 3－7－1 所示。图中 YB 为电磁抱闸制动器。

线路的工作原理如下：先合上电源开关 QS。

启动运转：按下启动按钮 SB1，接触器 KM 线圈得电，其自锁触头与主触头闭合，电动机 M 接通电源，同时电磁抱闸制动器 YB 线圈得电，衔铁与铁芯吸合，衔铁克服弹簧拉力，迫使制动杠杆向上移动，从而使制动器的闸瓦与闸轮分开，电动机正常运转。

制动停转：按下停止按钮 SB2，接触器 KM 线圈失电，其自锁触头与主触头分断，电动机 M 失电，同时电磁抱闸制动器 YB

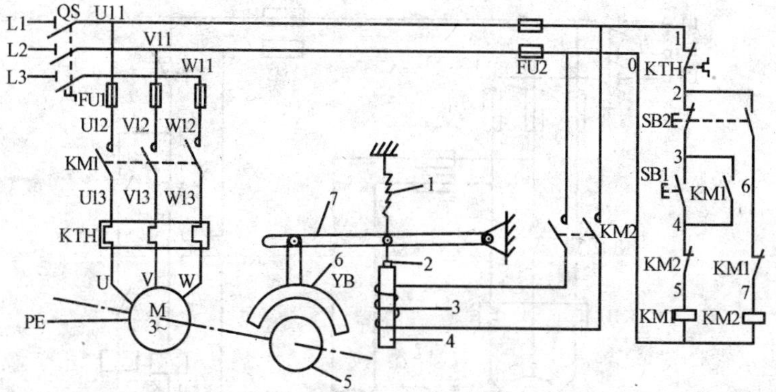

图 3-7-1　电磁抱闸制动器断电制动控制线路

线圈也失电，衔铁与铁芯分开，在弹簧拉力的作用下，闸瓦紧紧抱住闸轮，迫使电动机被迅速制动而停转。

电磁抱闸制动器断电制动在起重机械上被广泛采用。其优点是能够准确定位，同时可防止电动机突然断电时重物的自行坠落。当重物起吊到一定高度时，按下停止按钮，电动机和电磁抱闸制动器的线圈同时断电，闸瓦立即抱住闸轮，电动机立即制动停转，重物随之被准确定位。如果电动机在工作时，线路发生故障而突然断电时，电磁抱闸制动器同样会使电动机迅速制动停转，从而避免重物自行坠落。

2. 另一种电磁抱闸制动器断电制动控制线路

另一种电磁抱闸制动器断电制动控制线路如图 3-7-2 所示。通电前 YB 处于“抱紧制动”状态，通电后电动机 KM1、KM2 分别使电动机 M 和电磁抱闸 YB 线圈得电，电磁抱闸松开，电动机运转；停电时，电动机惯性运转，而电磁抱闸制动，使电动机迅速停转。

3. 时间继电器控制的电磁抱闸制动器通电制动控制线路

时间继电器控制的电磁抱闸制动器通电制动控制线路如图 3-7-3所示。该电路当按下启动按钮 SB1 时，交流接触器 KM1

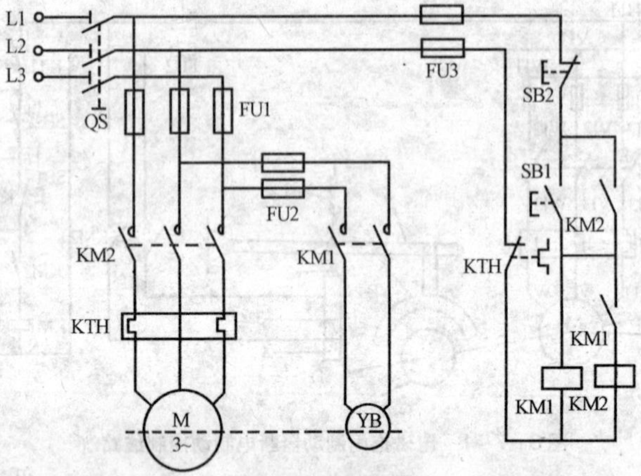

图3-7-2 另一种电磁抱闸制动器断电制动控制线路

得电接通电源，电动机开始运转。若按下停止按钮 SB2 时，交流接触器 KM1 切断电动机的电源，并同时又使 KM2 接通电磁抱闸 YB 将电动机转轴"抱紧"，使其迅速停转。

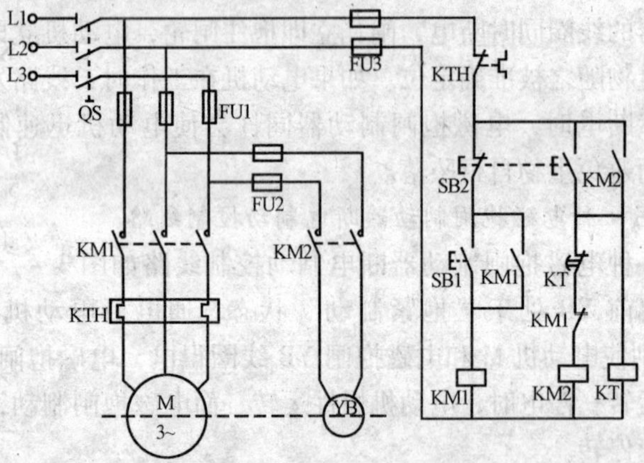

图3-7-3 时间继电器控制的电磁抱闸制动器通电制动控制线路

二、电力制动控制线路

电力制动是指使电动机在切断定子电源停转的过程中，产生一个和电动机实际旋转方向相反的电磁力矩（制动力矩），迫使电动机迅速制动停转的方法。电力制动常用的方法有：能耗制动、反接制动、电容制动和再生发电制动等。

1. 能耗制动控制线路

当电动机切断交流电源后，立即在定子绕组中通入直流电，迫使电动机停转的方法称为能耗制动。

能耗制动的优点是制动准确平稳，且能量消耗较小。缺点是需附加直流电源装置，设备费用较高，制动力较弱，在低速时制动力较小。因此，能耗制动一般用于要求制动准确、平稳的场合。

（1）无变压器整流能耗制动控制线路：

1）无变压器简单型整流能耗制动控制线路。无变压器简单型整流能耗制动控制线路如图 3－7－4 所示。该线路制动时，接触器 KM3 动作，使整流的半波直流电通入两相定子绕组，产生制动转矩，使电动机迅速制动，时间继电器控制接触器 KM3 动作时间。

2）另一种无变压器单相半波整流能耗制动控制线路。另一种无变压器单相半波整流能耗制动控制线路如图 3－7－5 所示。制动时按下 SB2，使 KM1 失电，进而使 KM2 得电动作，在电动机的两相定子绕组中通入半波整流的直流电进行能耗制动。

3）无变压器单相桥式整流能耗制动控制线路。无变压器单相桥式整流能耗制动控制线路如图 3－7－6 所示。该电路采用由二极管组成的单相桥式整流电源供电的直流能耗制动，它主要由接触器、高灵敏继电器 KV、电容、二极管等组成。

（2）有变压器整流能耗制动控制线路：

1）有变压器单相桥式整流能耗制动控制线路。有变压器单相桥式整流能耗制动控制线路如图 3－7－7 所示。其中直流电源

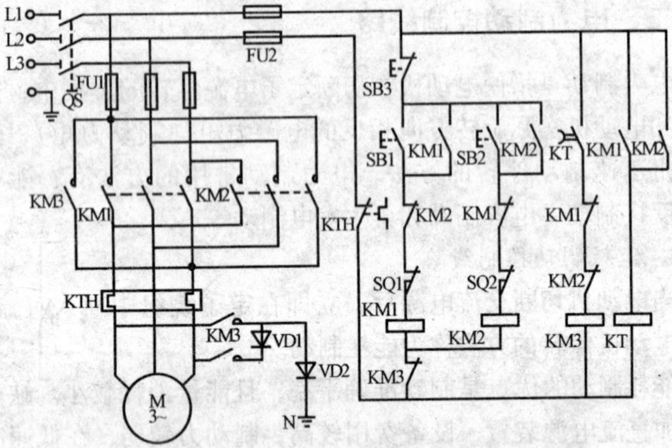

图 3－7－4　无变压器简单型整流能耗制动控制线路

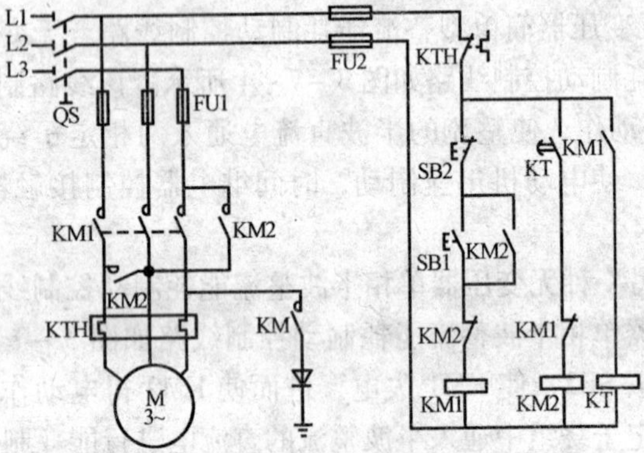

图 3－7－5　另一种无变压器单相半波整流能耗制动控制线路

由单相桥式整流器 VC 供给，TC 是整流变压器，电阻 R 是用来调节直流电流的，从而调节制动强度，整流变压器的一次侧与整流器的直流侧同时进行切换，有利于提高触头的使用寿命。

2）另一种有变压器单相桥式整流能耗制动控制线路。另一种有变压器单相桥式整流能耗制动控制线路如图 3－7－8 所示。该线

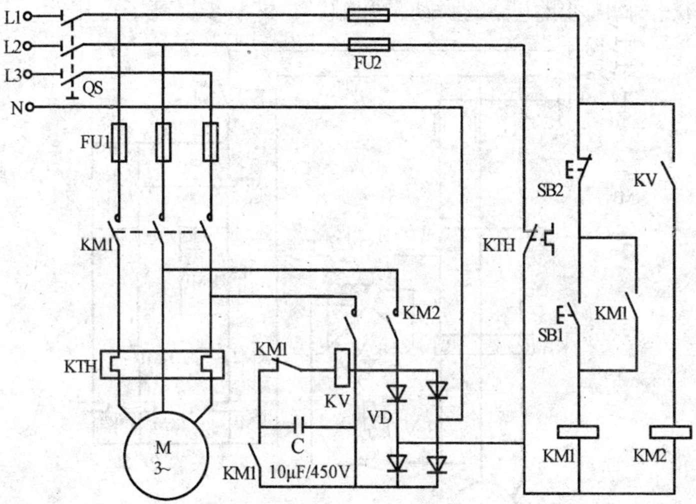

图 3－7－6　无变压器单相桥式整流能耗制动控制线路

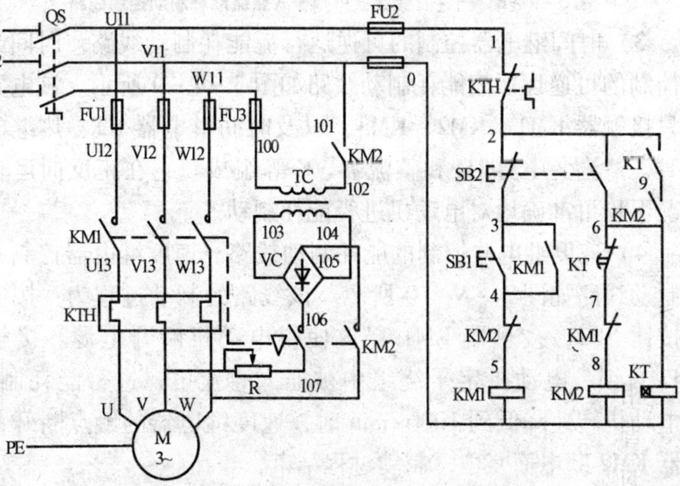

图 3－7－7　有变压器单相桥式整流能耗制动控制线路

路与图 3－7－7 所示线路的不同点是在 KM2 辅助常开触点的前边

串联一个时间继电器的瞬动常开触点，进一步提高了可靠性。

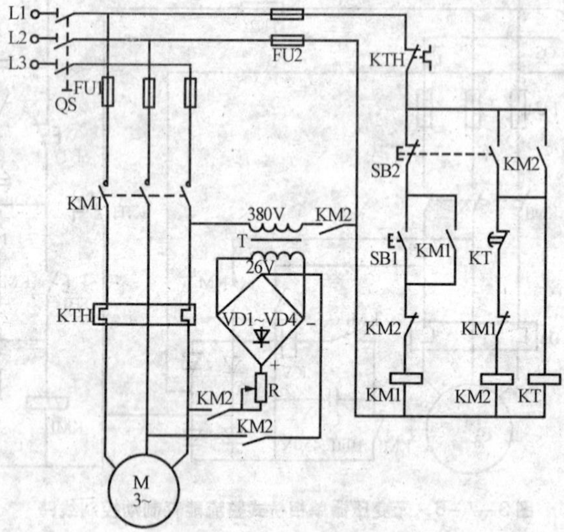

图 3－7－8　一种有变压器单相桥式整流能耗制动控制线路

3）时间继电器控制的可逆运行流能耗制动线路。时间继电器控制的可逆运行流能耗制动线路如图 3－7－9 所示。该电路由三只接触器 KM1、KM2、KM3，以及时间继电器 KT、热继电器 KTH、整流变压器 TR 和整流器 VC 等组成。它在正反向运转的情况下均可准确地对电动机进行能耗制动。

4）速度继电器控制的能耗制动线路。速度继电器控制的能耗制动线路如图 3－7－10 所示。该线路的制动过程为：按下停止按钮 SB2，接触器 KM1 释放使得电动机断开电源。接触器 KM2 自锁，电动机定子绕组中被通入直流电，进行能耗制动。当电动机转速降低到 100 r/min 时，速度继电器的触点断开，接触器 KM2 断电而复位，制动过程结束。

5）Y—△启动断电延时能耗制动线路。断电延时带直流能耗制动 Y—△降压启动控制线路如图 3－7－11 所示。该线路采用 Y—△降压启动，制动时，按下停止按钮 SB1，KM2 失电，

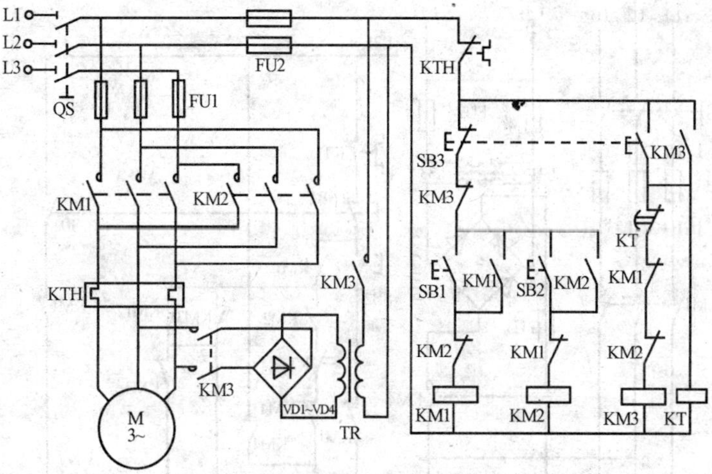

图 3－7－9　时间继电器控制的可逆运行流能耗制动线路

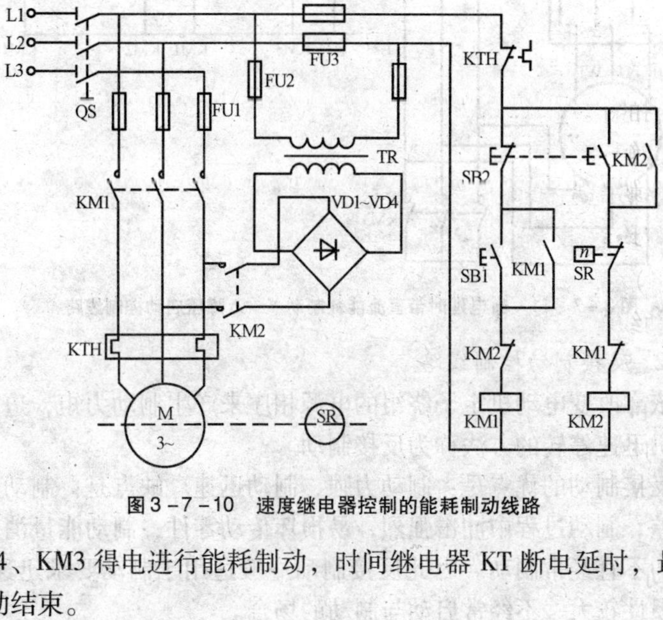

图 3－7－10　速度继电器控制的能耗制动线路

KM4、KM3 得电进行能耗制动，时间继电器 KT 断电延时，最后制动结束。

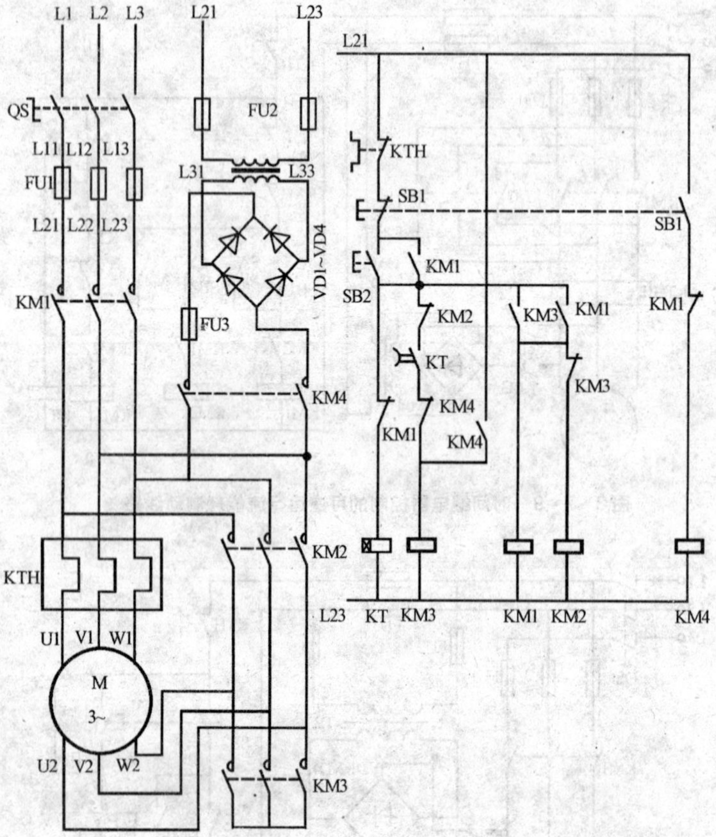

图 3-7-11　断电延时带直流能耗制动 Y—△降压启动控制线路

2. 反接制动控制线路

依靠改变电动机定子绕组的电源相序来产生制动力矩，迫使电动机迅速停转的方法称为反接制动。

反接制动的优点是：制动力强、制动迅速。缺点是：制动准确性差，制动过程中冲击强烈，易损坏传动零件，制动能量消耗较大，不宜经常制动。因此反接制动一般适用于制动要求迅速、系统惯性较大、不经常启动与制动的场合。

（1）单向反接制动线路：

1）带有中间继电器的反接制动控制线路。带有中间继电器的反接制动控制线路如图 3-7-12 所示。反接制动时，按下停止按钮 SB2，使接触器 KM1 失电，接触器 KM2 得电反接制动，当电动机的转速低于 100 r/min 以下时，速度继电器动作，使中间继电器 KA 失电，进而切断 KM2 电源，反接制动结束。

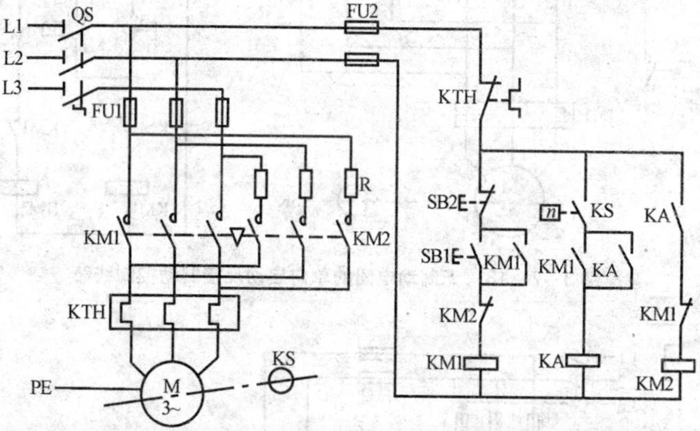

图 3-7-12　带有中间继电器的反接制动控制线路

2）无制动电阻的单向启动反接制动控制线路。无制动电阻的单向启动反接制动控制线路如图 3-7-13 所示。制动时，按下停止按钮 SB2，使接触器 KM1 失电，辅助常闭触点复位闭合，进而使 KM2 得电进行反接制动，待电动机转速低于一定速度时，速度继电器动作使 KM2 失电，结束制动。

3）串电阻降压启动反接制动控制线路。串电阻降压启动反接制动控制线路如图 3-7-14 所示。该电路启动时串电阻降压启动，制动时按下停止按钮 SB2，接触器 KM1、KM3 失电，使接触器 KM2 得电，进行反接制动。

（2）双向反接制动线路：

1）双向反接制动线路 1。双向反接制动线路 1 如图 3-7-15 所示。该线路在电动机正、反转运行时均可实现反接制动控

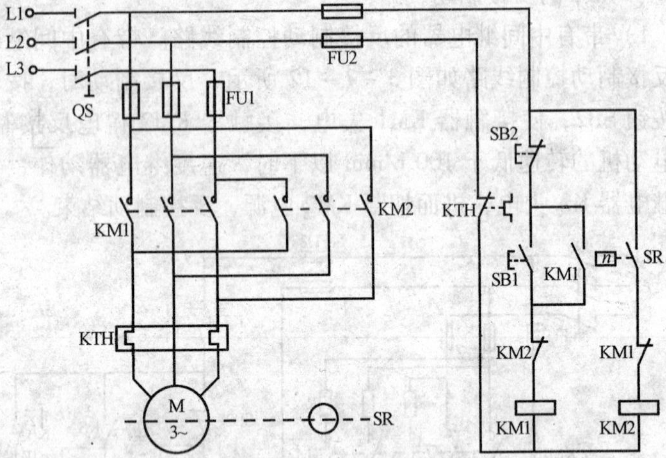

图 3－7－13　无制动电阻的单向启动反接制动控制线路

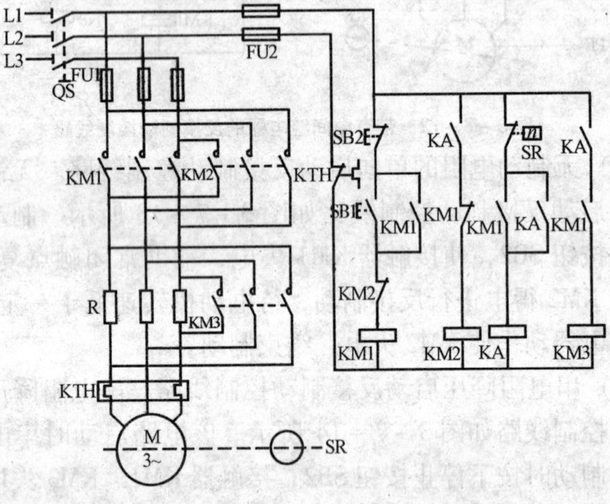

图 3－7－14　串电阻降压启动反接制动控制线路

制。线路中的速度继电器 SR 与电动机一同旋转。它具有 SR1、SR2 两组常开触点，正转时 SR1 闭合，反转时 SR2 闭合。

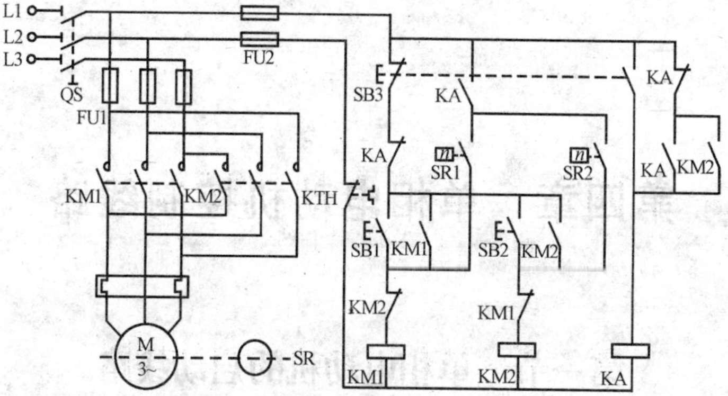

图 3-7-15　双向反接制动线路

2）带制动电阻的双向启动反接制动控制线路。带制动电阻的双向启动反接制动控制线路如图 3-7-16 所示。该电路采用三只交流接触器 KM1、KM2、KM3 及两个电流继电器 KA1、KA2，共同组成带制动电阻的双向启动反接制动控制电路。当功率较大的电动机采用反接制动时，须在主电路中串联适当的反接制动电阻，用以限制反接电流。

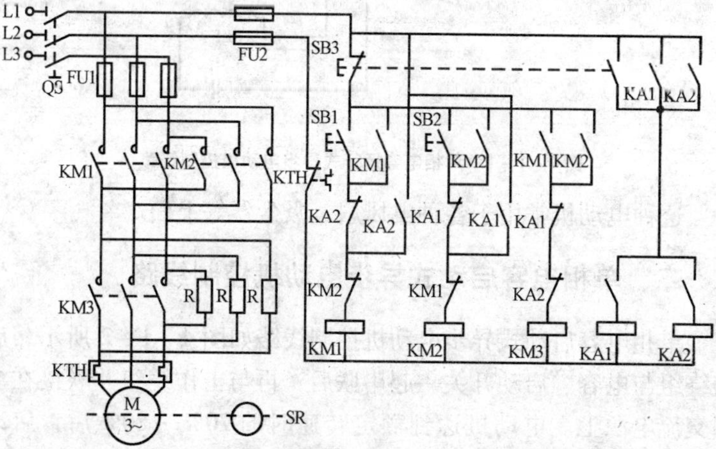

图 3-7-16　带制动电阻的双向启动反接制动控制线路

第四章 单相电动机控制线路

第一节 单相电动机的启动线路

一、单相电容运行式异步电动机控制线路

单相电容运行式异步电动机控制线路如图 4－1－1 所示，启动绕组与电容串联后，再与工作绕组并联接在单相交流电源上。

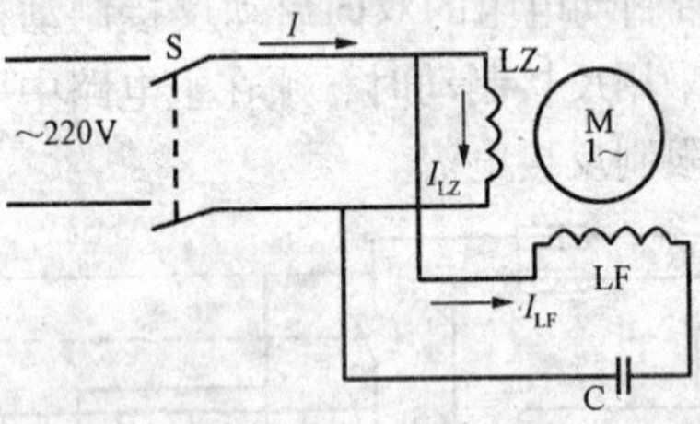

图 4－1－1 单相电容运行式异步电动机控制线路

这种电动机常用于各种电风扇、吸尘器等上面。

二、单相电容启动式异步电动机控制线路

单相电容启动式异步电动机控制线路如图 4－1－2 所示，启动绕组与电容、启动开关一起串联后，再与工作绕组并联接在单相交流电源上。电动机达到额定转速时的 70%～80% 后，启动开关可将副绕组从电路中断开，起到保护该绕组的作用。

这种电动机常用于小型空气压缩机、洗衣机、空调等。

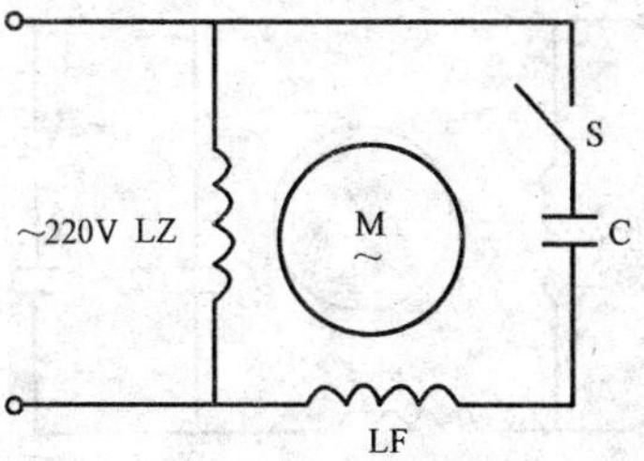

图 4-1-2　单相电容启动式异步电动机控制线路

三、单相电阻启动式异步电动机控制线路

单相电阻启动式异步电动机控制线路如图 4-1-3 所示，启动绕组与电阻、启动开关一起串联后，再与工作绕组并联接在单

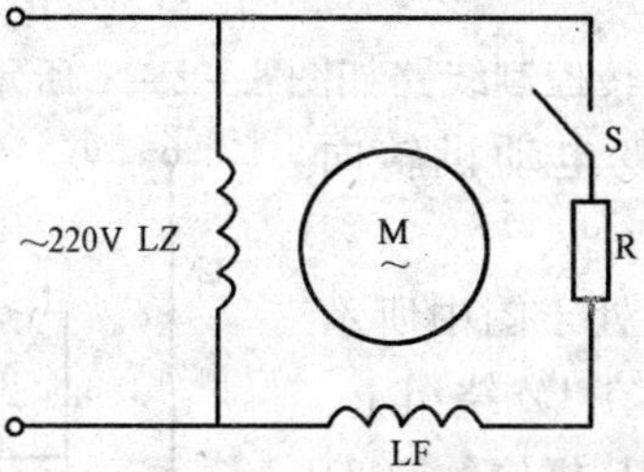

图 4-1-3　单相电阻启动式异步电动机控制线路

相交流电源上。目前广泛采用 PTC 元件替代电阻和启动开关。这种电动机在电冰箱、空调压缩机中获得了广泛的采用。

四、单相双电容启动式异步电动机控制线路

单相双电容启动式异步电动机控制线路如图 4-1-4 所示，两只电容并联后与启动绕组串联，启动时两只电容都工作，转速达到 80% 额定转速成时，C1 断开，C2 工作。

这种电动机有较大的启动转矩，广泛用于小型机床设备。

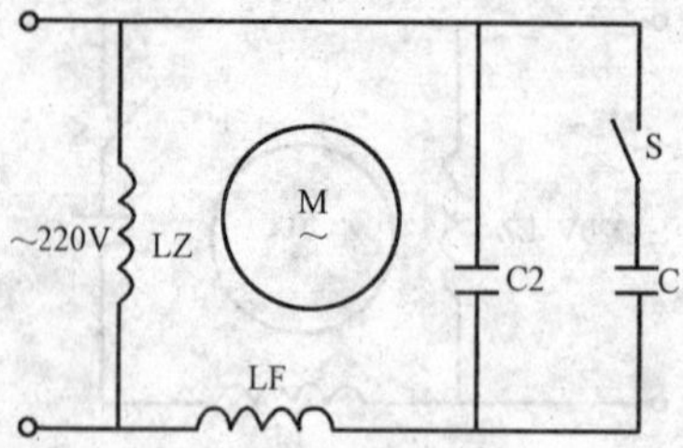

图 4-1-4　单相双电容启动式异步电动机控制线路

第二节　单相电动机正反转控制线路

一、洗衣机正、反转控制线路

洗衣机正、反转控制线路如图 4-2-1 所示。它是通过改变电容的接法来改变电动机转向的。

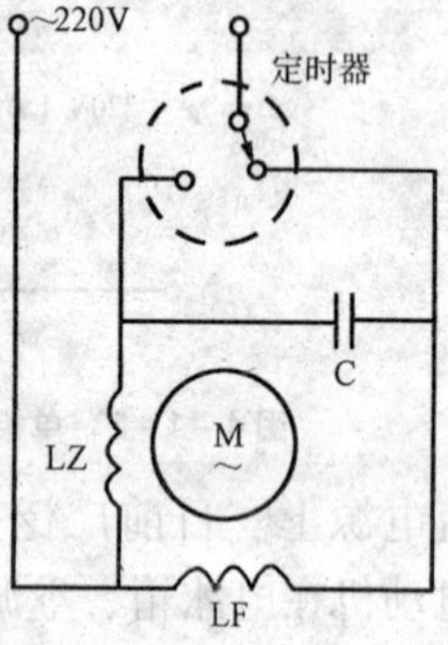

图 4-2-1　洗衣机正、反转控制线路

当定时器开关处于图中所示位置时，电容串联在 LZ 绕组上，电流 ILZ 超前于 ILF 相位约 90°；经过一定时间后，定时器开关将电容从 LZ 绕组切断，串联到 LF 绕组，则电流 ILF 超前于 ILZ 相位约 90°。从而实现了电动机的反转。这种单相异步电动机的工作绕组与启动绕组可以互换，所以工作绕组、启动绕组的线圈匝数、粗细、占槽数都应相同。

二、单相电容运转异步电动机的正、反转控制线路

单相电容运转异步电动机的正、反转控制线路如图 4-2-2

所示。通过接触器 KM1、KM2 改变主绕组接线，即对调主绕组的两个接线端，达到正、反转控制的目的。

单相电容运转异步电动机电容容量的大小对电动机的启动性能和运行性能影响较大。电容大则启动转矩也大，但运行性能下降；电容小则启动转矩也小，但运行性能较好。所以，要综合考虑，既满足启动要求，又保证有较好的运行性能。

启动时，如果主绕组或辅助绕组断路，则此时产生脉振磁场（脉动磁场），转子没有启动转矩，电动机不能自行启动，如果有外力作用可能使电动机正转和反转（由外力方向决定）。

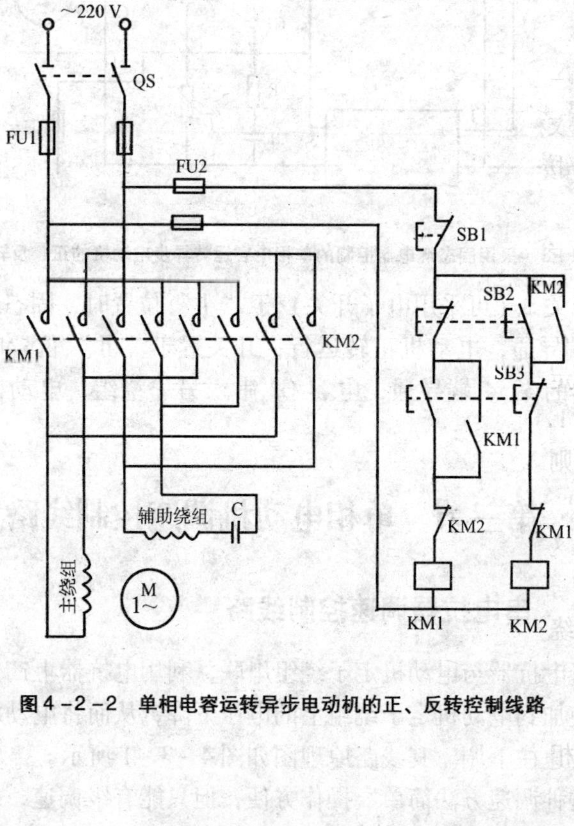

图 4-2-2　单相电容运转异步电动机的正、反转控制线路

三、采用固态继电器的单相异步电动机的正、反转控制线路

如图 4-2-3 所示为采用固态继电器（SSR）控制的单相电容运转异步电动机的正、反转控制线路，要求单相异步电动机的两个绕组相同。图中 R、C1 串联组成外加吸收回路，RV 为压敏电阻，起电压保护作用。

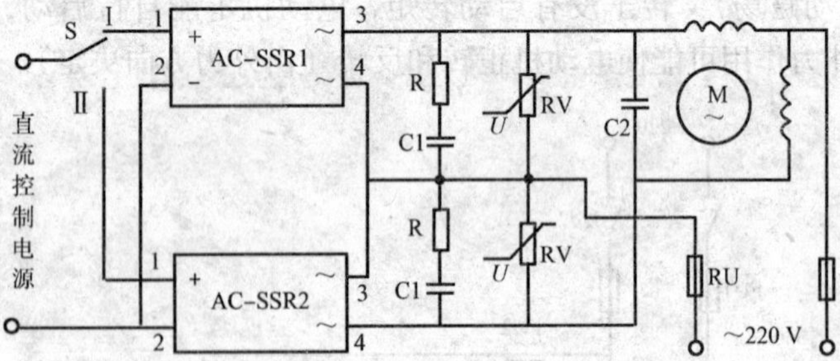

图 4-2-3　采用固态继电器控制的单相电容运转异步电动机的正、反转控制线路

开关 S（可采用电子开关）于“Ⅰ”位置时，固态继电器的 3、4 端导通，电动机正转运行；开关置于“Ⅱ”位置时，固态继电器的 3、4 端导通，电容 C2 串入另一绕组，电动机反转运行。

第三节　单相电动机调速控制线路

一、串电抗器调速控制线路

将电抗器与电动机定子绕组串联，利用电抗器上产生的电压降，使加到电动机定子绕组上的电压下降，从而将电动机转速由额定转速往下调。其线路原理图如图 4-3-1 所示。

这种调速方法简单、操作方便，但只能有级调速，且电抗器

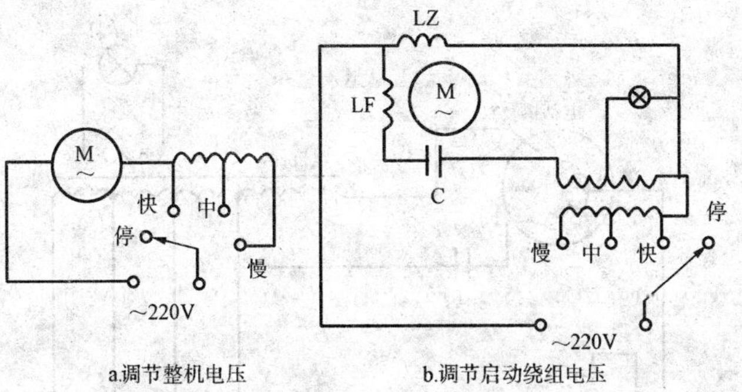

图 4－3－1　串电抗器调速控制线路原理图

上消耗电能，目前已基本不用。

1. 电风扇电动机串电抗器调速线路

（1）电风扇电动机串电抗器调速线路 1。如图 4－3－2 所示是一种利用电抗器调速的电容式电风扇电动机线路，将电抗器与电动机绕组串联，电抗器有多个中间抽头，用调速开关接通电抗器的不同接头，电抗器产生的电压降不同，从而改变电动机的电压，达到调速的目的。

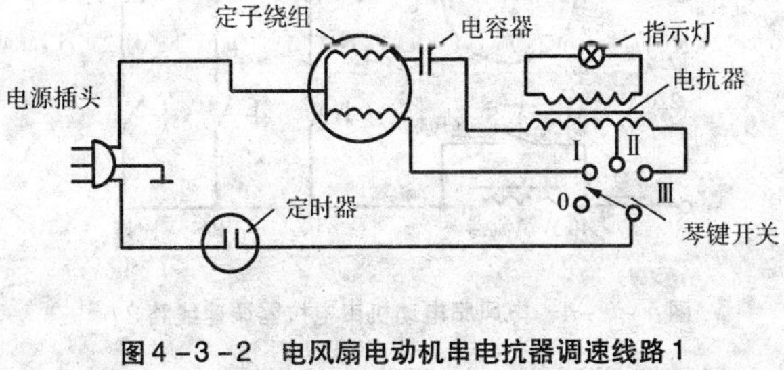

图 4－3－2　电风扇电动机串电抗器调速线路 1

（2）电风扇电动机串电抗器调速线路 2。电风扇电动机串电抗器调速线路 2 如图 4－3－3 所示。它由电风扇电动机线圈、电风扇电容、电抗器、按键开关、定时器和插头等元件组成。

（3）电风扇电动机串电抗器调速线路 3。电风扇电动机串

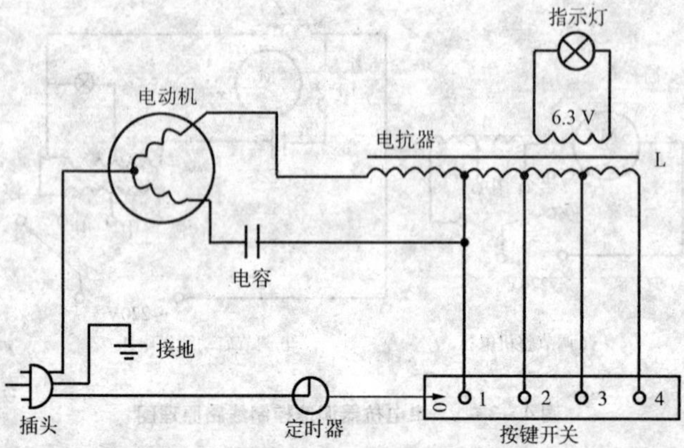

图 4－3－3　电风扇电动机串电抗器调速线路 2

电抗器调速线路 3 如图 4－3－4 所示。它是在电风扇线路中串联一个 40 W 的日光灯镇流器，然后在镇流器上并联一个开关而成。使用时先将 S 闭合，启动电风扇后再打开 S。

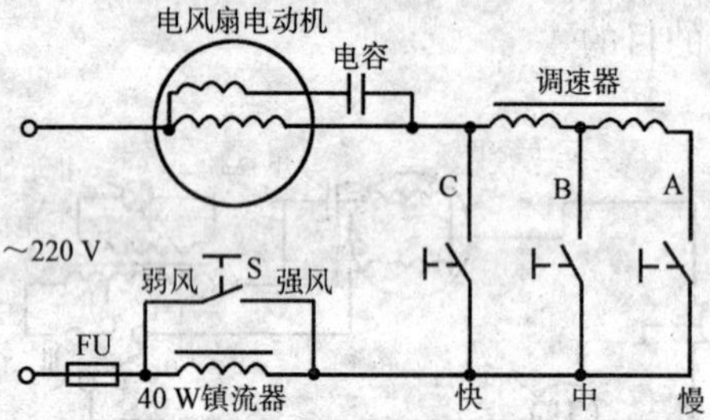

图 4－3－4　电风扇电动机串电抗器调速线路 3

（4）电风扇电动机串电抗器调速线路 4。电风扇电动机串电抗器调速线路 4 如图 4－3－5 所示。这是采用多挡琴键开关、电抗器等组成的另一种调速线路。

2. 罩极式电动机串电抗器调速线路

（1）罩极式电动机串电抗器调速线路 1。罩极式电动机串电

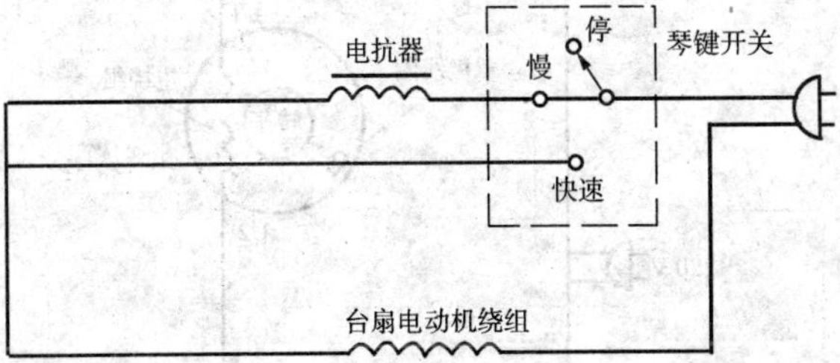

图4－3－5　电风扇电动机串电抗器调速线路4

抗器调速线路1如图4－3－6所示。因罩极式电动机具有结构简单、价格便宜、使用方便等优点，所以它适用于不需要翻转和容量较小的电风扇。

（2）罩极式电动机串电抗器调速线路2。罩极式电动机串电抗器调速线路2如图4－3－7所示。该线路是在图4－3－6的基础上加装一只指示灯，用以指示电路的工作情况。

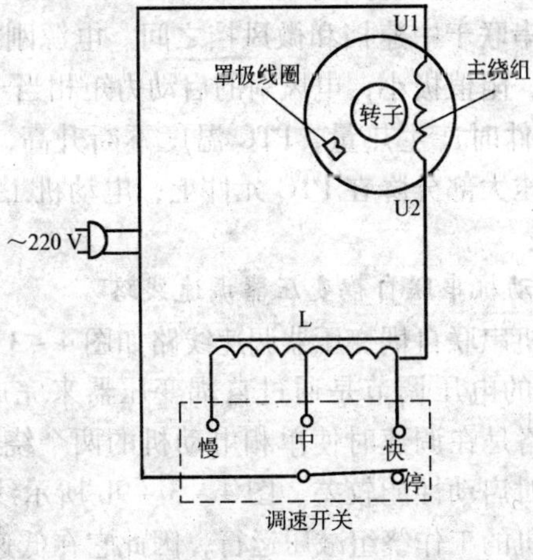

图4－3－6　罩极式电动机串电抗器调速线路1

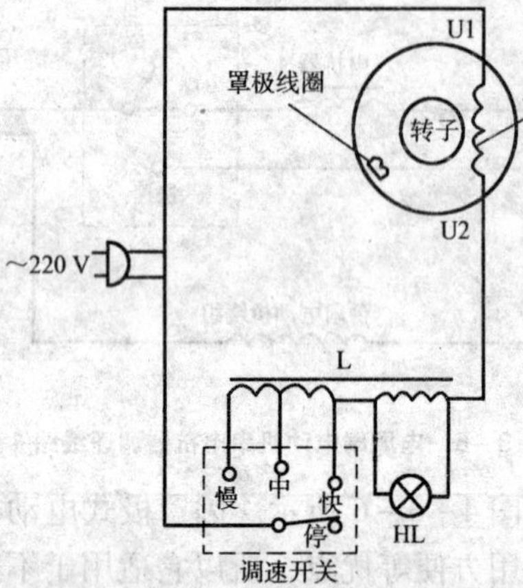

图4-3-7 罩极式电动机串电抗器调速线路2

3. PTC元件电风扇调速线路

PTC元件是具有正温度系数的热敏电阻，随着温度升高电阻值变大。PTC元件电风扇调速线路如图4-3-8所示。PTC元件与电抗器绕组串联于中速挡和微风挡之间。电源刚接通时，PTC元件处于冷态，阻值极小，电风扇的启动力矩相当于中速挡。电流流过PTC元件时产生热量，PTC温度不断升高，阻值急速增大，使电源电压大部分降在PTC元件上，电动机工作电压很低，从而产生微风。

4. 单相电动机串联自耦变压器调速线路

单相电动机串联自耦变压器调速线路如图4-3-9所示。对单相电动机上的电压调节是通过自耦变压器来完成的，图4-3-9a所示线路是在调速时使单相电动机的两个绕组减压运行，因此在低速挡时启动性能较差。图4-3-9b所示线路是在调速时使单相电动机的工作绕组减压运行，因此它在低速挡时启动性能较好，但接线较复杂。

5. 单相电动机串联电容调速线路

单相电动机串联电容调速线路如图4-3-10所示。该线路

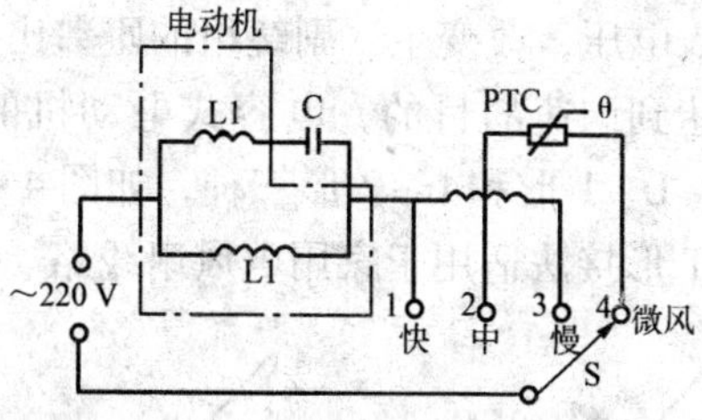

图 4-3-8　PTC 元件电风扇调速线路

采用串联两个电容 C1、C2，改成三速电动机，C1、C2 应采用纸介电容或油纸介电容，其电容量的大小直接关系到电动机的速度。它通过电容降压以调节磁场强度达到调速的目的。电容容量应根据

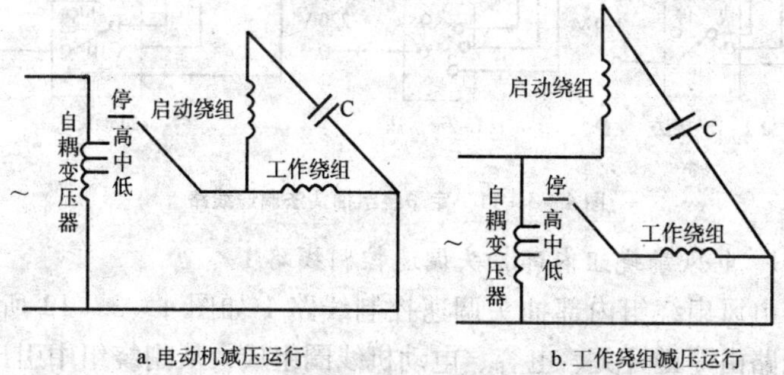

图 4-3-9　单相电动机串联自耦变压器调速线路

电动机的功率选定，一般由试验决定，但耐压应大于 400 V。

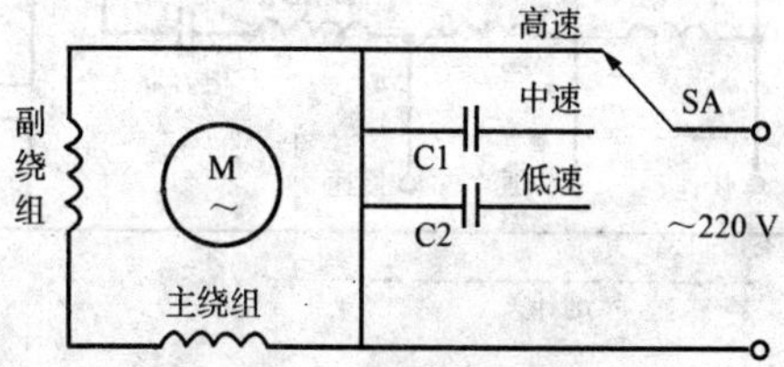

图 4-3-10　单相电动机串联电容调速线路

二、绕组内部抽头调速控制线路

抽头法调速线路是利用定子绕组的不同抽头，改变主绕组的

输入电压，改变主、副绕组的匝数比，按其旋转磁场的椭圆度改变达到调速的目的，电容式电动机的抽头法接线方式一般有T形、L－1形和L－2形三种，如图4－3－11所示。其中L－2形和T形接法适用于家用电风扇线路。

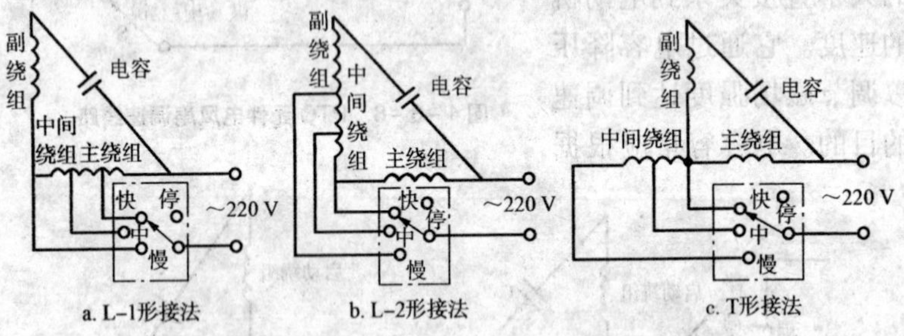

图4－3－11　定子绕组抽头法调速线路

1. 电风扇绕组内部抽头调速控制线路1

电风扇绕组内部抽头调速控制线路1如图4－3－12所示。该线路由琴键开关、电容、电动机线圈组成，从副绕组中引出两个抽头可构成三速台扇调速线路。

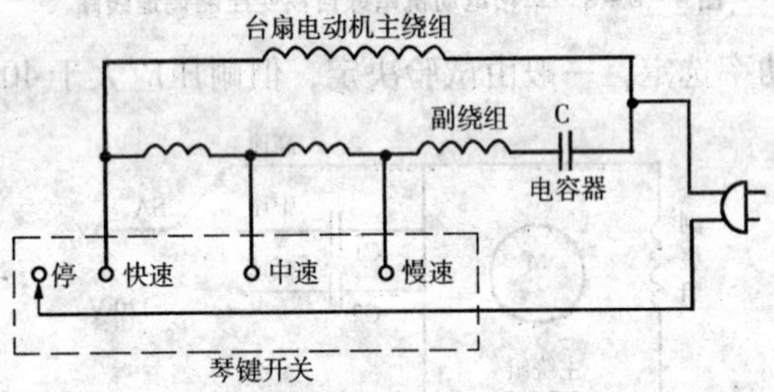

图4－3－12　电风扇绕组内部抽头调速控制线路1

2. 电风扇绕组内部抽头调速控制线路2

电风扇绕组内部抽头调速控制线路2如图4－3－13所示。该线路由琴键开关、电容、电动机线圈、定时器和指示灯组成，可实现三种速度、定时及指示控制。

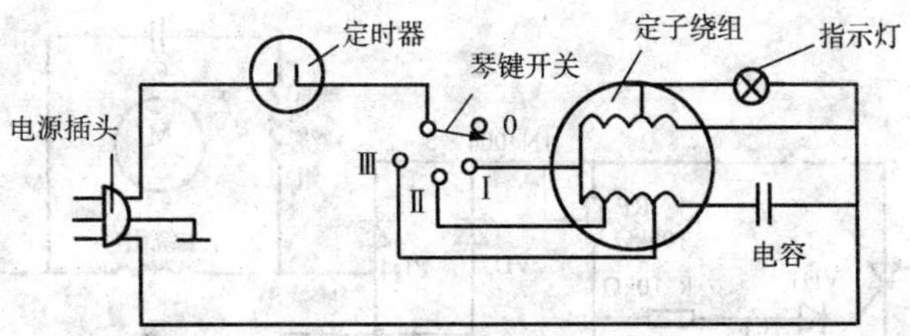

图4-3-13　电风扇绕组内部抽头调速控制线路2

三、晶闸管调速控制线路

晶闸管调速控制线路如图4-3-14所示。利用改变晶闸管的导通角，来改变加在单相异步电动机上的交流电电压，从而调节电动机的转速。

这种调速方法可以做到无级调速，节能效果好，但会产生一些电磁干扰，大量用于电风扇调速。

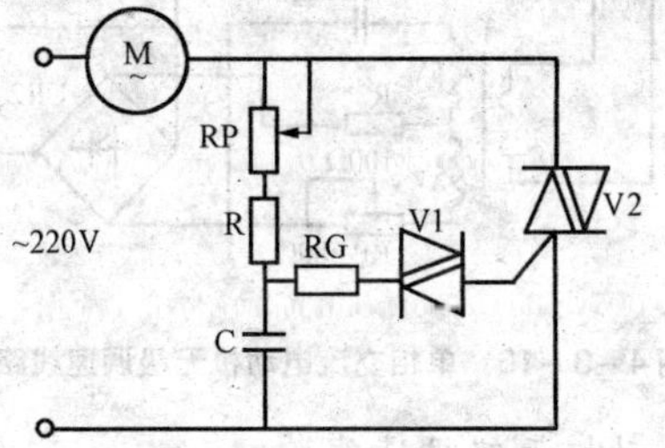

图4-3-14　晶闸管调速控制线路

1. 单相交流电动机无级调速线路1

单相交流电动机无级调速线路1如图4-3-15所示。

2. 单相交流电动机无级调速线路2

单相交流电动机无级调速线路2如图4-3-16所示。图中，C2和RP组成阻容移相桥，调节RP，便可改变移相电桥输出的交流电压的相位，经整流桥UR2加在VTH门极上控制VTH的导通角，从而改变电动机M的工作电压，实现无级调速。

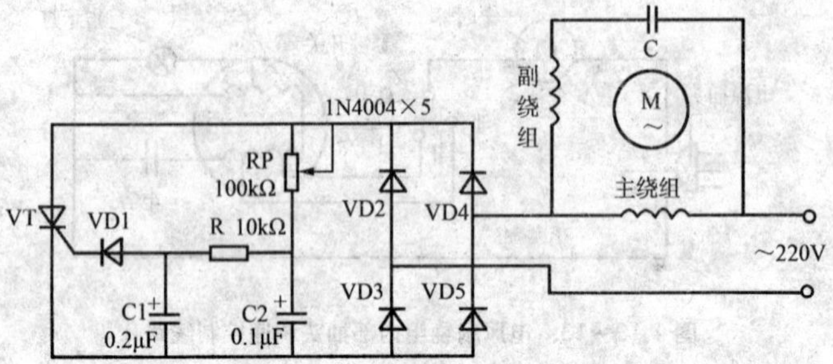

图4－3－15　单相交流电动机无级调速线路1

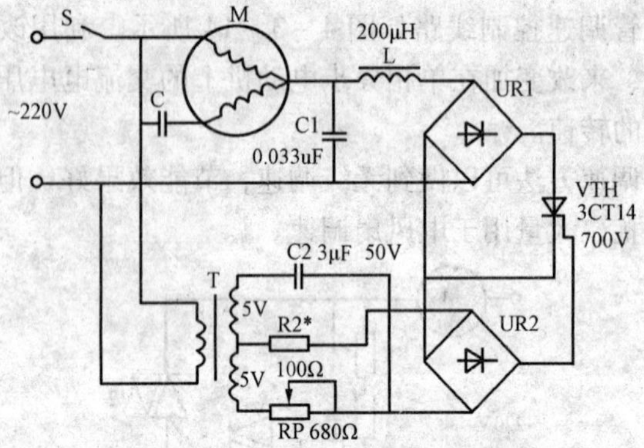

图4－3－16　单相交流电动机无级调速线路2

3. 电风扇电动机无级调速线路

电风扇电动机调速线路，不仅能对电风扇电动机进行无级调速，还能使电风扇产生模拟自然风，如图4－3－17所示。

220 V交流电压经C1降压、VD1和VD2整流、C2滤波、VL和VS稳压后，为IC提供约10 V的直流电压。

可控振荡器振荡工作后，从IC的3脚输出周期为10 s、占空比连续可调的振荡脉冲信号，利用此脉冲信号去控制晶闸管VTH的导通状态。

调节RP的阻值，即可改变脉冲信号的占空比（调节范围为

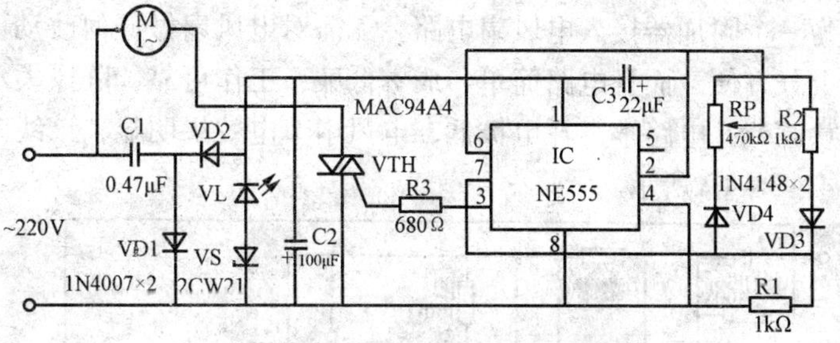

图 4-3-17　电风扇电动机调速线路

1%～99%)，控制电风扇电动机 M 转速的快慢，产生模拟自然风（周期为 10 s 的阵风)。

改变 C3 的电容量，可以改变振荡器的振荡周期。

4. 吊扇电动机调速线路

吊扇一般采用电感式多挡调速开关，降压电感器本身要消耗一定的电能。本电路为 5 挡位吊扇电动机调速电路，如图 4-3-18 所示。当按动按钮 SB 时，IC2 的 7 脚将输入一个低电平触发脉冲。

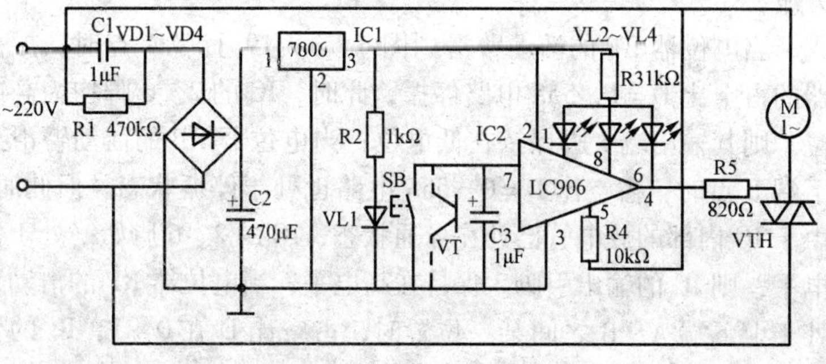

图 4-3-18　吊扇电动机调速线路

5. 模拟自然风控制线路

(1) 用继电器作为控制元件的模拟自然风线路。该线路可作为一个附加器接入电风扇电路，无需对电风扇做任何改动。使用十分方便，而且电路简单、成本低廉，工作可靠，阵风大小可任意调节，电路本身耗电极低，电风扇节电效果明显，该线路如图 4－3－19 所示。

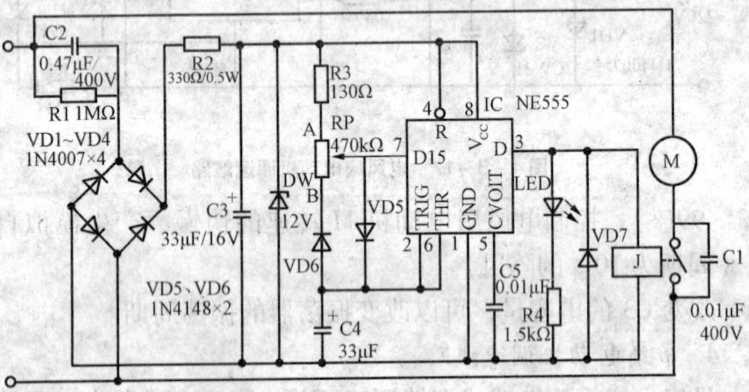

图 4－3－19 模拟自然风控制线路

该线路的核心是一块 555 时基电路，它与电位器 RP 等外围元件组成占空比任意可调节的甚低频自谐振荡器，用于产生控制方波。

当电位器 RP 的活动臂滑到图 4－3－19 上端 A 点时，振荡器的占空比 D＝1，555 电路停振，此时，IC 的 2、6 脚均为高电位，则其输出端 3 脚保持在低电位；当电位器 RP 的活动臂滑到下端 B 点时，占空比 D＝0，555 电路也处于停振状态。但此时，由于 IC 内部的放电管已处在导通状态，IC 的 2、6 脚始终处于低电平，则 IC 的输出引脚 3 保持在高电平；当电位器 RP 的滑动臂处于上下端 A、B 之间某一位置时，占空比 D 在 0～1，IC 的引脚 3 则输出一系列方波。

当 D＝0 时，IC 的 3 脚输出高电平，继电器保持吸合状态，电风扇得电连续运转；当 D＝1 时，继电器释放，电风扇处于停转状态；当 D 在 0～1 时，继电器则时而吸合、时而断开。继电器吸合时，电风扇得电加速，反之失电减速，调节电位器 RP，占空比 D 就会随之变化。占空比 D 大时，加速时间短、减速时间长；反之，加速时间长、减速时间短。从而可以模拟出自然界的各种自然风。电路中的 C1 用于消除继电器释放时产生的触点火花，LED 可以指示电风扇的运行状态，点亮时表示电风扇得电加速，熄灭时表示电风扇失电减速。R3 用来限制当 RP 处于 A 点时，555 内部的放电管导通时产生过大的电流，VD7 用于吸收继电器断开时产生的反向电动势，以防止损坏 555 集成电路。

（2）用双向晶闸管作为控制元件的模拟自然风线路。采用继电器作为控制元件的电路，成本低、无波形失真，但不足的是继电器的使用寿命稍短（长时间使用触点容易烧蚀），若将继电器换为双向晶闸管即可克服上述不足之处，但波形略有失真，不过不影响使用，图 4－3－20 就是采用双向晶闸管来作为本线路的控制元件。

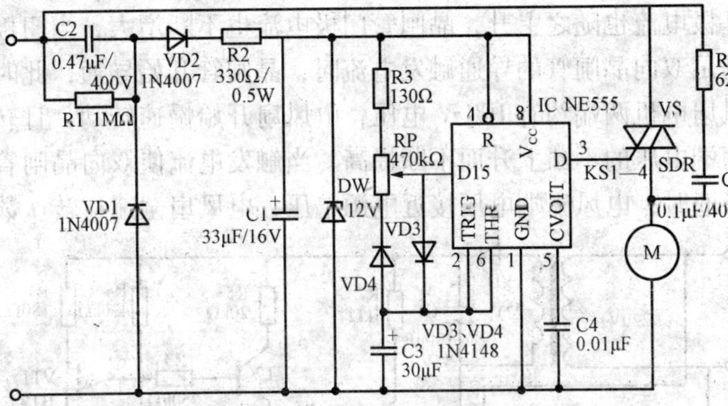

图 4－3－20　采用双向晶闸管的模拟自然风控制线路

当 555 的 3 脚为高电平时，双向晶闸管 VS 获得触发电流而导通，电风扇得电加速；当 555 的 3 脚为低电乎时，双向晶闸管 VS 失去触发电流，在正弦交流电过零时自行关断，电风扇失电减速。电路中 VD1 用于给交流电的负半周提供通路。R4、C5 组成阻容吸收网络以吸收双向晶闸管 VS 关断时电风扇电动机 M（电机绕组）产生的反电动势，保护 VS 不被击穿。改装时可在上一种印制电路板上进行，只需改动少数几个元件的位置即可完成，此处不再赘述。

（3）用分立元件制作的模拟自然风线路。用分立元件制作的模拟自然风线路如图 4－3－21 所示。R、C 和单结晶体管 VT1 组成脉冲发生器，控制双向晶闸管的导通与截止，从而控制电风扇周期性地做“停止—慢速—快速—自由降速—停止”循环动作（周期 T 约为 30 s）。在 VT1 发射极的电位随电容 C 充电而达到峰点电压（本电路约为 18 V）时，VT1 进入负阻状态，VT1 的 e 点电位迅速下降至谷点电压（本电路约为 4 V），此时 VT2 发射极电位很低，通过双向晶闸管 VS 的门极 G 的电流也很小，因而双向晶闸管关断，电风扇电动机端电压为“零”，电动机静止不动。随着电容 C 的充电，e 点电位上升，晶体管 VT2、VT3 的基极电流也随之上升，晶闸管门极电流也不断增大，当门极电流满足双向晶闸管的导通触发电流时，晶闸管开始导通，此时在电风扇电机两端约有 100 V 电压，电风扇开始慢速转动，且转速随两端电压的不断上升而不断提高。当触发电流使双向晶闸管完全导通时，电风扇端电压接近电源电压，电风扇全速运转。数秒

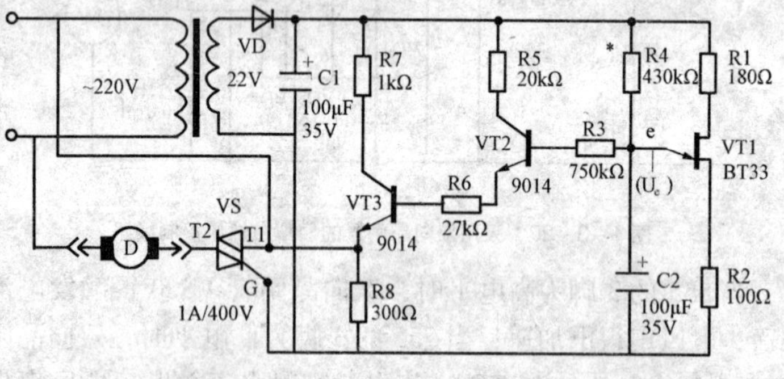

图 4－3－21 分立元件制作的模拟自然风线路

钟后，因 e 点电位又达到峰点电位，VT1 又进入负阻状态，VT1 的 e 点电位再次迅速下降至谷点电压，双向晶闸管过零关断，电风扇自由降速，然后再开始进入第二个循环周期。

第五章　直流电动机控制线路

第一节　他励、并励直流电动机的基本控制线路

一、他励、并励直流电动机的启动控制线路

1. 手动启动控制线路

并励直流电动机手动启动、调速控制线路如图 5－1－1 所示。

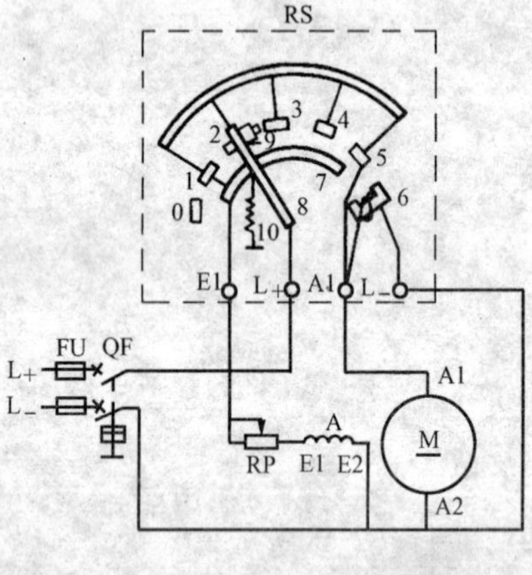

图 5－1－1　并励直流电动机手动启动、调速控制线路

四点式启动变阻器共有四个接线端 E1、L_+、A1 和 L_-，分别与电源、电枢绕组和励磁绕组相连。手轮 8 附有衔铁 9 和恢复

弹簧10，弧形铜条7的一端直接与励磁电路接通，同时经过全部启动电阻与电枢绕组接通。在启动之前，启动变阻器的手轮置于“0”位，然后合上电源开关QF，慢慢转动手轮8，使手轮从“0”位转到静触头1，接通励磁绕组电路，同时将变阻器RS的全部电阻接入电枢电路，电动机开始启动旋转。随着转速的升高，手轮依次转到静触头2、3、4等位置，使启动电阻逐级切除，当手轮转到最后一个静触头5时，电磁铁6吸住手轮衔铁9，此时启动电阻全部切除，直流电动机启动完毕，进入正常运转。

由于并励直流电动机的励磁绕组具有很大的电感，所以当手轮回复到“0”位时，励磁绕组会因突然断电而产生很大的自感电动势，可能会击穿绕组的绝缘，在手轮和铜条间还会产生火花，将动触头烧坏。为了防止发生这些现象，应将弧形铜条7与静触头1相连，在手轮回到“0”位时励磁绕组、电枢绕组和启动电阻能组成一闭合回路，作为励磁绕组断电时的放电回路。

启动时，为了获得较大的启动转矩，应使励磁电路中的外接电阻RP短接，此时励磁电流最大，才能产生较大的启动转矩。电路图中的外接电阻RP还起到调速的作用。

2. 他励直流电动机自动启动控制线路

他励直流电动机三级电阻启动控制线路如图5－1－2所示。该线路在他励直流电动机的电枢电路串有三级启动电阻R1、R2、R3，利用3只时间继电器KT1、KT2、KT3依次切除启动电阻。准备启动时，励磁绕组和主电路、控制电路均加上直流电源，操作主令控制器LK，即可接通电路。停止运行时只须LK置于零位。

3. 他励直流电动机用按钮操作的自动启动控制线路

他励直流电动机用按钮操作的自动启动控制线路如图5－1－3所示。该线路启动时，首先应将励磁绕组和主电路、控制电路都接上直流电源，用按钮操作，利用时间继电器自动启动控制电动机。因线路简单可靠，故得到广泛采用。

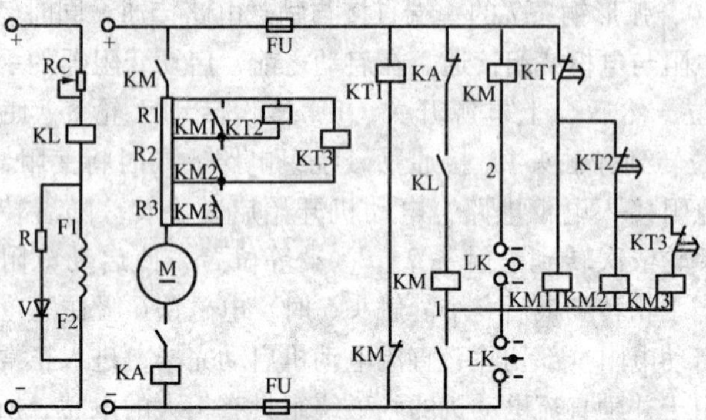

图5-1-2 他励直流电动机三级电阻启动控制线路

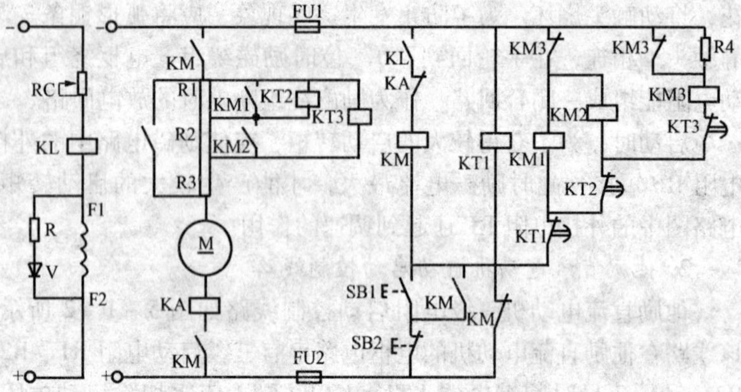

图5-1-3 他励直流电动机用按钮操作的自动启动控制线路

4. 并励直流电动机电枢回路串电阻二级启动控制线路

并励直流电动机电枢回路串电阻二级启动控制线路如图5-1-4所示。线路工作原理如下：

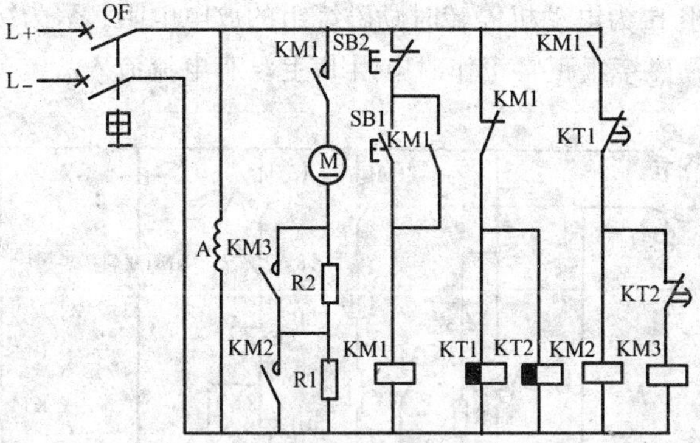

图 5－1－4　并励直流电动机电枢回路串电阻二级启动控制线路

合上断路器QF → 励磁绕组A得电励磁
　　　　　　　→ 时间继电器KT1、KT2线圈得电 → KT1、KT2延时闭合的常闭触头瞬时断开

→ 接触器KM2、KM3线圈处于断电状态，以保证电阻R1、R2全部串入电枢回路启动。

按下SB1 → KM1线圈得电 → KM1常开辅助触头闭合,为KM2、KM3得电做准备
　　　　　　　　　　　→ KM1主触头闭合 → 电动机M串R1和R2启动。
　　　　　　　　　　　→ KM1自锁触头闭合自锁
　　　　　　　　　　　→ KM1常闭辅助触头分断 → KT1、KT2线圈失电 →

→ 经KT1整定时间，KT1常闭触头恢复闭合 → KM2线圈得电 → KM2主触头闭合短接R1 → 电动机M串联R2继续启动 → 经KT2整定时间，KT2常闭触头恢复闭合 → KM3线圈得电 → KM3主触头闭合短接电阻R2 → 电动机M启动结束进入正常运转。

停止时，按下 SB2 即可。

5. 带有欠电流继电器的并励直流电动机电枢回路串电阻启动控制线路

带有欠电流继电器的并励直流电动机电枢回路串电阻启动控制线路如图 5－1－5 所示。其中 KA1 为欠电流继电器，作为励磁绕组的失磁保护，以免励磁绕组因断线或接触不良引起“飞车”事故；KA2 为过电流继电器，对电动机进行过载和短路保

护；电阻 R 为电动机停转时励磁绕组的放电电阻；V 为续流二极管，使励磁绕组正常工作时电阻 R 上没有电流流入。

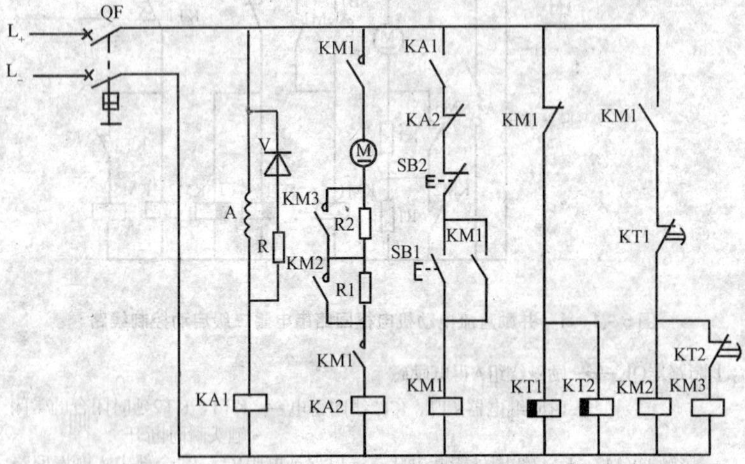

图 5-1-5　带有欠电流继电器的并励直流电动机电枢回路串电阻启动控制线路

二、他励、并励直流电动机的正、反转控制线路

1. 他励直流电动机的正、反转控制线路

他励直流电动机的正、反转控制线路如图 5-1-6 所示。图 5-1-6a 为线路原理图，该线路经过正、反向接触器 KM1、KM2 的通断控制，去改变电枢电流方向，进而改变电动机的转向。图 5-1-6b 为控制电路图，操作时按下按钮 SB1，接触器 KM1 动作，电枢绕组 A1 接到电源正端，他励直流电动机做正向运转；当按下按钮 SB2 时则接触器 KM2 动作，这时电枢绕组 A2 改接电源正端，于是电动机做反向运转。

2. 按钮控制的并励直流电动机的正、反转控制线路

按钮控制的并励直流电动机的正、反转控制线路如图 5-1-7 所示。当按下启动按钮 SB1 时，接触器 KM1 得电动作，电

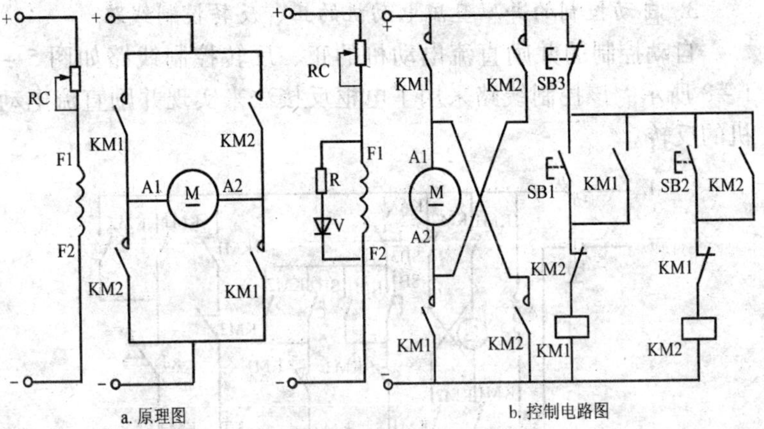

图 5－1－6　他励直流电动机的正、反转控制线路

枢绕组被接入电源电动机做正向运转；如果需要反转，则需先按下停止按钮 SB3，使其停止运行，再按下另一只启动按钮 SB2 以使接触器 KM2 得电动作，并励直流电动机即做反向运行。

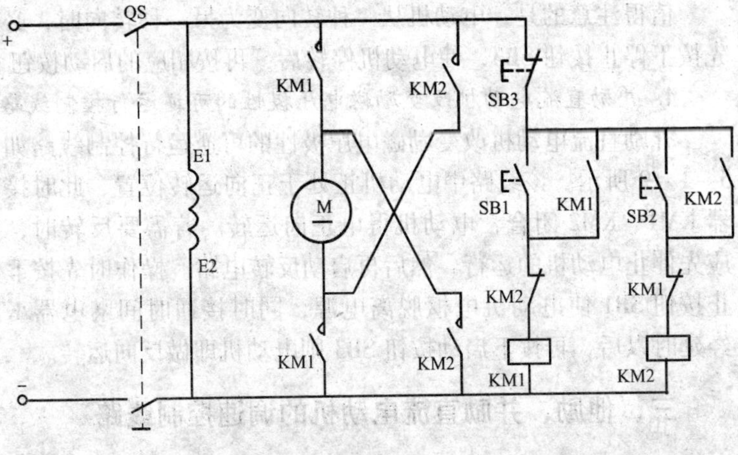

图 5－1－7　按钮控制的并励直流电动机的正、反转控制线路

3. 自动控制的并励直流电动机的正、反转控制线路

自动控制的并励直流电动机的正、反转控制线路如图5-1-8所示。该控制线路采用了电枢反接法来实现并励直流电动机的反转。

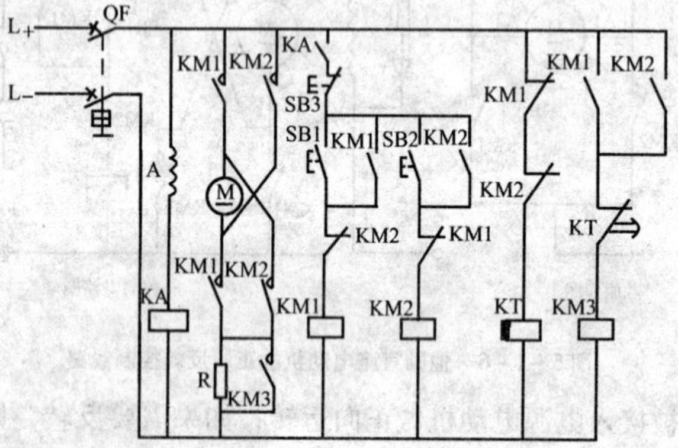

图5-1-8 并励直流电动机的正、反转控制线路

值得注意的是，电动机从一种转向变为另一种转向时，必须先按下停止按钮SB3，使电动机停转后，再按相应的启动按钮。

4. 并励直流电动机改变励磁电压极性的可逆运行控制线路

并励直流电动机改变励磁电压极性的可逆运行控制线路如图5-1-9所示。该线路中电动机正处于正向运转位置，此时接触器KM1、KM2闭合，电动机得电正向运转。若需要反转时，则应先停止电动机的运行，然后再启动反转电路。操作时先按下停止按钮SB1使电动机电枢脱离电源，同时接通时间继电器KT，经延时以后，再按下启动按钮SB3则电动机即做反向运转。

三、他励、并励直流电动机的调速控制线路

1. 并励直流电动机调节励磁电流的调速控制线路

并励直流电动机调节励磁电流的调速控制线路如图5-1-10所示。该线路中为限制启动电流，在电枢回路串联了启动电

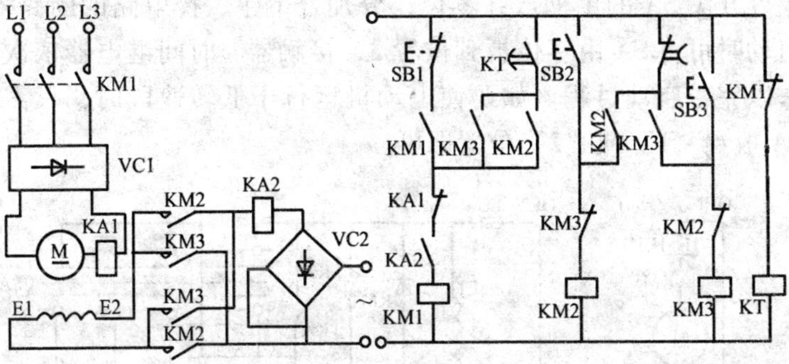

图 5-1-9　并励直流电动机改变励磁电压极性的可逆运行控制线路

阻 R，启动过程结束后则由接触器 KM3 切除，并且该电阻还在电动机制动过程中做限流电阻用。并励绕组则串联了调速电阻器 RC 以实现电动机的调速。

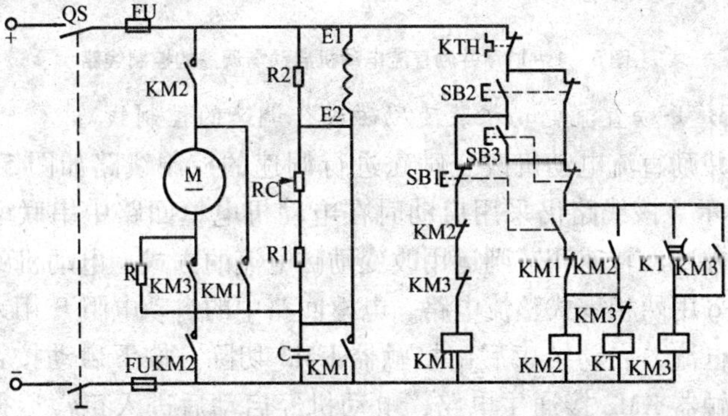

图 5-1-10　并励直流电动机调节励磁电流的调速控制线路

2. 并励直流电动机启动与调速的控制线路

并励直流电动机启动与调速的控制线路如图 5-1-11 所示。该线路是在电动机电枢回路中串电阻来进行启动和调速的。启动电阻分为两级，采用两只时间继电器 KT1、KT2 做两级自动启动，并由主令控制器来实现启动、调速及停车控制。启动前须将主令开关SA的手柄放在零位，分别合上主、控电路的断路器。启动时可将SA由零位扳到位置3，接触器、时间继电器依次动作以完成启动过程。如要使电动机运行于低转速段时，只需将SA扳到“1”或“2”位置即可。

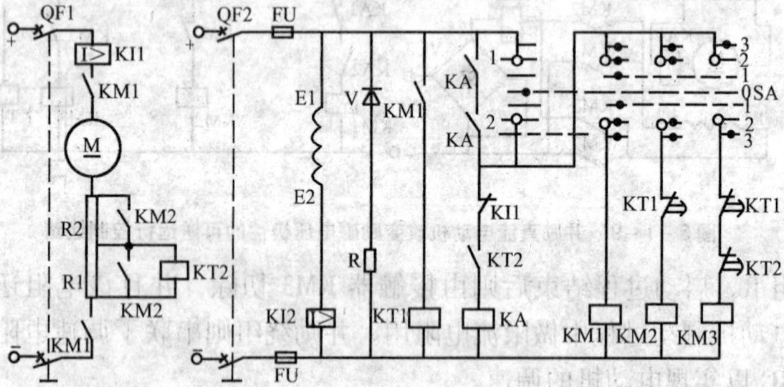

图5-1-11　并励直流电动机启动与调速的控制线路

3. *并励直流电动机改变励磁进行调速的控制线路*

并励直流电动机改变励磁进行调速的控制线路如图5-1-12所示。该线路仍采用启动时在电动机电枢回路中串联电阻的启动方法，转速调节则运用改变励磁电流的方式，电动机的直流电源采用两相零式整流电路。电枢回路中的启动电阻R用来限制启动电流，启动结束后由接触器KM3切除。按下启动按钮SB2则接触器KM2接通主电路，电动机经启动后进入正常运行，调节电阻RC即可调节转速，停机即按按钮SB1。

四、并励直流电动机的制动控制线路

1. *并励直流电动机单向启动能耗制动控制线路*

能耗制动是维持直流电动机的励磁电源不变，切断正在运转的直流电动机电枢的电源，再接入一个外加制动电阻，组成回路，将机械动能变为热能消耗在电枢和制动电阻上，迫使电动机

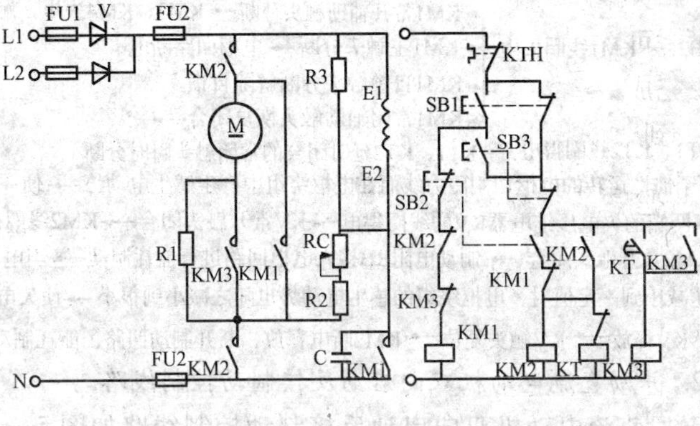

图 5 -1 -12　并励直流电动机改变励磁进行调速的控制线路

迅速停转。并励直流电动机能耗制动控制线路如图 5 -1 -13 所示。

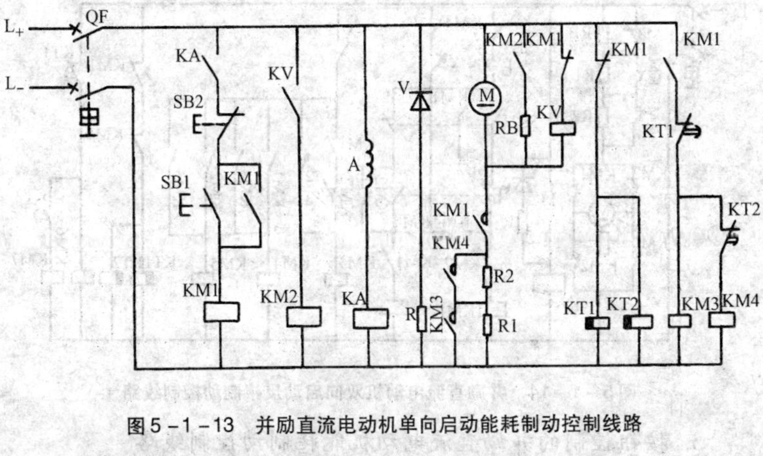

图 5 -1 -13　并励直流电动机单向启动能耗制动控制线路

线路的工作原理如下：

串电阻单向启动运转：合上电源开关 QF，按下启动按钮 SB1，直流电动机 M 接通电源进行串电阻二级启动运转。

能耗制动停转：

按下SB2→KM1线圈失电→
- KM1常开辅助触头分断→KM3、KM4失电，触头复位
- KM1主触头分断→电枢回路断电
- KM1自锁触头分断解除自锁
- KM1常闭辅助触头恢复闭合→
  - KT1、KT2线圈得电→KT1、KT2延时闭合的常闭触头瞬时分断
  - 由于惯性运转的电枢切割磁力线而在电枢绕组中产生感生电动势→使并接在电枢两端的欠电压继电器KV的线圈得电→KV常开触头闭合→KM2线圈得电→KM2常开触头闭合→制动电阻RB接入电枢回路进行能耗制动→当电动机转速减小到一定值时，电枢绕组的感生电动势也随之减小到很小→使欠电压继电器KV释放→KV触头复位→KM2断电释放，断开制动回路，能耗制动完毕。

2. 并励直流电动机双向启动反接制动控制线路

并励直流电动机双向启动反接制动控制线路如图 5－1－14 所示。其中 KV 是电压继电器，KA 是欠电流继电器，R1、R2 是二级启动电阻，RB 是制动电阻，R 是励磁绕组的放电电阻。

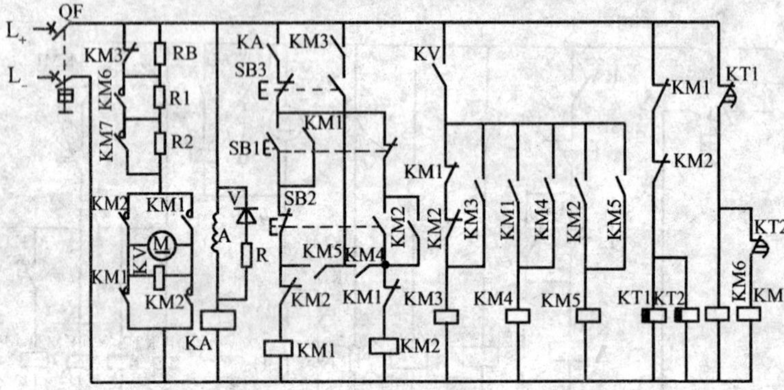

图 5－1－14 并励直流电动机双向启动反接制动控制线路

3. 按钮控制的并励直流电动机能耗制动控制线路

按钮控制的并励直流电动机能耗制动控制线路如图 5－1－15 所示。该电路启动时，按下启动按钮 SB1，接触器 KM1 得电接通主电路，电动机得电运转。停止时则按下停止按钮 SB2，接触器 KM1 失电而 KM2 得电，电动机的电枢切断电源，并接上制动电阻 R，此时励磁绕组仍接在电源上继续通电，这样电枢在惯

性作用下变为发电机运行状态，从而产生制动转矩并进行制动。

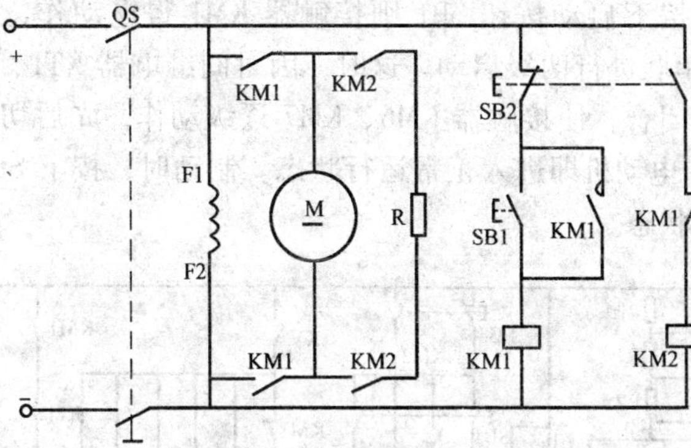

图 5－1－15　按钮控制的并励直流电动机能耗制动控制线路

4. 并励直流电动机能耗制动自动控制线路

并励直流电动机能耗制动自动控制线路如图 5－1－16 所示。该线路由时间继电器 KT1、KT2 进行启动、制动控制，由于能耗制动的工作过程较为平稳，因而应用较为广泛。

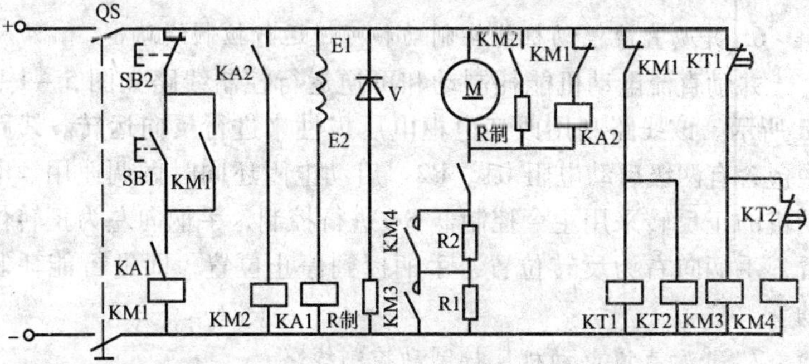

图 5－1－16　并励直流电动机能耗制动自动控制线路

5. 并励直流电动机可逆运行和制动控制线路

并励直流电动机可逆运行和制动控制线路如图 5－1－17 所示。启动时，先合上电源开关 QS，励磁绕组得电并开始励磁，时间继电器 KT1、KT2 也得电动作，接触器 KM6、KM7 处于分断状态，按下启动按钮 SB1 则接触器 KM1 得电动作，使电阻 R1、R2 串联进行两级启动。这时，因时间继电器 KT1、KT2 断电并延时闭合，使接触器 KM6、KM7 逐级动作，先后切出电阻 R1、R2，电动机即进入正常运行状态。制动时，按下 SB2 即可进入制动状态。

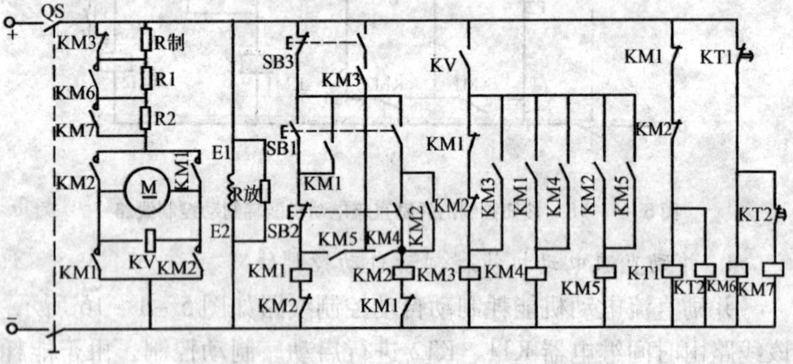

图 5－1－17　并励直流电动机可逆运行和制动控制线路

6. 并励直流电动机能耗制动和可逆运行控制线路

并励直流电动机能耗制动和可逆运行控制线路如图 5－1－18 所示。该线路利用改变电枢电压极性来进行反向运转。线路中包含有两级启动电阻 R1、R2，启动电阻还同时做调速用。电动机的正反转采用主令控制器 SA 进行控制，手柄向左为正转位置，手柄向右为反转位置，手柄扳到停止位置，即进行能耗制动。

7. 并励直流电动机反接制动控制线路

并励直流电动机反接制动控制线路如图 5－1－19 所示。该线路中的“R 制”为反接制动电阻，R 则为停止运行时励磁绕组的放电电阻。启动时先合上电源开关 QS，励磁绕组得电开始励磁，时间继电器 KT1、KT2 得电吸合，电路处于准备工作状态。按下正向按钮 SB2 则接触器、时间继电器得电一次动作，并自动

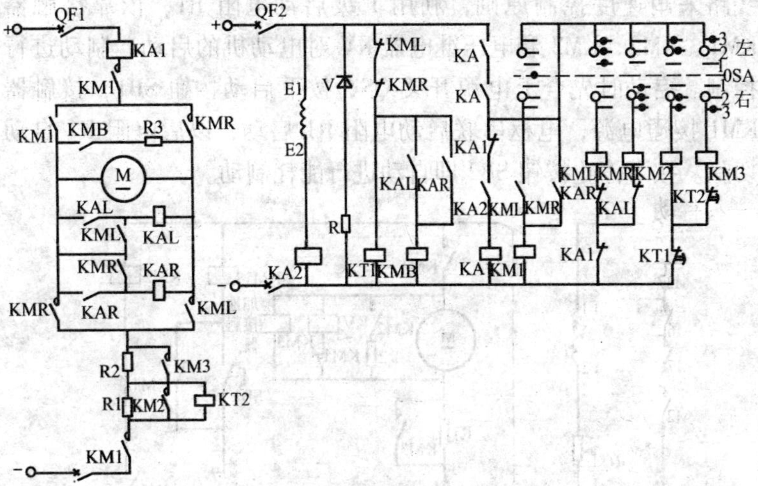

图 5－1－18　并励直流电动机能耗制动和可逆运行控制线路

完成启动过程。停止运行时，按下停止按钮 SB3 电动机进行反接制动。

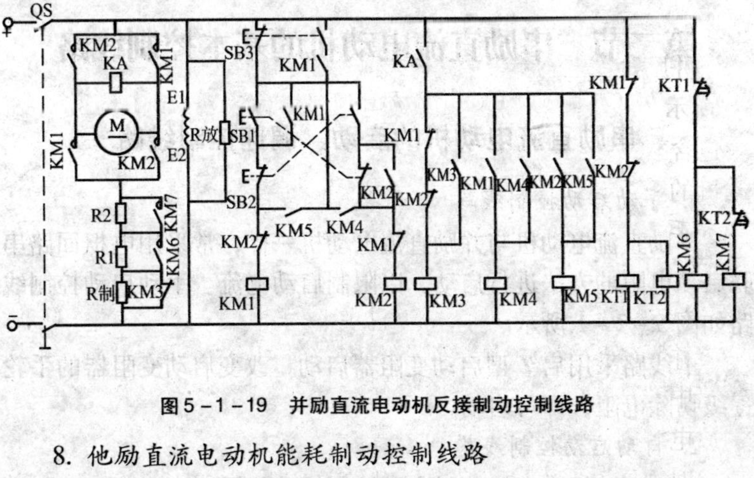

图 5－1－19　并励直流电动机反接制动控制线路

8. 他励直流电动机能耗制动控制线路

他励直流电动机能耗制动控制线路如图 5－1－20 所示。该线路采用速度控制原则，利用 1 级启动电阻 R1，依靠接触器 KM1、KM2、KM3 和电压继电器 KV 对电动机的启动、制动进行控制。启动时先合上电源开关 QS，按下启动按钮 SB1，接触器 KM1 接通电源，电枢串联启动电阻 R1 启动，以后电阻 R1 自动切除。按下停止按钮 SB2 即自动进行能耗制动。

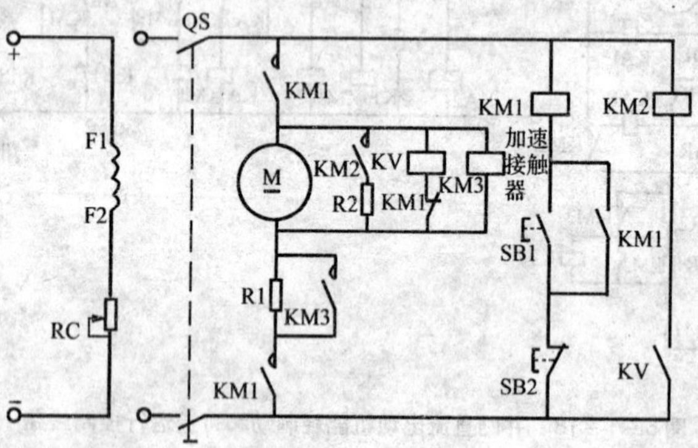

图 5－1－20　他励直流电动机能耗制动控制线路

第二节　串励直流电动机的基本控制线路

一、串励直流电动机的启动、调速控制线路

1. 手动启动控制线路

串励直流电动机与并励直流电动机一样，常采用电枢回路串联启动电阻的方法进行启动，以限制启动电流。手动启动控制线路如图 5－2－1 所示。

本线路采用启 Z 型启动变阻器启动，改变启动变阻器的手轮逐级切除电阻，即可启动。

2. 自动启动控制线路

串励电动机串二级电阻启动控制线路如图 5－2－2 所示。

线路工作原理如下：

首先合上电源开关QF→KT1线圈得电→KT1延时闭合的常闭触头瞬时断开→使接触器KM2、KM3处于断电状态→保证电动机启动时串入全部电阻R1、R2。

然后按下SB1→KM1线圈得电→
- KM1自锁触头闭合自锁、KM1主触头闭合→电动机M串入R1、R2启动→同时并接在R1两端的KT2线圈得电→KT2延时闭合的常闭触头瞬时分断
- KM1常闭辅助触头分断→KT1线圈失电→

经KT1整定时间→KT1延时闭合的常闭触头恢复闭合→KM2线圈得电→KM2主触头闭合短接电阻R1→电动机M串电阻R2继续启动→在R1被短接的同时→KT2的线圈也被短接而断电→经KT2整定时间→KT2延时闭合的常闭触头恢复闭合→KM3线圈得电→KM3主触头闭合短接电阻R2→电动机M进入正常工作状态。

停止时，按下停止按钮SB2即可。

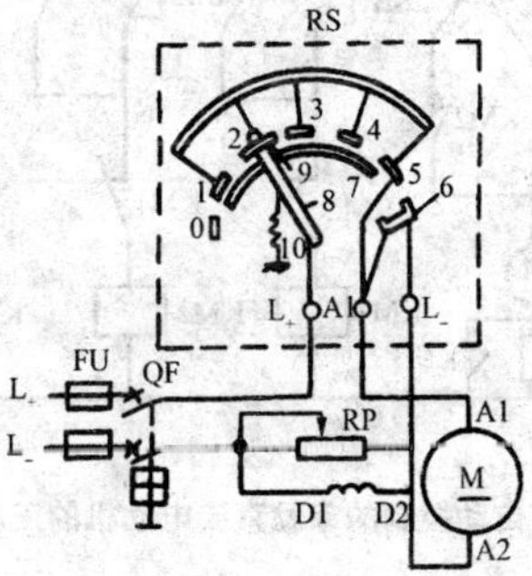

图5-2-1　串励启Z型启动变阻器启动直流电动机的启动线路

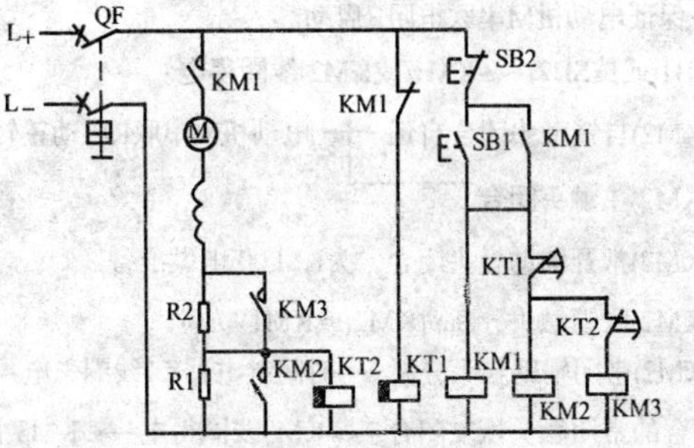

图5-2-2　自动控制的串励电动机串二级电阻启动控制线路

二、串励直流电动机的正、反转控制线路

1. 自动控制的串励直流电动机的正、反转控制线路

由于串励直流电动机电枢绕组两端的电压很高，而励磁绕组两端的电压很低，反接较容易，所以串励直流电动机的反转常采用励磁绕组反接法来实现。自动控制的串励直流电动机的正反转控制线路如图 5－2－3 所示。

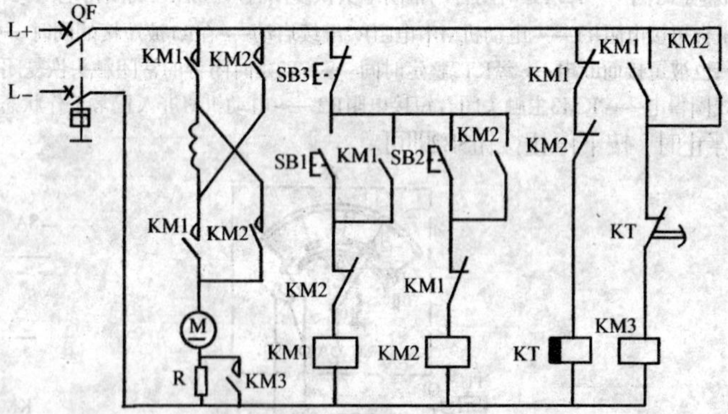

图 5－2－3　自动控制的串励直流电动机的正反转控制线路

其线路工作原理如下：

合上电源开关QF→KT线圈得电→KT延时闭合的常闭触头瞬时分断→KM3处于断电状态→保证电动机M串联电阻R启动。

然后按下SB1(或按SB2)→KM1(或KM2)线圈得电→

- →KM1(或KM2)自锁触头闭合自锁 ┐→ 电动机M串联R启动正转(或反转)
- →KM1(或KM2)主触头闭合 ┘
- →KM1(或KM2)常开辅助触头闭合，为KM3获电做准备
- →KM1(或KM2)联锁触头分断对KM2(或KM1)联锁
- →KM1(或KM2)常闭辅助触头分断→时间继电器KT线圈失电→经KT整定时间→KT延时闭合的常闭触头恢复闭合→KM3线圈得电→KM3主触头闭合短接电阻R→电动机M进入正常运转。

停止时，按下停止按钮 SB3 即可。

2. 手动控制的串励直流电动机的正、反转控制线路

手动控制的串励直流电动机的正、反转控制线路如图 5－2－4 所示。该线路中的串励直流电动机具有两组串励绕组，其原理是保持磁场方向不变，改变电枢电流方向来实现正、反转的运行。串励直流电动机的正、反转控制由控制开关 SA2 的倒顺来控制。

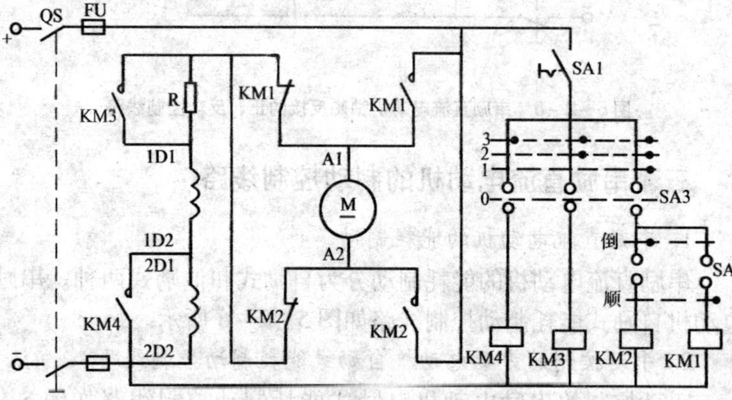

图 5－2－4　手动控制的串励直流电动机的正、反转控制线路

3. 串励直流电动机励磁反接的正、反转控制线路

串励直流电动机励磁反接的正、反转控制线路如图 5－2－5 所示。该线路采用的是励磁绕组反接的反转方法，当按下启动按钮 SB1 后接触器 KM1 得电动作，接通电源使电动机做正向运转；若需要反转时，则顺序按下停止按钮 SB3、启动按钮 SB2 即可。

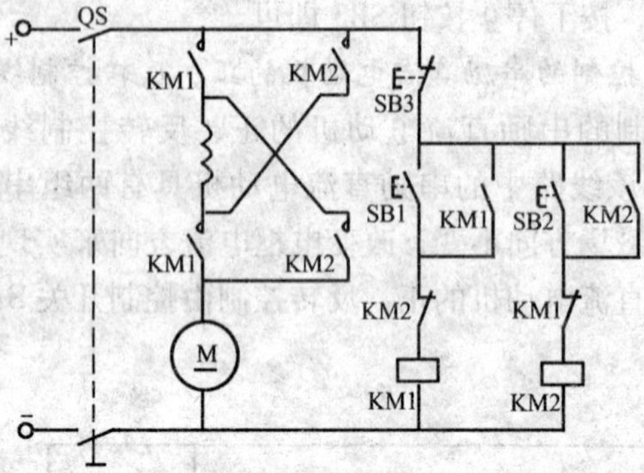

图 5-2-5 串励直流电动机励磁反接的正、反转控制线路

三、串励直流电动机的制动控制线路

1. 串励直流电动机的能耗制动

串励直流电动机的能耗制动分为自励式和他励式两种。串励电动机自励式能耗制动控制线路如图 5-2-6 所示。

2. 手动控制的串励电动机自励式能耗制动控制线路

手动控制的串励电动机自励式能耗制动控制线路如图 5-2-7 所示。该线路是让电动机从电动机工作状态变为发电机状态，以产生与转速反方向的制动转矩。自励式能耗制动设备简单，高速时制动效果良好，但在低速时制动较慢，故只是用于准确停车的处理。

3. 小型串励电动机他励式能耗制动控制线路

小型串励电动机他励式能耗制动控制线路如图 5-2-8 所示。该线路制动时，切断电动机电源，将电枢绕组与放电电阻 R1 接通，将励磁绕组与电枢绕组断电后串入较大的降压电阻（因串励电阻很小）。这种制动方法不仅需要外加的直流电源设备，而且励磁电路消耗的功率较大，所以经济性较差。

4. 带有过电流继电器的串励电动机反接制动自动控制线路

带有过电流继电器的串励电动机反接制动自动控制线路如图

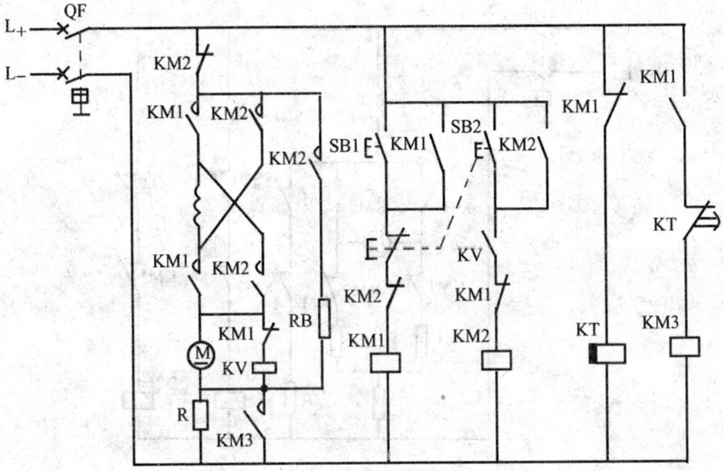

图5－2－6　串励电动机自励式能耗制动控制线路

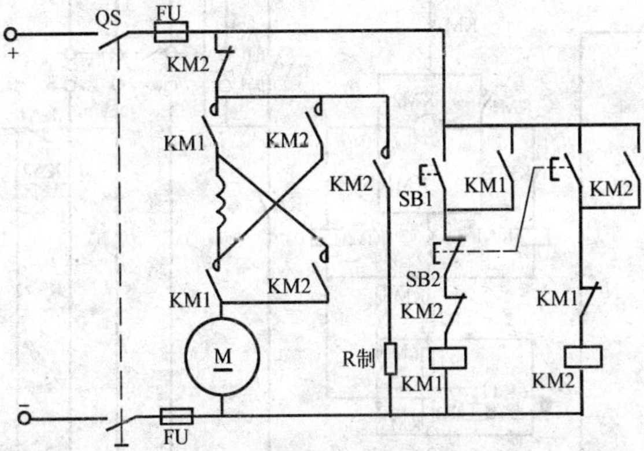

图5－2－7　手动控制的串励电动机自励式能耗制动控制线路

5－2－9 所示。图中的 AC 是主令控制器，用来控制电动机的正反转；KA 是过电流继电器，用来对电动机进行过载和短路保护；KV 是零压保护继电器；KA1、KA2 是中间继电器；R1、R2 是启动电阻；RB 是制动电阻。

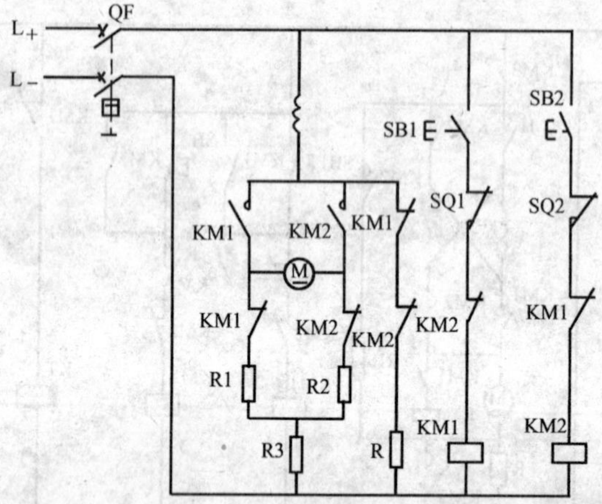

图 5-2-8 小型串励电动机他励式能耗制动控制线路

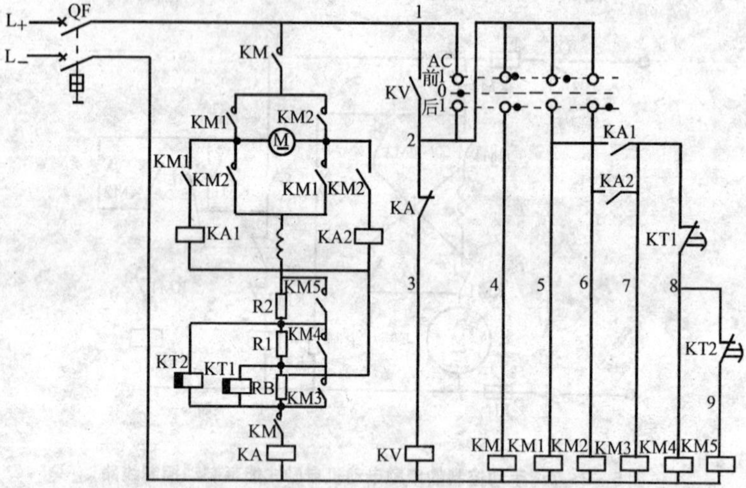

图 5-2-9 串励电动机反接制动自动控制线路

线路工作原理如下：

准备启动时，将主令控制器 AC 手柄放在“0”位，合上电源开关 QF，零压继电器 KV 得电，KV 常触头闭合自锁。

电动机正转时，将控制器 AC 手柄向前扳向“1”位置，AC 的主触头（2－4）、（2－5）闭合，线路接触器 KM 和正转接触器 KM1 线圈得电，它们的主触头闭合，电动机 M 串入二级启动电阻 R1 和 R2 以及反接制动电阻 RB 启动；同时，时间继电器 KT1、KT2 线圈得电，它们的常闭触头瞬时分断，接触器 KM4、KM5 处于断电状态；KM1 的常开辅助触头闭合，使中间继电器 KA1 线圈得电，KA1 常开触头闭合，使接触器 KM3、KM4、KM5 依次得电动作，它们的常开触头依次闭合短接电阻 RB、R1、R2，电动机启动完毕进入正常运转。

若需要电动机反转时，将主令控制器 AC 手柄由正转位置向后扳向反转位置，这时，接触器 KM1 和中间继电器 KA1 失电，其触头复位，电动机在惯性作用下仍沿正转方向转动。但电枢电源由于接触器 KM、KM2 的接通而反向，使电动机运行在反接制动状态，而中间继电器 KA2 线圈上的电压变得很小并未吸合，KA2 常闭触头分断，接触器 KM3 线圈失电，KM3 常开触头分断，制动电阻 RB 接入电枢电路，电动机进行反接制动，其转速迅速下降。当转速降到接近于零时，KA2 线圈上的电压升到吸合电压，此时，KA2 线圈得电，KA2 常开触头闭合，使 KM3 得电动作，RB 被短接，电动机进入反转启动运转。若要电动机停转，把主令控制手柄扳向“0”位即可。

第六章　常用电气设备的电气线路

第一节　通用机械电气线路

一、建筑机械电气线路

1. 搅拌机电气线路

（1）锥型 JZ350 型搅拌机线路。锥型 JZ350 型搅拌机线路如图6－1－1 所示，工作原理是当把水泥、沙子、石子配好料后，操作人员按下按钮 2SBF，2KMF 接触器线圈得电吸合，使上料卷扬电动机 2M 正转，料斗送料起升。当升到一定高度后，料斗挡铁碰撞行程开关 1SQ 和 2SQ，使 2KMF 断电释放。这时料斗已升到预定位置，把料自动倒到搅拌机内，并自动停止上升。此时操作人员按下下降按钮 2SBR 时，卷扬系统带动料斗下降，待下降到料口与地面平齐时，挡铁碰撞行程开关 3SQ，使 2KMR 接触器断电释放，自动停止下降，为下次上料做好准备。这时搅拌机料已备好，操作人员再按下 3SB1，3KM 接触器得电吸合，使供水抽水泵电动机 3M 运转，向搅拌机内供水，与此同时，时间继电器 KT 得电工作，待供水与原料成比例后（供水时间由 KT 时间继电器调整，根据原料与水的配比确定），KT 动作延时结束，从而使 3KM 自动释放，供水停止。加水完毕即可实施搅拌。按下 1SBF 正转按钮，1KMF 得电吸合，1M 正转搅拌，搅拌完毕后按下 1SB 停止按钮即可停止。出料时，按下 1SBR 按钮，1M 反转

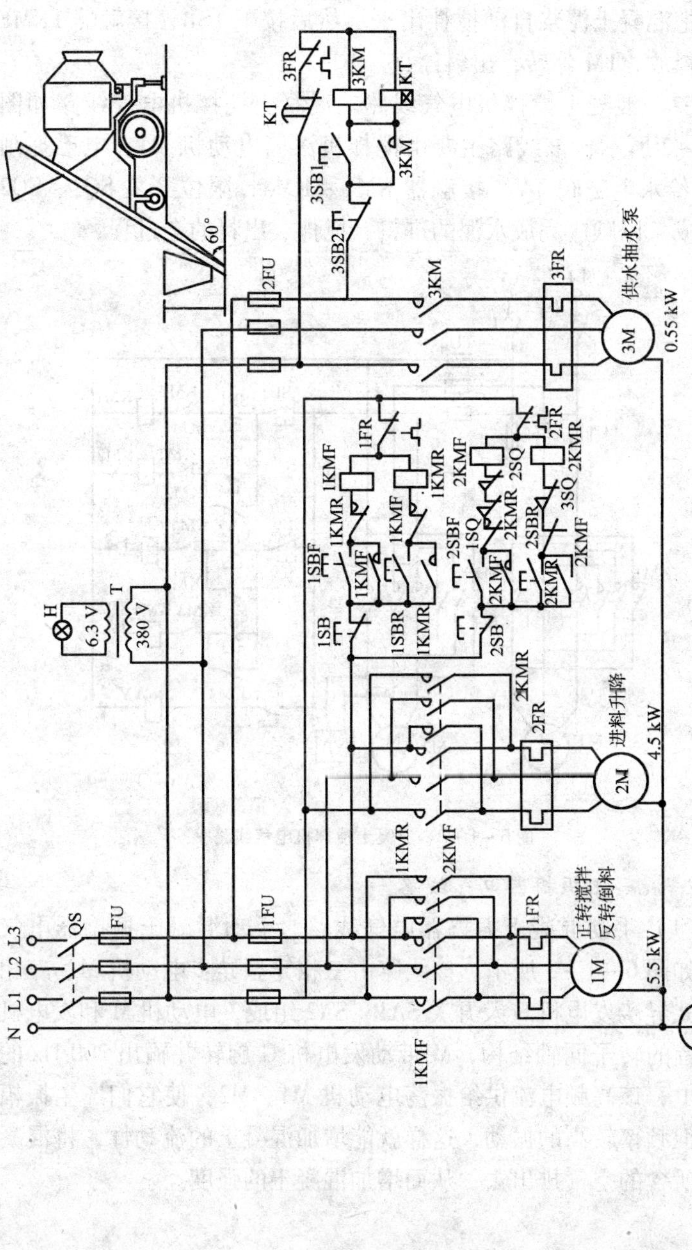

图6-1-1　锥型JZ350型搅拌机线路

即可把混凝土泥浆自动搅拌出来。然后按下 1SB，接触器 1KMF 断电释放，1M 停转，出料停止。

（2）混凝土搅拌机电气线路。混凝土搅拌机电气线路如图 6－1－2 所示，该线路主要由搅拌机滚筒电动机 M1，电磁抱闸 YB，给水电磁阀 YV，接触器 KM1～KM4，限位开关 SQ1、SQ2 等组成。以顺序完成水泥的进料、搅拌、出料的全过程。

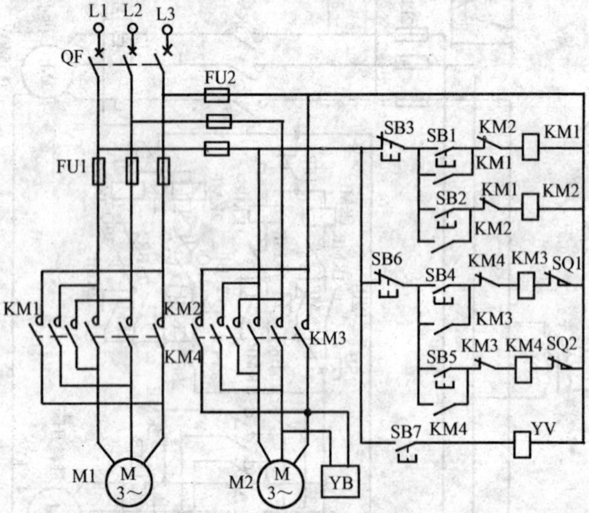

图 6－1－2　混凝土搅拌机电气线路

2. 混凝土振捣器电气线路

（1）手动混凝土振捣器电气线路。手动混凝土振捣器电气线路如图 6－1－3 所示。该线路由三相笼型异步电动机 M、三相绕线式异步发电机 G 及开关 SA1、SA2 组成，电动机 M 和发电机 G 两者的转子同轴结构，M 带动发电机 G 旋转并输出 200 Hz 的交流电，该高频电流供给振荡电动机 M1、M2，使它们产生振幅不大但频率较高的振动，这样就能增加混凝土的流动性，将混凝土中所含的空气排出去，从而增加混凝土的强度。

（2）自动混凝土振捣器电气线路。自动混凝土振捣器电气线路如图 6 - 1 - 4 所示。该线路中 M1 为三相笼型异步电动机、G 为三相绕线式异步发电机，M1 为振捣器电动机，YA 为电磁铁。启动时按下开关 P 后使电磁铁 YA、开关 S、接触器 KM1 等均得电吸合，电动机 M 即启动运转，同时，时间继电器 KT 得电后延时闭合，致使接触器 KM2 得电吸合而接通振捣器电动机 M1 进行工作。停止运行时，按下开关 P 即可。

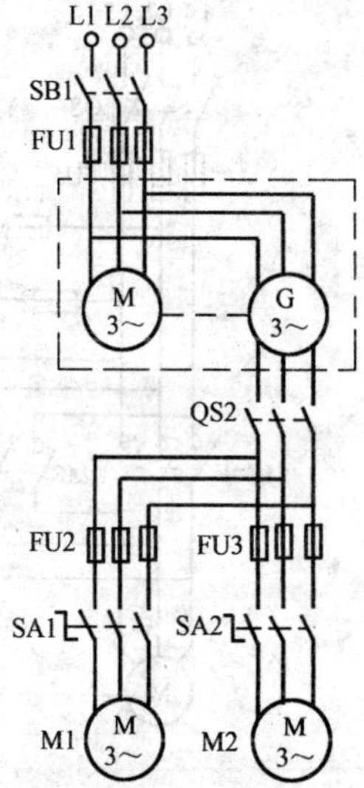

图 6 - 1 - 3　手动混凝土振捣器电气线路

3. 卷扬机电气控制线路

（1）卷扬机电气控制线路 1。图 6 - 1 - 5 所示即为卷扬机电气控制线路 1。在建筑工地广泛使用的卷扬机，主要由机架，三相笼型异步电动机 M，电磁制动器 YA，减速器和卷筒，交流接触器 KMF、KMR 和按钮等组成。卷扬机主要用来向楼层高处运输材料。

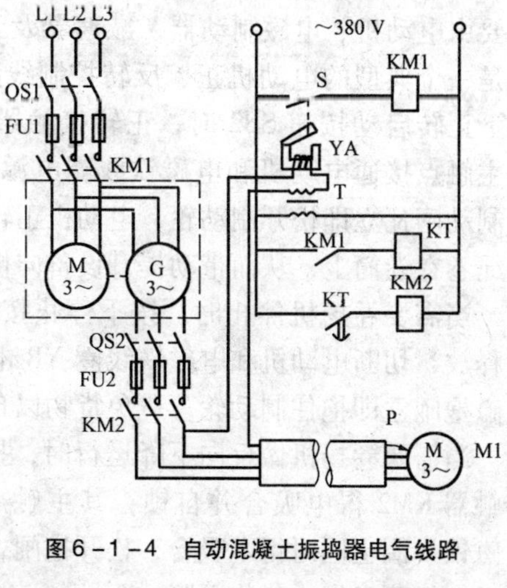

图 6 - 1 - 4　自动混凝土振捣器电气线路

（2）卷扬机电气

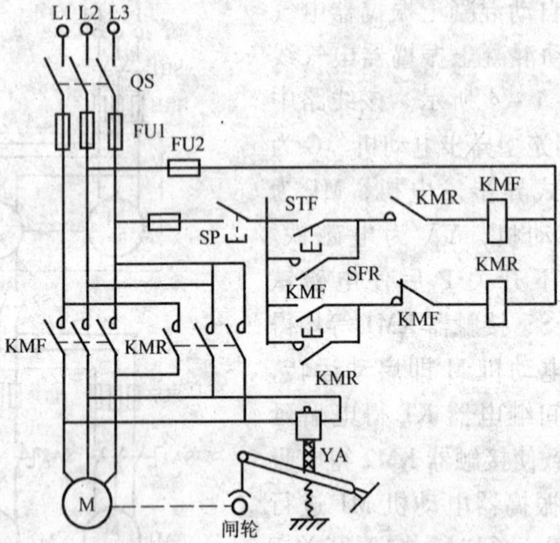

图6－1－5 卷扬机电气控制线路1

控制线路2。卷扬机电气控制线路2如图6－1－6所示。在建筑工地上常用的一种卷扬机为单筒快速电磁制动式电控卷扬机。它主要由电动机、电磁制动器、减速器及卷筒等组成。由图可知，这是一个典型的电动机正、反转控制线路。当合上电源开关Q，按下正转启动按钮SB2时，正转接触器KM1得电吸合并自锁，其主触点接通电动机和电磁铁线圈电源，电磁铁YB得电吸合，使制动闸瓦立即松开制动轮，电动机正转，带动卷筒转动，使钢丝绳卷在卷筒上，从而带动提升设备向楼层高处运输。

当需要卷扬机停止时，按下停止按钮SB1，接触器KM1断电释放，切断电动机和电磁铁线圈YB电源，电动机停转，并且电磁抱闸立即抱住制动轮，避免货物以自重下降。

当需要卷扬机做反向下降运行时，按下反转按钮SB3，反转接触器KM2得电吸合并自锁，其主触点反序接通电动机电源，电磁铁线圈也同时得电吸合，松开抱闸，电动机反向运行，使卷筒反向松开卷绳，货物下降。

这种卷扬机具有体积小、结构简单、操作方便、下降时安全可靠等优点，因此得到广泛的应用。

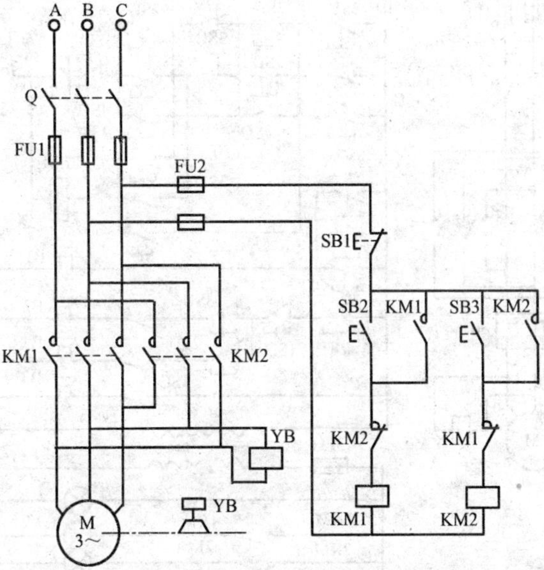

图6－1－6 卷扬机电气控制线路2

(3) 卷扬机电气控制线路3。卷扬机电气控制线路3如图6－1－7所示。该图为4层楼房建筑工地用的简易升降机电气线路。图中上升按钮为SU，下降按钮则为SD，在这些代号前的数字代表楼层层数，按钮2A、3A、4A即分别装在相应楼层。此外，在1～4楼则分别装有限位开关1SQ～4SQ，以确保简易升降机安全运行。

4. 皮带传送机电气控制线路

(1) 皮带传送机电气控制线路1。皮带传送机电气控制线路1如图6－1－8所示。该线路由两台电动机分别带动两条皮带运输机的启动和停止。即启动时，第一条皮带传动后第二条皮带才能启动；而在停止运行时，则只有在第二条皮带停止后第一条才

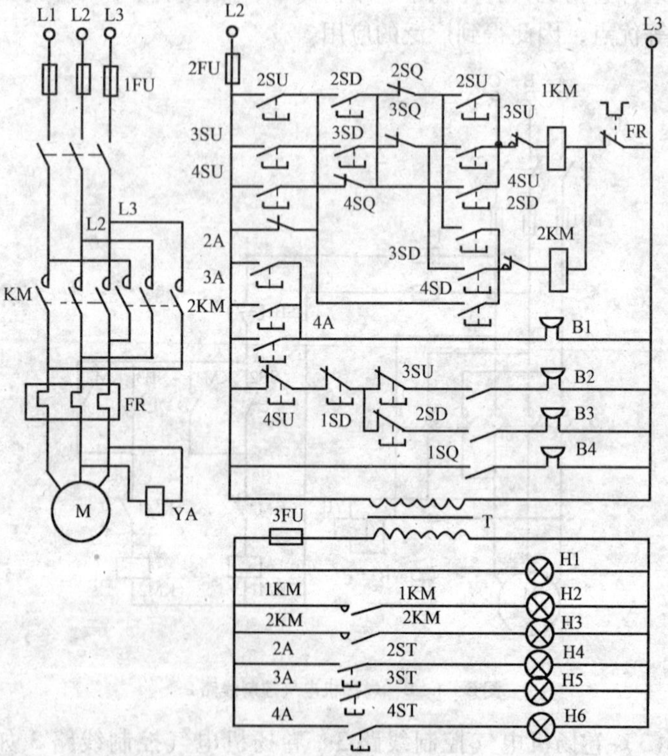

图6－1－7 卷扬机电气控制线路2

可以停止。本线路是根据两条皮带运输机工作顺序的要求进行设计的，并采取交流接触器辅助触点联锁。

启动时，先按下按钮 SB2，接触器 KM1 得电吸合并自锁，其主触点闭合，使电动机 M1 运转，第一条皮带开始工作。KM1 的另一个常开辅助触点闭合，为 KM2 得电做准备。这时再按下启动按钮 SB4，接触器 KM2 得电动作，M2 运转，第二条皮带投入运行。

停止运输时，先按下停止按钮 SB3，接触器 KM2 断电释放，

M2 停转，第二条皮带停止运输。再按下 SB1，KM1 断电释放，M1 停转，第一条皮带也停止运输。

由于在 KM2 线圈回路串联了 KM1 的常开辅助触点，使得在 KM1 未得电前，KM2 不得电；而又在停止按钮 SB1 上并联了 KM2 的常开辅助触点，能保证只有 KM2 先断电释放后，KM1 才能断电释放。这就保证了第一条皮带先工作，第二条才能开始工作；第二条皮带先停止，第一条才能停止。防止了物料在皮带上的堵塞。

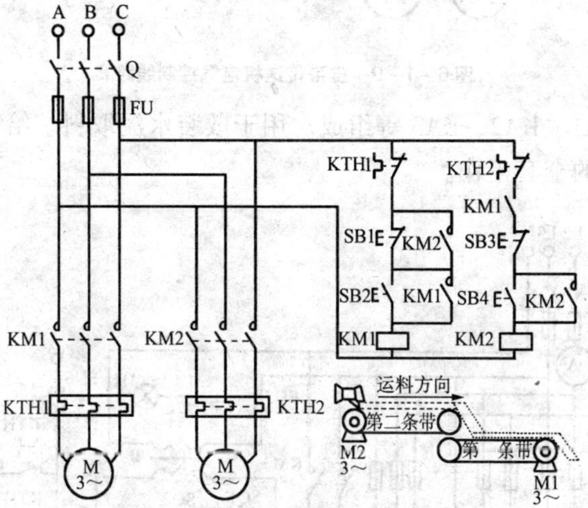

图6－1－8　皮带运输机顺序控制电气线路1

（2）皮带传送机电气控制线路2。皮带传送机电气控制线路2如图6－1－9所示。该线路的控制要求为顺序启动、逆序停止。

5. 混凝土上料和称量的电气控制线路

（1）散装水泥自动秤控制电气线路。散装水泥自动秤控制电气线路如图6－1－10所示，该线路主要由螺旋运输机驱动电动机M1，振动给料器驱动电动机M2，接触器KM1、KM2和继

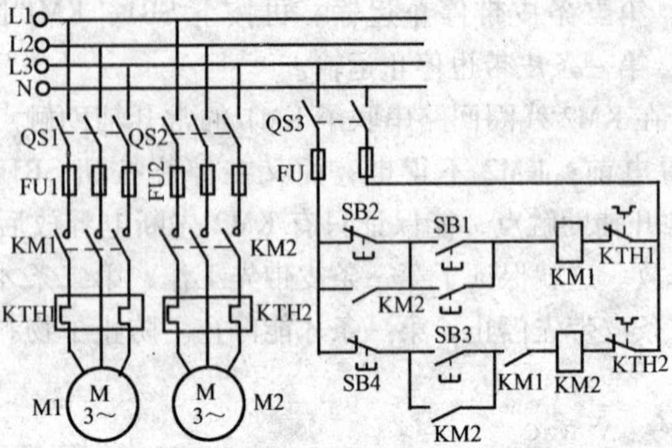

图 6-1-9 皮带传送机电气控制线路 2

电器 KA1、KA2、KA3 等组成。用于散装水泥取料、给料、称量和计数的全套工作。

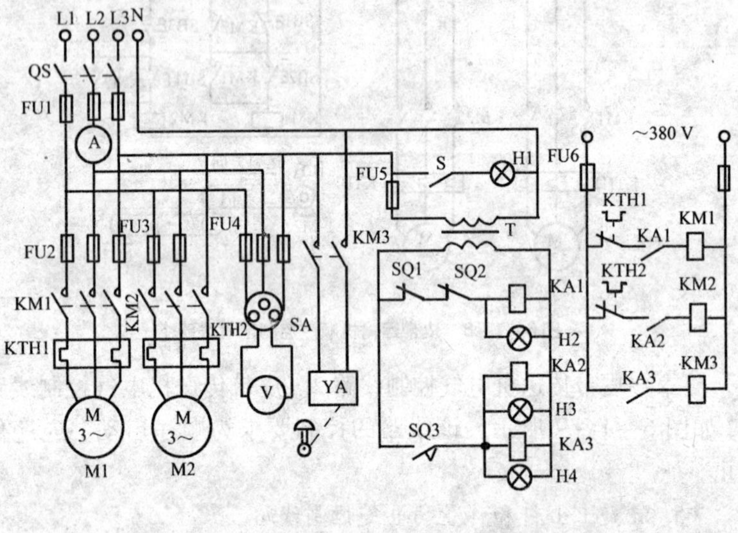

图 6-1-10 散装水泥自动秤控制电气线路

（2）混凝土上料和称量的电气控制线路。混凝土上料和称量的电气控制线路如图 6－1－11 所示。该线路由黄沙拉铲电动机 M1，黄沙称量斗门控制电磁铁 YA1，石子粒铲电动机 M2，石子称量斗门控制电磁铁，接触器 KM1～KM4 和按钮开关等组成，用以完成水泥、黄沙、石子等按比例称量及上料。

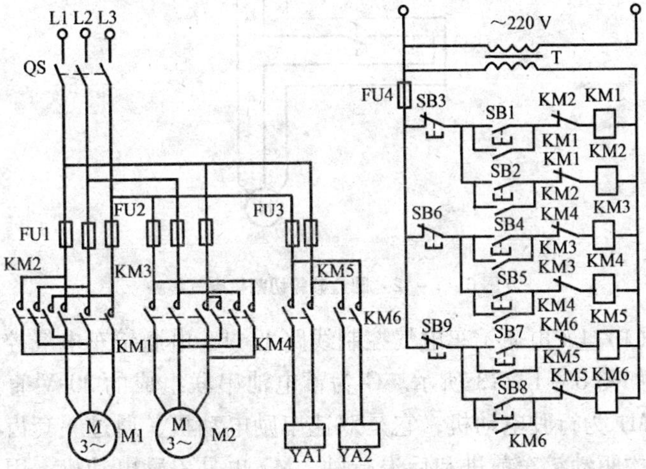

图 6－1－11　混凝土上料和称量的电气控制线路

6. 圆盘砂轮切割机电气线路

圆盘砂轮切割机电气线路如图 6－1－12 所示。圆盘砂轮切割机是建筑行业广泛应用的一种小型机械，它结构简单、线路单一，仅由一台 2.2 kW 三相笼型电动机、一只 15 A 胶盖闸刀开关 QS 和两相按键开关 SA 组成，操作开关 SA 即可控制圆盘砂轮切割机。需特别注意的是：刀开关只要合上，使用和维护时一定要注意安全。

二、铲车电气控制线路

1. 电瓶铲车控制电路 1

电瓶铲车是车站、码头、仓库及一般工厂中常用的一种堆垛和搬运工具。

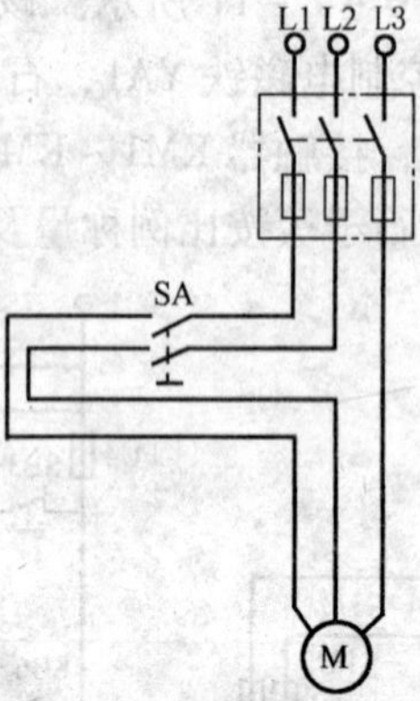

图 6－1－12　圆盘砂轮切割机电气线路

(1) 1 t 电瓶铲车电气控制线路 1。1 t 电瓶铲车电气控制线路 1 如图 6－1－13 所示。G 为蓄电池串联组成的 30 V 直流电源。M1 为行驶电动机，它是双速串励电动机，通过一套齿轮传动机构驱动铲车前进和后退行驶。M2 也是串励电动机，用于拖动高压液压泵，将高压油液输送到液压系统，以操纵货叉的升降。

图中，S1 为电锁开关，S2 为方向开关，S 为速度控制器踏板。铲车启动和调速时将电锁开关 S1 闭合，此时电源指示灯亮，表示电源已接入电路，做好供电准备。

将方向开关 S2 的手柄扳到需要的方向，即铲车前进和后退的位置。松开手刹车的手柄，并放开脚刹车，使脚踏开关 SQ1 复位而闭合，然后轻踏速度控制器 SQ2 的踏板，使其动触点与静触点“0”相接触，使控制开关 S3 闭合。

(2) 1 t 蓄电池铲车控制线路 2。1 t 蓄电池铲车控制线路 2 如图 6－1－14 所示。铲车的电力拖动系统有两台直流串励电动机，4.5 kW 行驶电动机 M1 通过机械传动机构带动铲车前进与后退行驶，6.5 kW 油泵电动机 M2 通过机械液压机构带动门架后

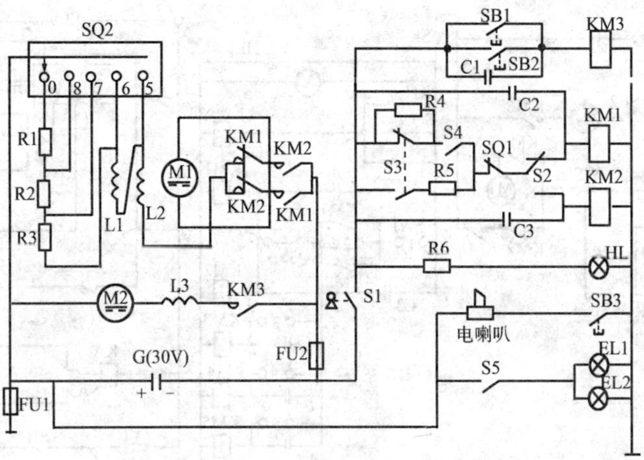

图 6－1－13　电瓶铲车控制线路

倾、前倾或升降及附属物的运动。图中控制器 SA1 的闭合情况见表 6－1－1。

表 6－1－1　控制器 SA1 触头闭合情况

触头	挡位					触头	挡位				
	0°	30°	60°	90°	120°		0°	30°	60°	90°	120°
1		×	×	×	×	4				×	×
2		×				5					×
3			×	×	×						

注：“×”表示触头闭合。

开启电门锁 SK，指示灯 HL 亮，做好行驶启动准备。将方向开关 SA1 投向向前或向后位置，松开手刹车的拉杆及放开脚刹车，使行程开关 SQ3 闭合，然后轻踏回转式滑板控制器 SA1（LW5～15 型），使其触头 1、2 闭合。此时直流接触器 KM1 或 KM2 得电吸合，其辅助常开触头闭合，短接触头 2 并自锁。电动机 M1 在串联全部电阻 R（ZX—0.255Ω）和串励绕组 WSE11、

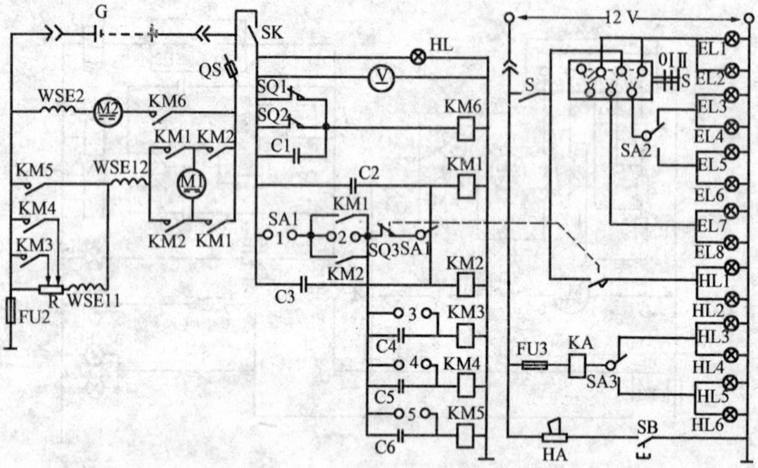

图6-1-14　1 t蓄电池铲车控制线路2

WSE12 的情况下做慢速运转；再经踏转换开关 SA1，使触头 3 闭合，接触器 KM3 得电吸合，短接 R 的第一级电阻（ZX—0.255Ω），使 M1 在串入第二级电阻（ZX—0.12Ω）和串励绕组的情况下中速运转；再往下踏，使触头 4 闭合，接触器 KM4 得电吸合，而将全部电阻切除，此时电动机 M1 串入串励绕组快速运转；下踏使触头 5 闭合，接触器 KM5 得电吸合，将全部电阻 R 和串励绕组 WSE11 切除，此时 M1 串联串励绕组 WSE12，以 1 500 r/min 的转速做全速运转。

油泵电动机 M2 的控制由接触器 KM6 及油泵限位开关 SQ1、SQ2 控制，操作时只需按使用要求拉或压分配阀的拉杆手柄，使连杆触及 SQ1 或 SQ2，接通接触器 KM6，M2 即运转。

只要将车灯开关 S 拉出或退入，使其后灯 EL1、EL2 及 EL7、EL8 亮灭。然后拨动变光开关 SA2，使其左、右内灯 EL3、EL4 或 HL5、HL6 变光。将转向开关 SA3 拨动左、右向位置，使其左向灯 HL3、HL4 或右向灯 HL5、HL6 闪烁。若车辆行驶中需要紧急刹车，只需踏下脚刹车，使其行程开关 SQ3 的常闭触头断开，

KM1 或 KM2 失电释放，M1 停转。同时 SQ3 常开触头又接通，指示灯 HL1、HL2（后刹车）发出红光指示。

（3）1 t 蓄电池铲车控制线路 3。1t 蓄电池铲车控制线路 3 如图 6－1－15 所示。表 6－1－2、表 6－1－3 分别表示凸轮控制器 SA1、SA2 触头闭合情况，M1 为 1. 35 kW 行驶电动机，M2 为 4 kW 油泵电动机。

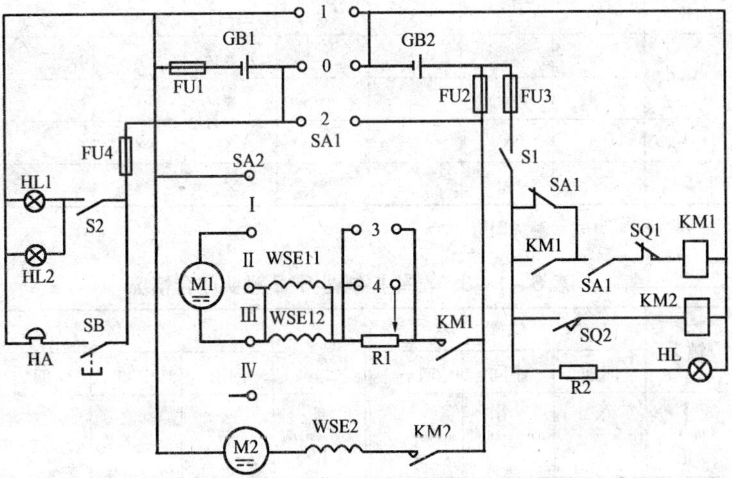

图 6－1－15　1 t 蓄电池铲车控制线路 3

1）行驶电动机 M1 的控制。铲车的前进与后退由凸轮控制器 SA2 换向手柄控制电动机 M1 的转子绕组与励磁绕组 WSE11、WSE12 的接线实现。车速由凸轮控制器 SA1 脚踏部分控制。当两组电瓶并联时，铲车为低速行驶，当两组电瓶串联时，铲车为高速行驶。电阻 R1 作为低速与高速行驶调速用。电池组的串并联均有控制器自动控制。

2）油泵电动机的控制。M2 由接触器 KM2 及微动开关 SQ2 控制。操作时只要按照要求，前推或后拉分配阀的手柄，使连杆触动开关即可操作 M2。

表 6－1－2　凸轮控制器 SA1 触头闭合情况

位置	触头符号					联锁触头符号	
	1	0	2	3	4	5	6
0		×					
1	×		×			×	×
2	×	×		×	×		
3	×		×	×	×	×	
中间	×		×		×	×	
					×	×	
4		×			×	×	
5		×		×	×	×	

注：“×”表示触头闭合。

表 6－1－3　凸轮控制器 SA2 触头闭合情况

触头	位置			触头	位置		
	向前	中间	向后		向前	中间	向后
Ⅰ	×			Ⅲ	×		
Ⅱ			×	Ⅳ			×

注：“×”表示触头闭合。

三、弧焊机电气线路

1. 弧焊机电气线路 1

接触器控制的弧焊机电气线路 1 如图 6－1－16 所示。当合上刀开关 Q 后，按下按钮 SB2，接触器 KM 得电吸合并自锁，其主触点接通交流电焊机电源，电焊机得电工作。当按下停止按钮 SB1 时，接触器 KM 断电释放，切断电焊机电源，电焊机停止工作。

2. BX1 系列交流弧焊机控制线路

BX1 系列交流弧焊机采用三铁芯柱的单相磁分路动铁芯式结

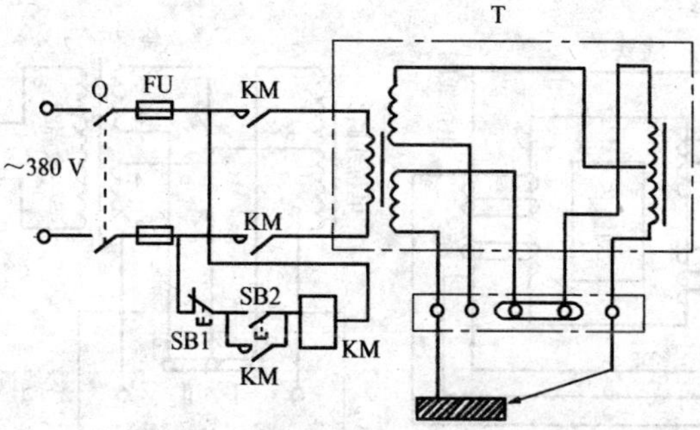

图 6-1-16　弧焊机电气线路 1

构，BX1 系列交流弧焊机控制线路如图 6-1-17 所示。由于磁分路动铁芯的存在，增加了漏磁通，增大了漏电抗。

工作时电抗线圈串联在二次绕组中，空载时绕组和电抗线圈不产生压降，输出空载电压高，容易起弧。焊接时焊接电流通过绕组和电抗线圈产生压降，从而获得所需的焊接特性。焊接电流的调节有粗调和细调两种。粗调可更换输出接线板上的连接片（1、2 端子连接时为Ⅰ接法，2、3 端子连接为Ⅱ接法），细调是转动焊机中部的手柄，以改变动铁芯的位置，即改变漏磁分路的大小，从而获得均匀的电流调节。

3. BX2 系列交流弧焊机控制线路

BX2 系列交流弧焊机采用同体组合电抗器式结构，控制线路如图 6-1-18 所示。铁芯像个“日”字，有上、下两个窗口，上窗口为电抗器铁芯，上轭一半可动，为动铁轭；下窗口为变压器铁芯。焊接电流的调节靠移动电抗铁芯上轭的可动部分以改变气隙距离，从而改变漏电抗大小，使焊接电抗改变。当铁芯间隙增大时，漏电抗变小，焊接电流变大；反之，则焊接电流变小。

除 BX2—500 型外，其余均在一次绕组上抽头并引至接线板上，通过接线片改接，以适应电网电压的波动。

4. BX3 系列交流弧焊机控制线路

BX3 系列交流弧焊机采用动圈式结构，控制线路如图 6 -

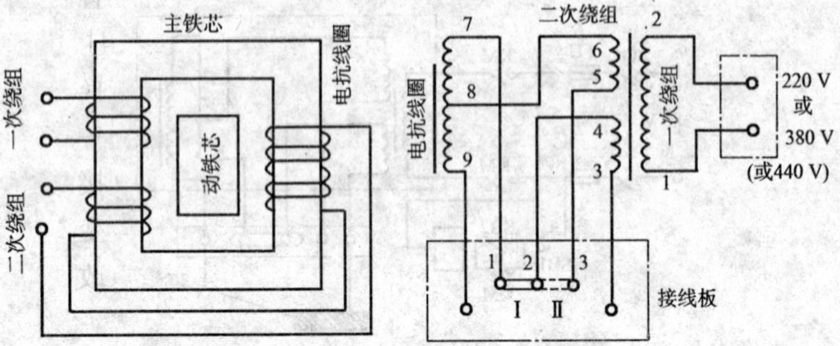

结构　　　　线路

图 6－1－17　BX1 系列交流弧焊机控制线路

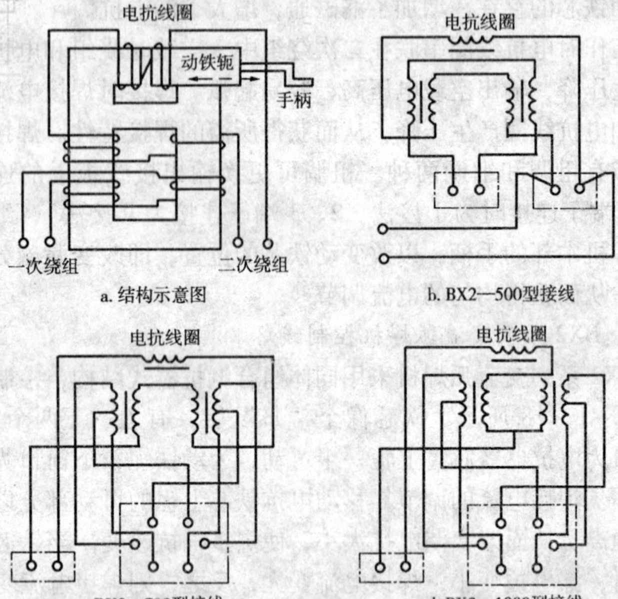

a. 结构示意图　　b. BX2—500型接线

c. BX2—700型接线　　d. BX2—1000型接线

图 6－1－18　BX2 系列交流弧焊机控制线路

1－19 所示。一次线圈在铁芯柱的底部，二次线圈装在铁芯柱上由非磁性材料做成的活动架上。转换开关转到“0”位置时，断开电源；转到“Ⅰ”或“Ⅱ”位置时为两种不同的绕组接法。

焊接电流的调节有粗调和细调两种。粗调可通过转换开关和更换输出接线板上的连接片；将绕组接成串联或并联，一、二次绕组串联为“Ⅰ”接法；一、二次绕组并联为“Ⅱ”接法。细调是转动手柄，使二次绕组和铁芯柱做上下移动，以改变一次与二次绕组间的距离，改变它们之间漏电抗的大小，从而改变焊接电流。

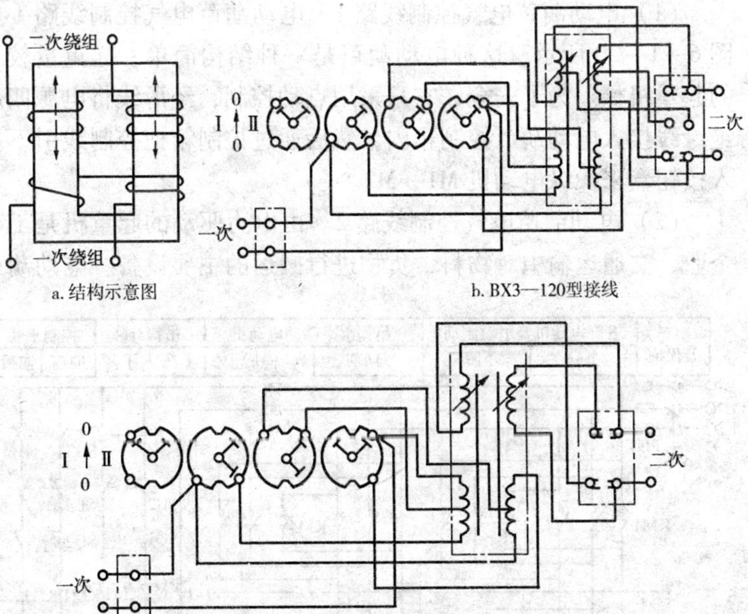

c. BX3—350/500型接线

图 6－1－19　BX3 系列交流弧焊机控制线路

四、起重机械电气线路

起重机械是一种用来起吊和放下重物在短距离内水平移动的

机械设备，被广泛应用于工矿企业、建筑工地、仓库、车站、港口等场所。它在促使生产过程机械化中起着重要作用，是现代化生产不可缺少的工具之一。

起重机械设备的电气控制线路较普通设备要复杂一些，其特点是空间跨度大、动态范围宽、保护较全面。对桥式起重机而言，它可以说是多方位控制设备，需要时刻考虑被吊物体与前后、左右、上下的关系，以及周围人员的进出等。

1. 电动葫芦电气控制线路

（1）电动葫芦电气控制线路 1。电动葫芦电气控制线路 1 如图 6－1－20 所示。这种电动葫芦是一种结构简单、起重量较小的起重机械。为了安全，它只采用点动控制，经滑线将电源四芯绝缘线接入电动葫芦控制箱内，然后通过控制箱把控制线引下接入按钮盒来操纵电动机 M1、M2。

（2）电动葫芦电气控制线路 2。由电力驱动的起重机是工矿企业、交通运输中对物料、货物进行搬运的主要设备。电动葫芦

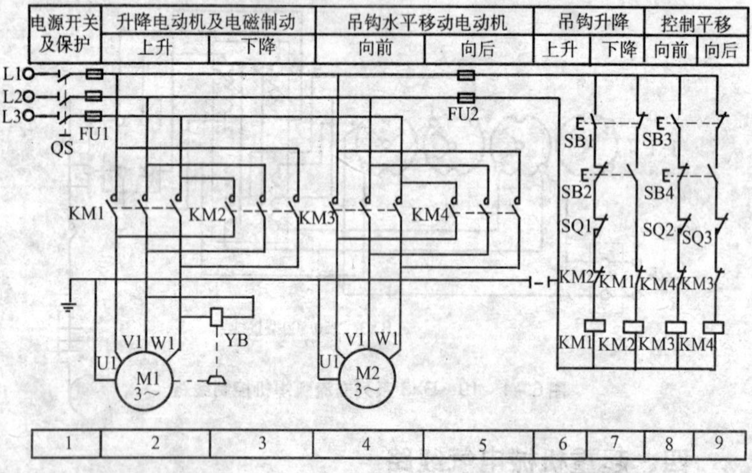

图 6－1－20　电动葫芦电气控制线路 1

起重机有两种类型：一类是没有行走机构固定安装的，只能用在固定场合；另一类是装有电动小车的，可安装在单梁桥（门）或起重机带曲线的单轨悬空工字梁上，它由集中驱动电动机、减速器、钢绳卷筒等组成，造型紧凑，操作方便，因此被广泛应用。由于该起重机的起重能力较小，因此驱动电动机都采用单速直接启动的锥形转子特殊电动机，以保证足够的制动力矩。锥形转子的作用是造成非均匀磁场，大端磁场弱，小端磁场强。当定子绕组通电时，转子将向带风扇的小端方向窜动，使转子的轴向弹簧受到压力，同时使带摩擦片的风扇与后端盖的锥面（或平圆环面）脱开，电动机即可运转。当定子绕组断电后，磁场消失，在弹簧作用下，转子被推回到大端方向，转子摩擦片与后端盖的锥面（或平圆环面）相摩擦而制动。图 6－1－21 为单梁桥（门）式电动葫芦起重机控制线路。表 6－1－4 为与之对应的主要元器件表。

图中 SB0 和 SB1～SB6 装在随车行走的悬挂按钮盒里，大车行走采用同型号、同规格电动机以及同时供电方式和点动控制方式，具有电气和机械联锁保护和超行程保护功能。当大车或吊钩

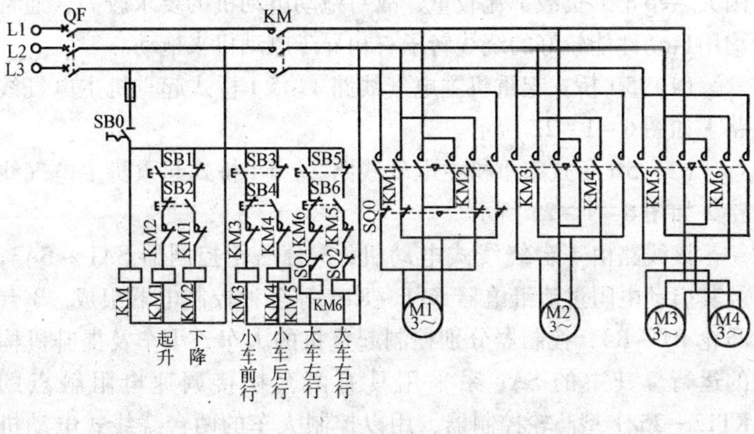

图 6－1－21　电动葫芦起重机控制线路 2

超过极限位置开关时，只能做相反方向的点动，到隔离开关复位后，才能恢复正常工作。

表6－1－4　主要元器件表

符号	名称及用途	符号	名称及用途
M1	吊钩驱动电动机	SB0	控制回路钥匙开关
M2	小车行走驱动电动机	SB1、SB2	吊钩上升/下降按钮
M3	大车左端行走驱动电动机	SB3、SB4	小车前行/后行按钮
M4	大车右端行走驱动电动机	SB5、SB6	大车左行/右行按钮
KM1、KM2	吊钩上升/下降接触器	SQ0	吊钩限位开关
KM3、KM4	小车前行/后行接触器	SQ1、SQ2	大车左行/右行限位开关
KM5、KM6	大车左行/右行接触器	QF	空气断路器
KM	电源接触器		

2. 桥式起重机电气线路

桥式起重机起重量大，并能在其活动范围内方便地搬运物品，因而普遍地被用于工矿企业的日常生产中。桥式起重机一般由主梁、大车电动机、主滑线、驾驶室、电阻箱、小车滑线架、小车及安装在其上的吊钩升降机构和小车运行机构等部分组成。因大、小车的负载都比较重，故对拖动电动机的要求较高，通常均用启动性能较好的绕线转子三相异步电动机来拖动。

(1) 5 t桥式起重机主电气线路1。5 t桥式起重机主电气线路1如图6－1－22所示。

(2) 5 t桥式起重机主电气线路2。5 t桥式起重机主电气线路2如图6－1－23所示。

该线路由4台绕线式电动机，3台凸轮控制器SA1～SA3，及其启动电阻过流继电器K11～K14等多种控制电器组成。3台凸轮R1～R4，控制器分别控制起重机的大车、小车及提升机构的运行。其中的SA1系采用具有两套换接调速电阻触点的KT12—25/1型凸轮控制器，用以控制大车的两台绕线式电动机调速。该线路适用于5 t/10 t桥式起重机的电气控制线路。

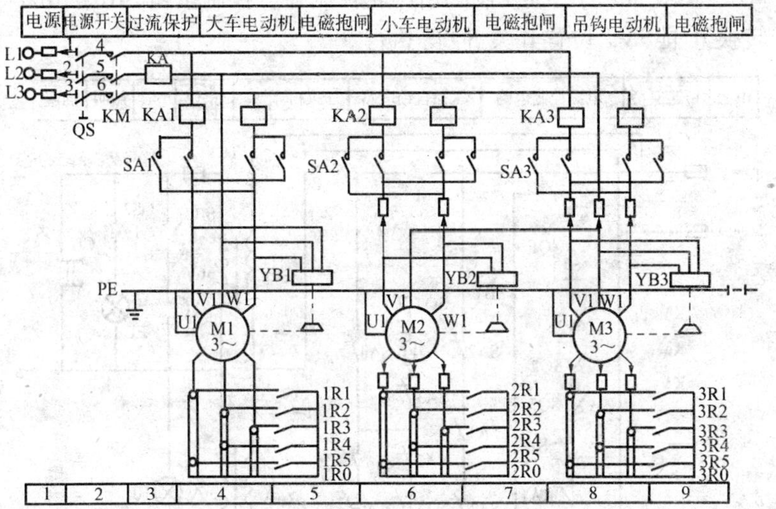

图6－1－22　5 t桥式起重机主电气线路1

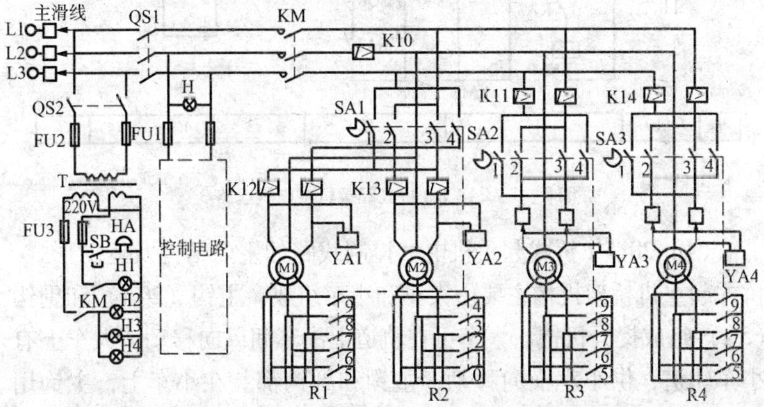

图6－1－23　5 t桥式起重机主电气线路2

(3) 5 t桥式起重机主电气线路3。5 t桥式起重机主电气线路3如图6－1－24所示。该起重机具有3台三相异步电动机M1、M2、M3，去完成拖动起重机前后、左右、上下的运动。

M1、M2、M3 的电气控制则由凸轮控制器，控制按钮 SB1、SB2，转换开关 SA，位置开关 SQ 等执行。

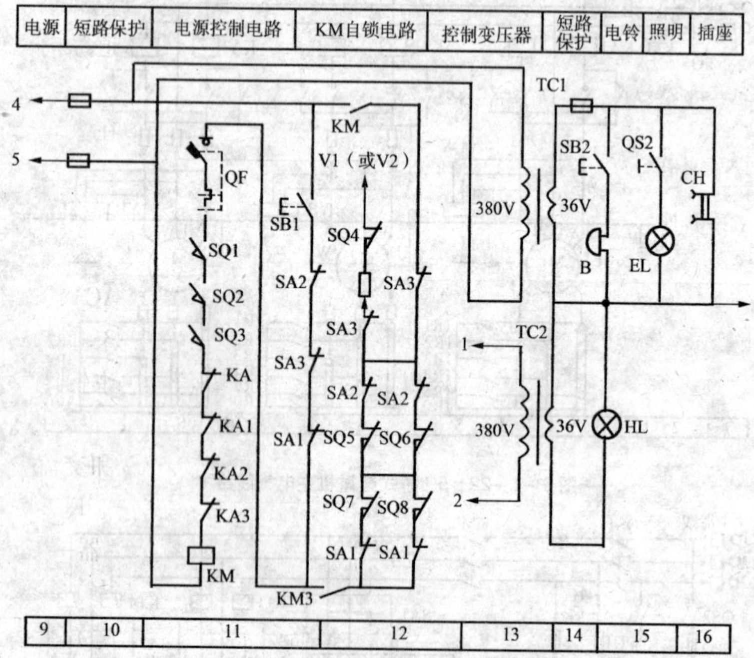

图 6－1－24　5 t 桥式起重机主电气线路 3

（4）20/5 t 桥式起重机电气控制线路的主要结构及运动形式。桥式起重机桥架机构主要由大车和小车组成，主钩（20 t）和副钩（5 t）组成提升机构。大车可在轨道上沿车间纵向移动；大车上有小车轨道，供小车横向移动；主钩和副钩都装在小车上，主钩用来提升重物，副钩除可提升重物外，在其额定负载范围内也可协同主钩完成工件吊运，但不允许主、副钩同时提升两个物件。每个吊钩在单独工作时均只能起吊重量不超过额定重量的重物，当主、副钩同时工作时，物件重量不允许超过主钩起重量。

20/5 t 桥式起重机电气控制线路如图 6－1－25 所示。

1）桥式起重机由 5 台电动机拖动，并且采用绕线式异步电动机拖动。

2）桥式起重机的大车桥架跨度一般较大，两侧装置两个主动轮，分别由同规格电动机 M3 和 M4 拖动，沿大车轨道纵向两个方向同速运动。

3）小车移动机构由 1 台电动机 M2 拖动，沿固定在大车桥架上的小车轨道横向两个方向运动。

4）主钩升降由 1 台电动机 M5 拖动，副钩升降由 1 台电动机 M1 拖动。

5）电源总开关为 QS1，凸轮控制器 AC1、AC2、AC3 分别控制副钩电动机 M1、小车电动机 M2、大车电动机 M3 和 M4，主令控制器 AC4 配合交流磁力控制屏（PQR）完成对主钩电动机 M5 的控制。

6）整个起重机的保护环节由交流控制柜（GQR）和交流磁力控制屏（PQR）来实现，各控制电路均用熔断器 FU1、FU2 作为短路保护；总电源及各台电动机分别采用过电流继电器 KA0、KA1、KA2、KA3、KA4、KA5 实现过载和过流保护；为了保障维修人员的安全，在驾驶室舱门盖上装有安全开关 SQ7；在横梁两侧栏杆门上分别装有安全开关 SQ8、SQ9；为了在发生紧急情况时操作人员能立即切断电源，防止事故扩大，在保护柜上还装有一只单刀单掷的紧急开关 QS4，上述各开关在电路中均使用常开触头，与副钩、小车、大车的过电流继电器及总过电流继电器的常闭触头相串联，当驾驶室舱门或横梁栏杆门开启时，主接触器线圈不能得电运行或在运行中释放，使起重机的全部电动机都不能启动运转，起到了保护作用。

7）起重机的移动部分均采用位置开关作为行程限位保护。

8）起重机的移动电动机和提升电动机均采用电磁抱闸制动器制动，它们分别是：副钩制动用 YB1，小车制动用 YB2，大车制动用 YB3 和 YB4，主钩制动用 YB5 和 YB6。其中 YB1 ~ YB4

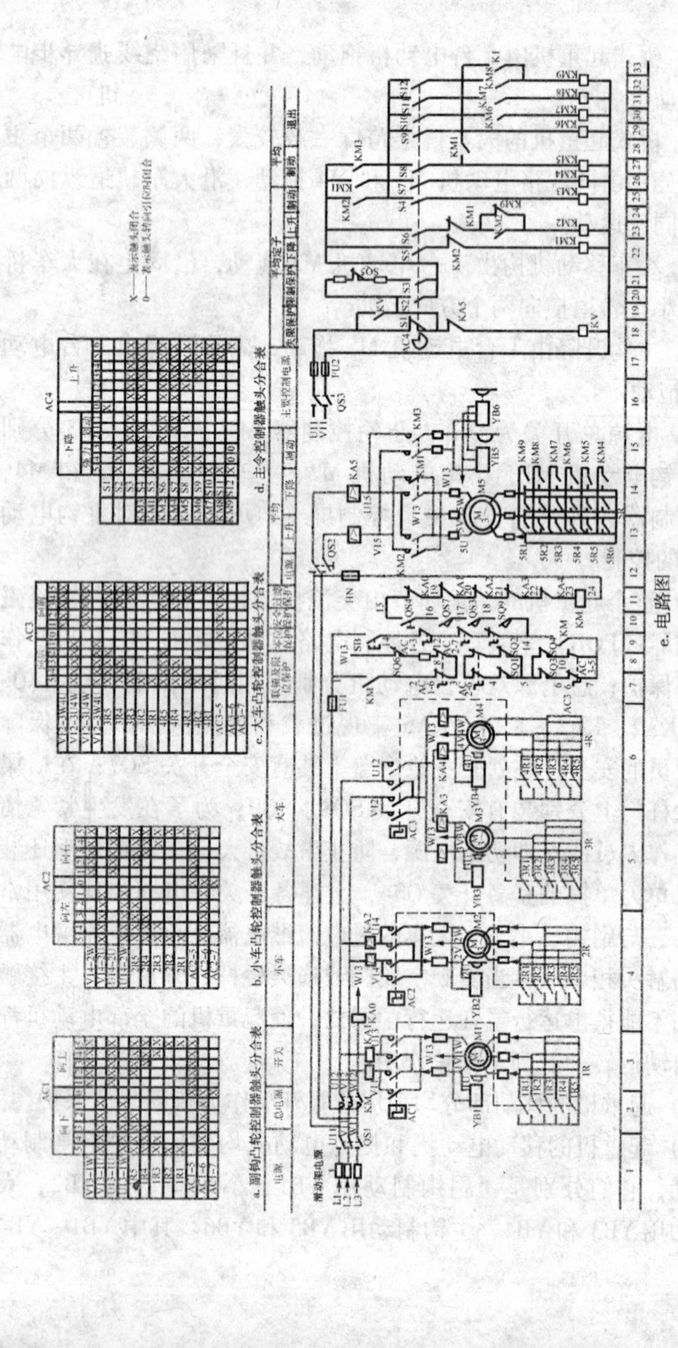

图6-1-25 20/5 t桥式起重机电气控制线路

为两相电磁铁，YB5 和 YB6 为三相电磁铁。当电动机通电时，电磁抱闸制动器的线圈得电，使闸瓦和闸轮分开，电动机可以自由旋转；当电动机断电时，电磁抱闸失电，闸瓦抱住闸轮使电动机被制动停转。

起重机轨道及金属桥架有可靠的接地保护。

五、水位、水泵、油泵和空压机电气控制线路

1. 水位、水泵电气控制线路

（1）水箱自动放水电气控制线路。水箱自动放水电气控制线路如图 6－1－26 所示。该线路主要由电源开关 QS，交流接触器 KM，三相异步电动机 M，中间继电器 KA1、KA2 及控制按钮 SB1、SB2 等组成。根据水箱水位的高低，由三极管 VT1、VT2 来控制中间继电器和接触器 KM 的通断，使电动机带动水泵向水箱外抽水或停止抽水。在运用中，若需要检修水位电气线路，则可将开关扳到手动位置，用手动操作控制电动机。

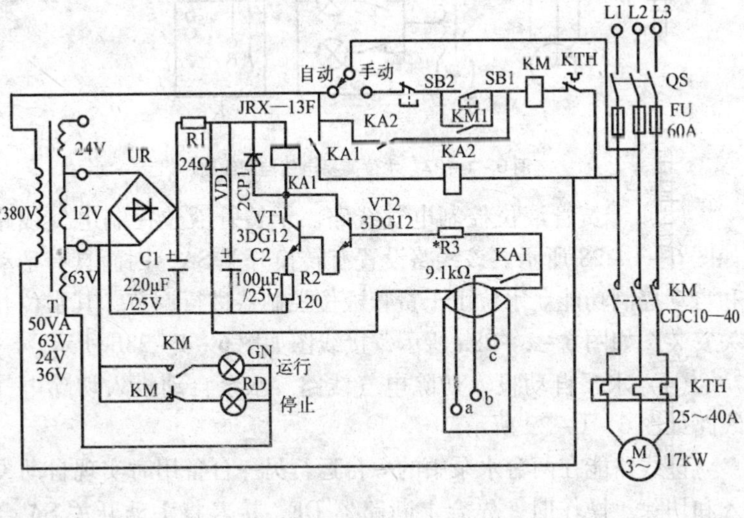

图 6－1－26　水箱自动放水电气控制线路

（2）水位简易电气控制线路。水位简易电气控制线路如图6-1-27所示。当合上开关S1、S2，交流接触器KM因中间继电器KA的常闭触头KA1闭合而得电吸合，至电动机M运转水泵抽水。在水塔水位达到C点时，则导通电极A、维持电极B、高水位电极C均通过水而导通，KA线圈得电吸合，KA1断开，KM线圈失电释放而水泵停止抽水。若水位下降至低于C点时，因KM的常闭辅助触点闭合，使KA线圈仍能维持吸合状态。只有在水位降到B点以下时，KA线圈的电流因无水不能导通时，KA就会失电释放，使KA1又恢复到常闭状态而令水泵抽水。

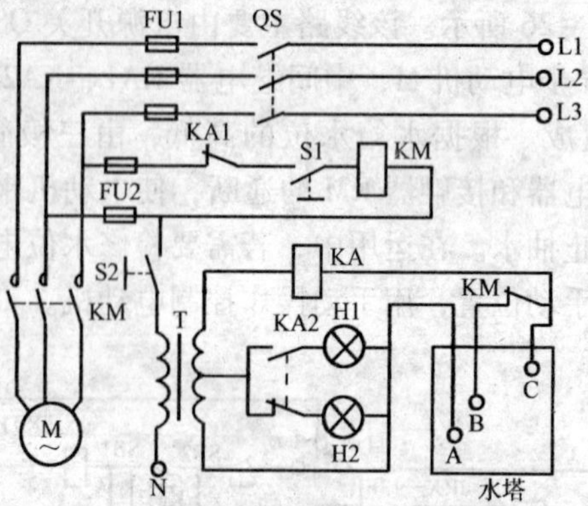

图6-1-27 水位简易电气控制线路

（3）干簧管液位控制电气线路。干簧管液位控制电气线路如图6-1-28所示。该线路设置有转换开关SA，因而具有手动和自动控制功能。水位由干簧管液位控制器进行调节，其水位开关安装图如图6-1-28a所示，接线图如图6-1-28b所示。

（4）水泵自动投入切除电气线路。水泵自动投入切除电气线路如图6-1-29所示。

该线路能在两台水泵中的一台运行另一台备用时实现自动投入和切除。操作时，先合上断路器QF，接着将手动开关SA合上，此时控制回路电源即已接通。若需启动第一台水泵电动机

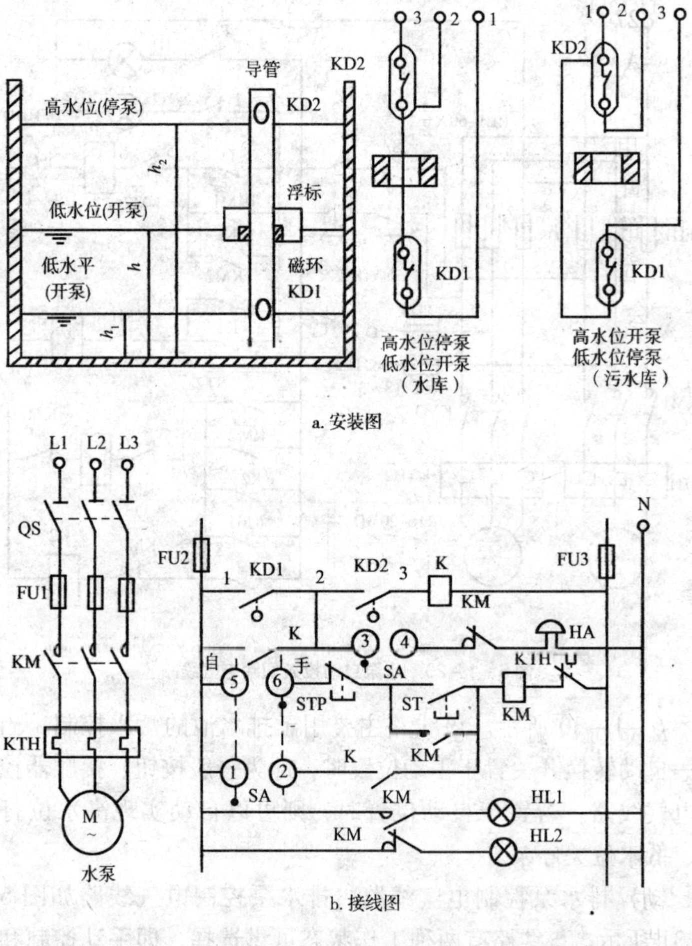

图 6－1－28　干簧管液位控制电气线路

M1，按下控制按钮 ST1，则交流接触器 KM1 得电吸合，水泵电动机即运转工作。停机时按下 STR 即可。如需启动水泵电动机 M2 时，则按下 ST2 即可。

（5）抽出式水位控制电气线路。抽出式水位控制电气线路

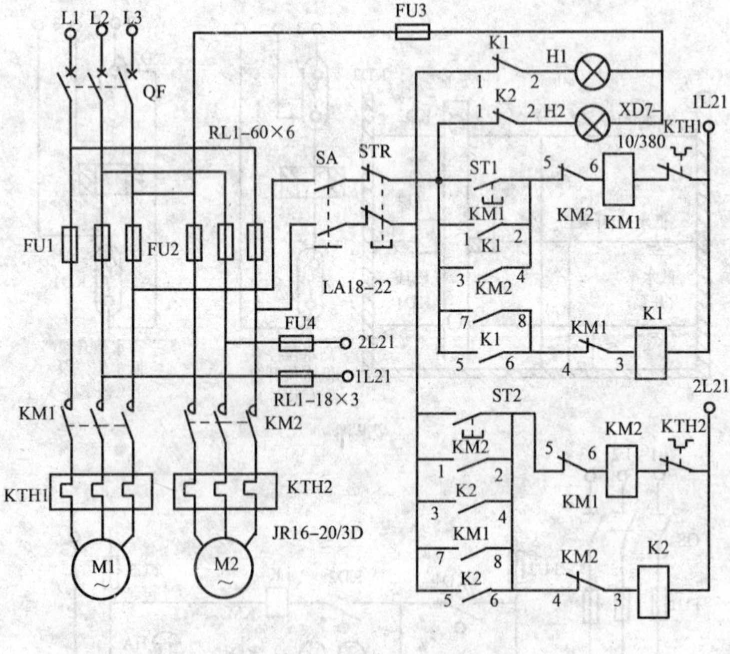

图 6-1-29　水泵自动投入切除电气线路

如图 6-1-30 所示。该线路主要用于排水池的污水控制。当手动—自动转换开关置于手动位置时，即为一般按钮、接触器控制的电气线路；若置于自动位置时，则可以自动实现高水位打开泵、低水位关停泵。

（6）排水泵控制电气线路。排水泵控制电气线路如图 6-1-31 所示。该线路有两种工作状态可供选择，即手动控制和自动控制。

手动工况：将单刀双掷开关 SA 置于“手动”位置，按下 SB1 时启动，按下 SB2 时停机。图中 HG 为绿色信号灯，点亮时表示接触器处于运行状态。

自动工况：将单刀双掷开关 SA 置于“自动”位置，当集水

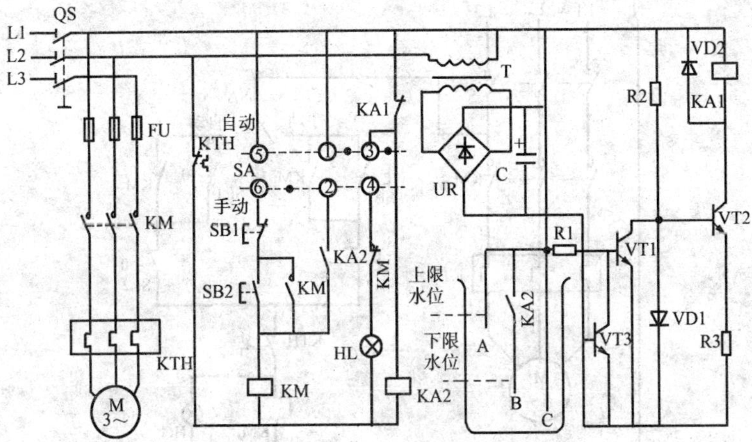

图 6－1－30　抽出式水位控制电气线路

井（池）中的水位到达高水位时，SL1 闭合，接触器 KM 的线圈得电动作并自锁，水泵电动机启动排水；待水位降至低水位时，SL2 动作，将其常闭触头断开，接触器 KM 的线圈失电复位，排水泵停止排水。

本线路手动、自动控制共用热继电器进行过载保护。当电动机出现过载时，热继电器 KTH 的常闭触头断开，接触器 KM 的线圈失电，水泵停止排水。

（7）水泵多地控制电气线路：

1）水泵多地控制电气线路 1。水泵多地控制电气线路 1 如图 6－1－32 所示。当多台大功率设备需要循环冷却水降温时，则可以考虑安装一台共用水泵，采用一机多地点控制的方式。即每个操作地点既可以单独开泵，也可以单独停机，操作十分灵便。该线路主要由电源开关 QF，交流接触器 KM，热继电器 FR，中间继电器 K1、K2，进水阀 YV1、YV2 和控制按钮 ST、STP 等组成。线路各个控制点的电路则完全一样。

2）水泵多地控制电气线路 2。水泵多地控制电气线路 2 如

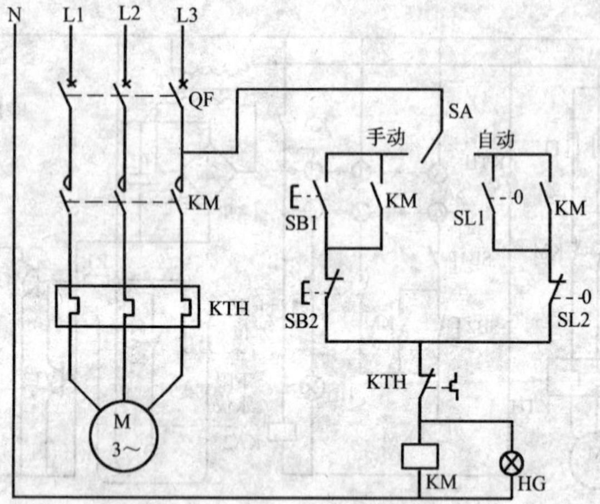

图 6－1－31 排水泵控制电气线路

图 6－1－33 所示。主电路包括电源开关 QF、交流接触器 KM 的主触头、热继电器 KTH 的元件和三相交流电动机 M 等。控制电路包括按钮 SB1～SB4、交流接触器 KM 的线圈和辅助触头、热继电器 KTH 的触头以及信号指示灯 HR、HG 等。

合上电源开关 QF 后，绿色指示灯 HG 点亮，表示电源供电正常。甲地控制由按钮 SB1、SB2 执行。按下开关 SB2 后，交流接触器 KM 的线圈得电吸合，其主触头闭合，电动机 M 启动运行；KM 的辅助触头闭合，实现自锁，红色指示灯 HR 点亮；KM 与 HG 串联的辅助触头断开，绿色指示灯 HG 熄灭。如果要停止排水，可在甲地按下 SB1，接触器 KM 的线圈失电，其主触头断开电动机电源，排水泵停止工作。

乙地控制由按钮 SB3、SB4 执行。按下开关 SB4 后，交流接触器 KM 的线圈得电动作，其主触头闭合，电动机启动运行。同样，KM 与 SB4 并联的辅助触头闭合，实现自锁，HR 指示灯亮；KM 与 HG 串联的辅助触头断开，HG 指示灯熄灭。

如果要停止排水，可在乙地按下 SB3，接触器 KM 的线圈失

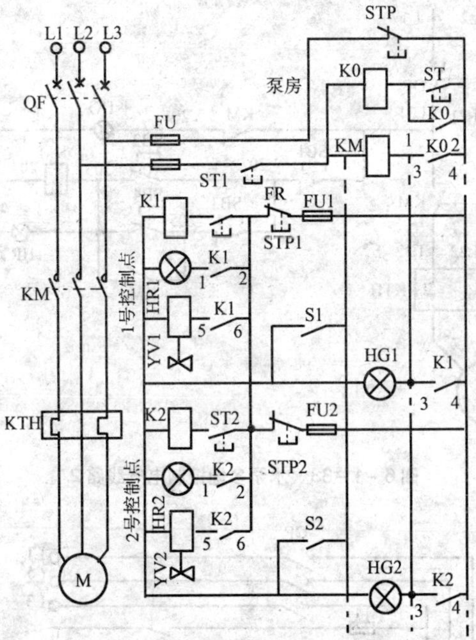

图6-1-32　水泵多地控制电气线路1

电，其主触头断开电动机电源，排水泵停止。

（8）自动增压给水设备单机自控电气线路。自动增压给水设备单机自控电气线路如图6-1-34所示。该线路能确保在水箱中装有充足的水时才工作，能在水箱压力表的上限与下限之间运行并做到全自动，具有断相保护、反映运行状态和灯光指示等功能。

（9）大型水塔水位自动控制电气线路：

1）大型水塔水位自动控制电气线路1。大型水塔水位自动控制电气线路1如图6-1-35所示。该线路设置有手动—自动转换开关SA，当将SA扳到“手动”位置时，电动机M将进行正常的启动，待降压启动过程结束，即自动投入运行。在转换开关SA扳到“自动”位置时，水位自动控制得电工作，它将指示

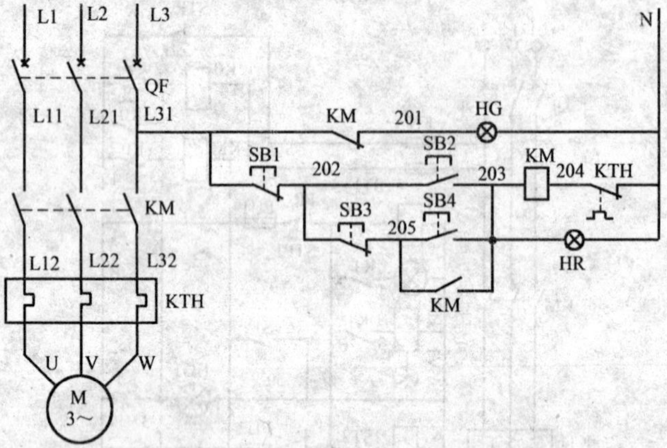

图6-1-33 水泵多地控制电气线路2

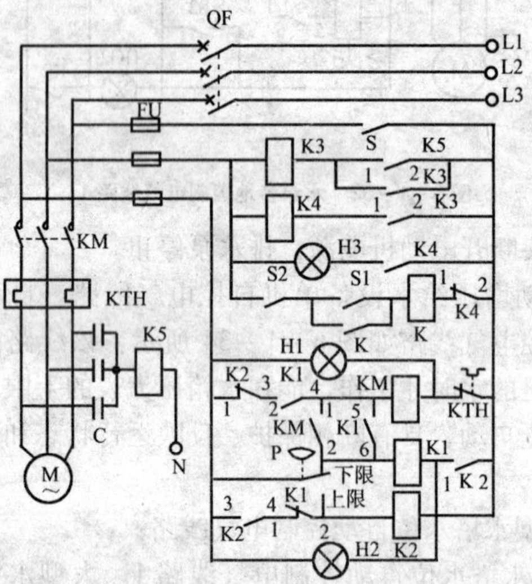

图6-1-34 自动增压给水设备单机自控电气线路

电动机配电柜对水位进行自动控制。

2）大型水塔水位自动控制电气线路2。大型水塔水位自动

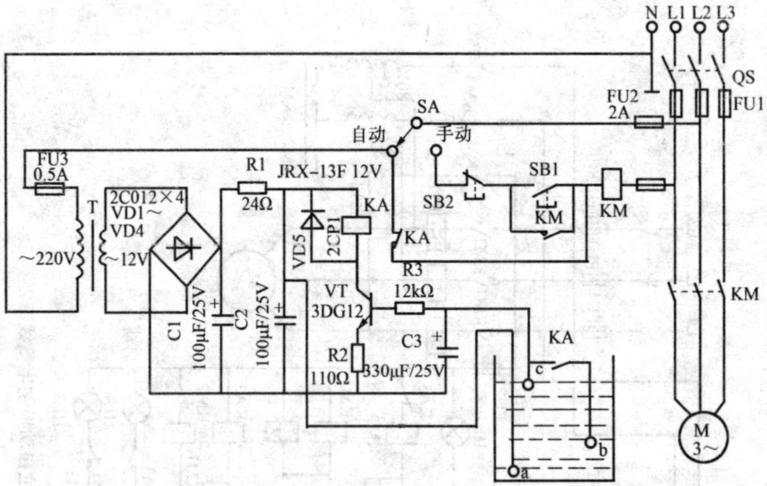

图 6－1－35　大型水塔水位自动控制电气线路 1

控制电气线路 2 如图 6－1－36 所示。该线路应用水位自动控制器来实现大型水塔的自动化供水。操作时，将开关 SA 扳到“手动”位置，电动机进行正常的降压启动后，即自动投入运行。当将开关 SA 扳到“自动”位置时，水位自动控制器得电后进入工作状态，自动对水泵电动机进行降压启动、正常运行、水满停机的各项控制，从而实现无人值守。

（10）水塔和水池联控、自控电气线路：

1）水塔和水池联控、自控电气线路 1。水塔和水池联控、自控电气线路 1 如图 6－1－37 所示。该线路可实现水塔水位下降到低水位，而蓄水池水位上升到高水位时，水泵能自动启动抽水，以及水塔水位上升到高水位或蓄水池水位下降到低水位时，水泵能自动停止抽水。线路设置有转换开关 SA，它具有两个挡位，通过 SA 可进行手动或自动控制。

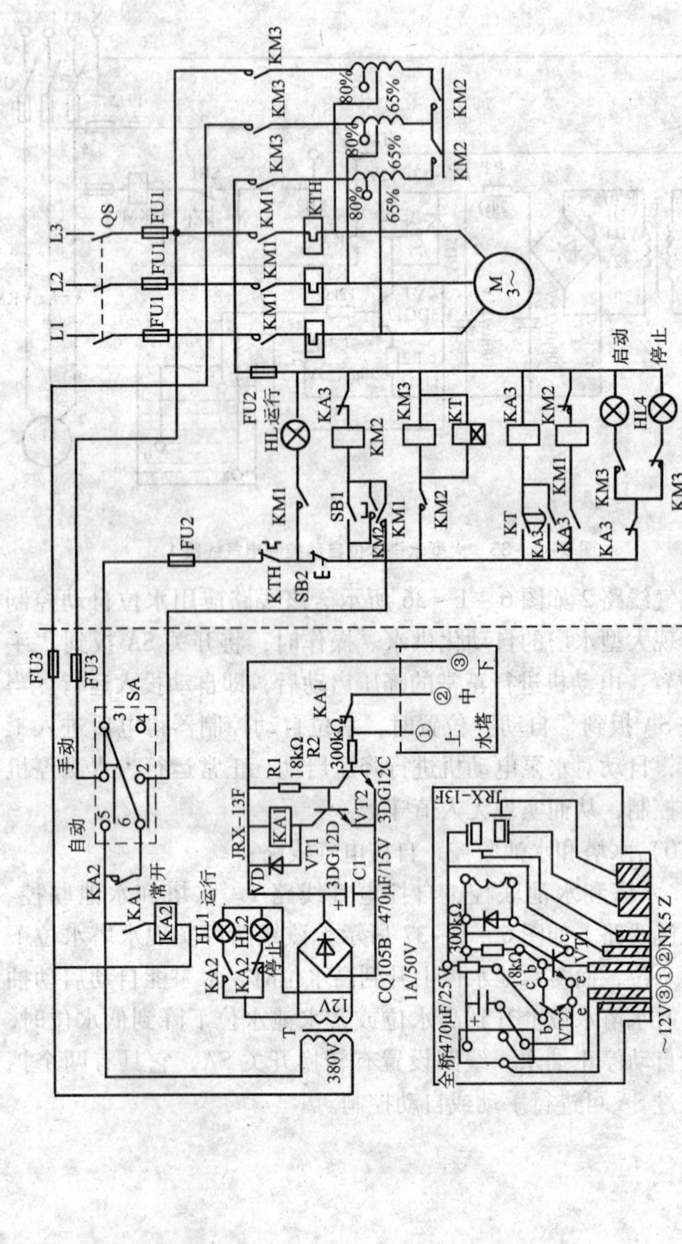

图6-1-36 大型水塔水位自动控制电气线路2

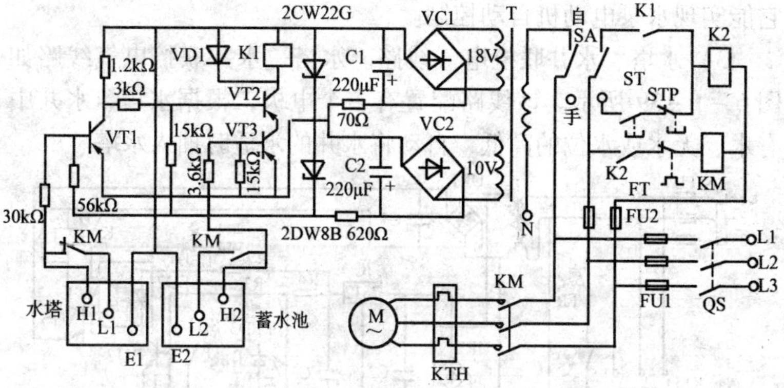

图 6－1－37 水塔和水池联控、自控电气线路 1

2）水塔和水池联控、自控电气线路 2。水塔和水池联控、自控电气线路 2 如图 6－1－38 所示。该线路能实现水塔、水池循环用水。为了节约用水及减少污染，某些用水量大的场所常采用循环用水的方式。即将用过的水流入水池做一般处理后，再用水泵抽至水塔重新使用。本线路即为循环用水控制的电气线路，

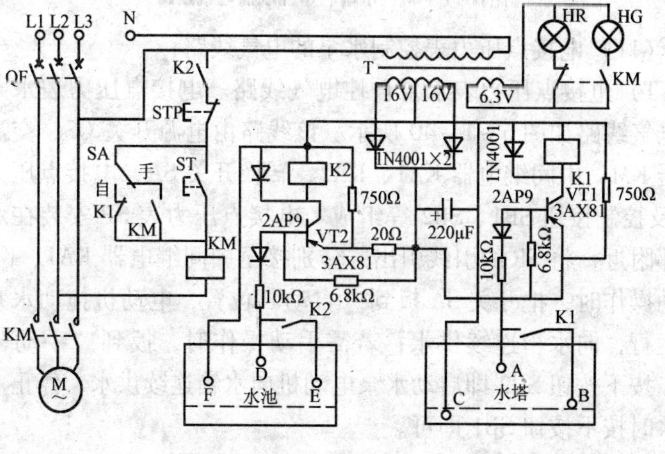

图 6－1－38 水塔和水池联控、自控电气线路 2

它能实现水泵电动机自动控制。

3）水塔、水井联控电气线路。水塔、水井联控电气线路如图 6-1-39 所示。该线路配置有多个电极，根据水塔、水井中有水、无水或水位的高低，自动将水井的水适时抽入水塔。

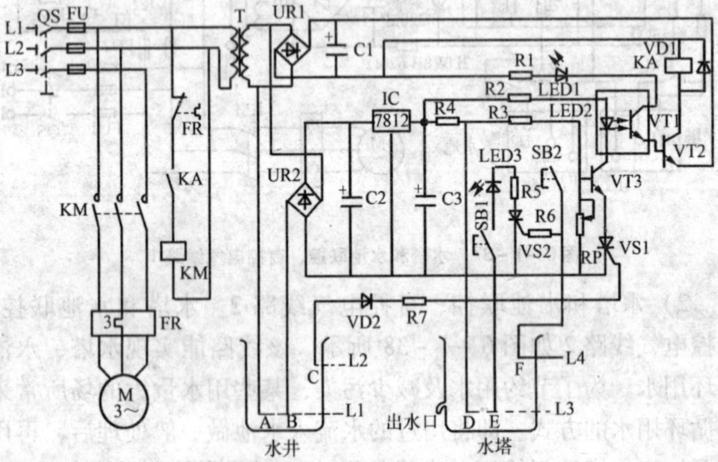

图 6-1-39　水塔、水井联控电气线路

(11) 电接点压力表控制水泵的电气线路：

1）电接点压力表水泵自控电气线路。电接点压力表水泵自控电气线路如图 6-1-40 所示。该线路由电源开关 QS，交流接触器 KM，中间继电器 KA1、KA2，转换开关 SA，电接点压力表 SP 及控制按钮 SB1、SB2 等组成。电接点压力表 SP 安装在水箱底部附近，将 SP 的引线引出并分别接至中间继电器 KA1、KA2。自动操作时，把开关 SA 扳到“自动”位置，电动机拖动水泵自动运行，向水箱连续供水；若需手动操作时，扳到“手动”位置，按下按钮 SB2 即启动水泵电动机向水箱连续供水，停止水泵供水时按下按钮 SB1 即可。

2）用电接点压力表实现水泵再启动的电气线路。用电接点压力表实现水泵再启动的电气线路如图 6-1-41 所示。该线路

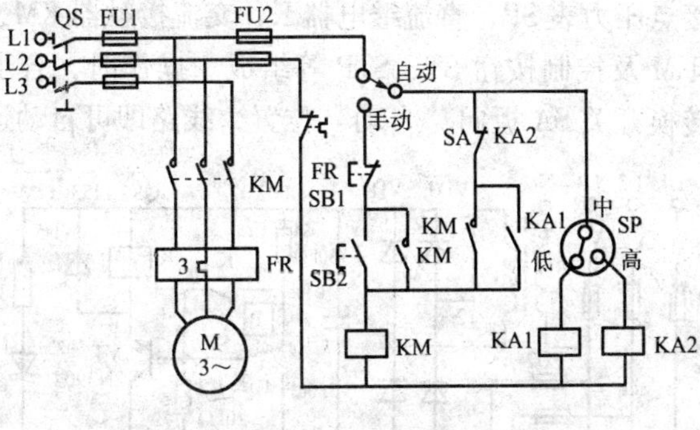

图6-1-40　电接点压力表水泵自控电气线路

可以解决因电网电压波动或瞬间失压，使水泵跳闸、断水等极易造成事故的现象。线路利用电网电压波动或瞬间失压时，水压并不会即时变为零压的特性，在总水管上安装一块 YX—150 型电接点压力表 PP，水压降到某一压力之前，如电源恢复供电，则线路就会及时启动水泵供水。

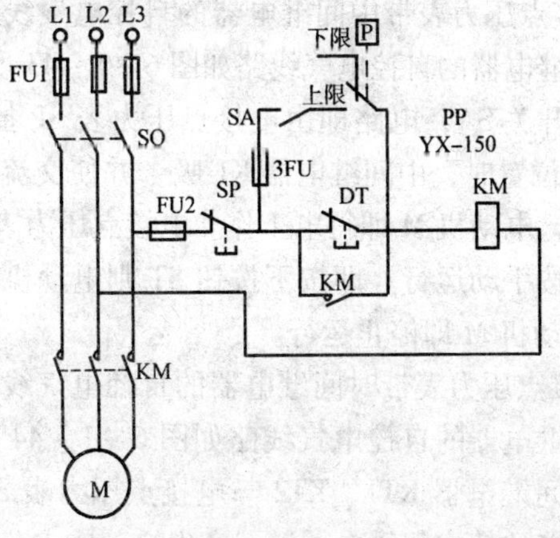

图6-1-41　用电接点压力表实现水泵再启动的电气线路

3）电接点压力表液位控制电气线路。电接点压力表液位控制电气线路如图 6-1-42 所示。该线路由断路器 QS、转换开关

SA、电接点压力表SP、直流继电器K、交流接触器KM、三相异步电动机M及控制按钮ST、STP等组成。操作时，合上断路器QS，将转换开关SA扳向“自动”位置，线路即可自动运行。

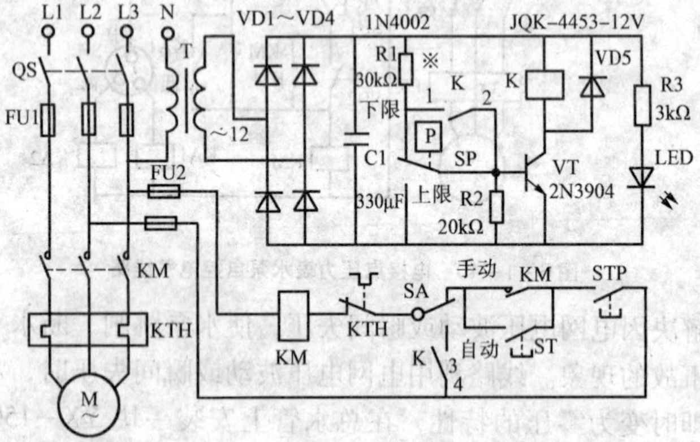

图6－1－42 电接点压力表液位控制电气线路

4）电接点压力表带中间继电器的自控电气线路。电接点压力表带中间继电器的自控电气线路如图6－1－43所示。操作时，先按下手动开关SA，电路即由电接点压力表SP控制。当SP处于“下限”位置时，中间继电器K1吸合并使交流接触器KM接着得电吸合，电动机M即得电工作。电接点压力表指向“上限”时，线路则按手动运行。即按下按钮ST则电动机启动，按下按钮STP时电动机M即停止运行。

5）电接点压力表带时间继电器的自控电气线路。电接点压力表带时间继电器的自控电气线路如图6－1－44所示。该线路应用两只时间继电器KT1、KT2与电接点压力表SP串联，从而克服了有可能致使中间继电器触点产生抖动或火花的现象，提高了线路的可靠性。

6）电接点压力表带双向晶闸管的自控电气线路。电接点压力表带双向晶闸管的自控电气线路如图6－1－45所示。该线路

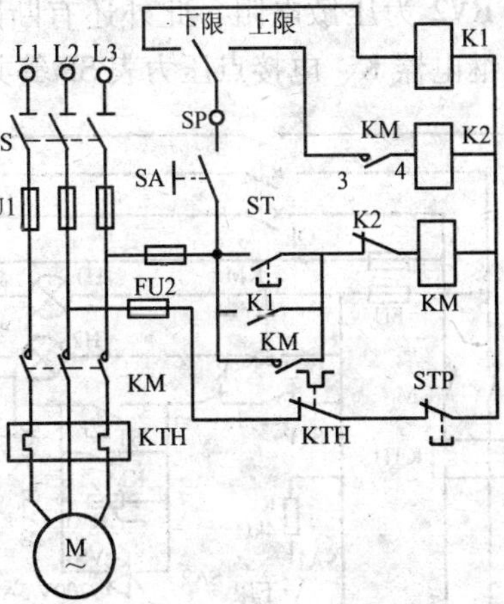

图6-1-43　电接点压力表带中间继电器的自控电气线路

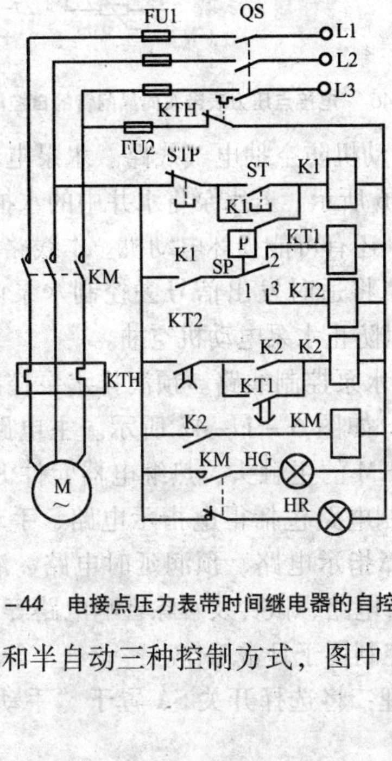

图6-1-44　电接点压力表带时间继电器的自控电气线路

具有自动、手动和半自动三种控制方式，图中 VS1、VS2 为双向晶闸管，RV1、RV2 为压敏电阻。此外还有断路器 QF、交流接触器 KM、中间继电器 K、电接点压力表 SP 等共同组成本线路。

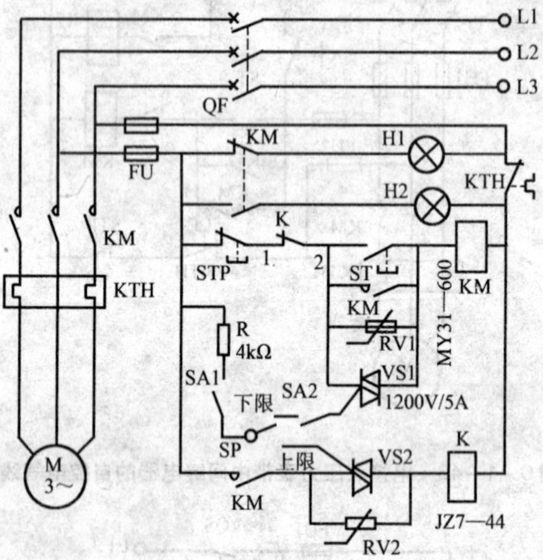

图 6-1-45 电接点压力表带双向晶闸管的自控电气线路

(12) 水泵电动机防空抽电气线路。水泵电动机防空抽电气线路如图 6-1-46 所示。若水泵将水井中的水抽干而仍在运转，则不仅浪费电能，还有可能损坏电动机。本线路在水井、出水口处均设置有电极，将适时发出信号去控制水泵电动机的启动运转、停止运行，以防止水泵电动机空抽。

(13) 预润排水泵控制线路。预润排水泵控制线路由主电路和控制电路组成，如图 6-1-47 所示。主电路包括电源开关 QF、交流接触器 KM 的主触头、热继电器元件 KTH 和三相交流电动机 M 等。控制电路包括得电指示电路、手动控制电路、运行指示电路、故障指示电路、预润延时电路、液位自动控制电路、最高液位报警电路、试铃及解除音响电路等。手动控制用于水泵检修，自动控制用于日常工作。

电路工作原理：将选择开关 SA 置于“手动”挡，触头①、

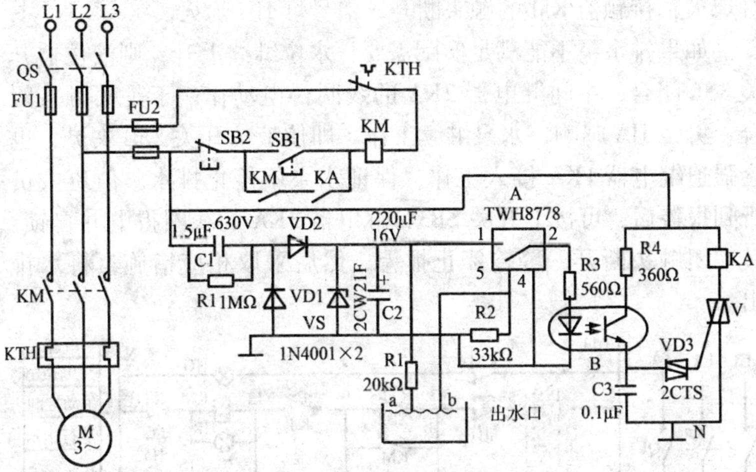

图 6-1-46　水泵电动机防空抽电气线路

②接通，电路进入热备用状态。当按下 SB2 按钮时，电磁阀 YV 得电开通水路，向水泵注水。时间继电器 KT 的线圈也同时得电，其常开触头闭合，延时开始。经过一定时间后，水泵里已注满水，时间继电器的延时常开触头接通，接触器 KM 的线圈得电吸合并自锁，指示灯 HR 点亮；接触器 KM 的主触头闭合，电动机开始运行；接触器 KM 的常闭触头断开，HY 信号灯熄灭；接触器 KM 的常闭触头断开，信号指示灯 HG 熄灭。

将选择开关 SA 置于“自动”挡，触头③、④接通，电路进入热备用状态。当集水池中的水位上升到起泵液位时，液位器开关 2SL 闭合，使中间继电器 1KA 的线圈得电吸合并自锁；1KA 的常开触头闭合，电磁阀 YV 得电开通水路，向水泵注水。时间继电器 KT 的线圈也同时得电，延时开始。经过一定时间后，水泵里已注满水，时间继电器 KT 的延时常开触头接通，接触器 KM 的线圈得电吸合并自锁，指示灯 HR 点亮；接触器 KM 的主触头闭合，电动机开始运行；接触器 KM 的触头断开，HY 信号灯熄灭；接触器 KM 的触头断开，信号灯 HG 熄灭。

如果排水泵不能满足实际需要，水位继续上升，则液位器开关 3SL 闭合，中间继电器 2KA 的线圈得电动作，于是其触头闭合，警铃 HA 鸣响，水泵继续工作。即使液位开关 2SL 失灵，也会强迫继电器 1KA 接入工作，保证水泵不停止排水。值班人员听到报警后，可按下开关 SB3，继电器 3KA 的线圈得电并自锁，其常闭触头断开，警铃停止报警，然后采取相应措施，将水排出。

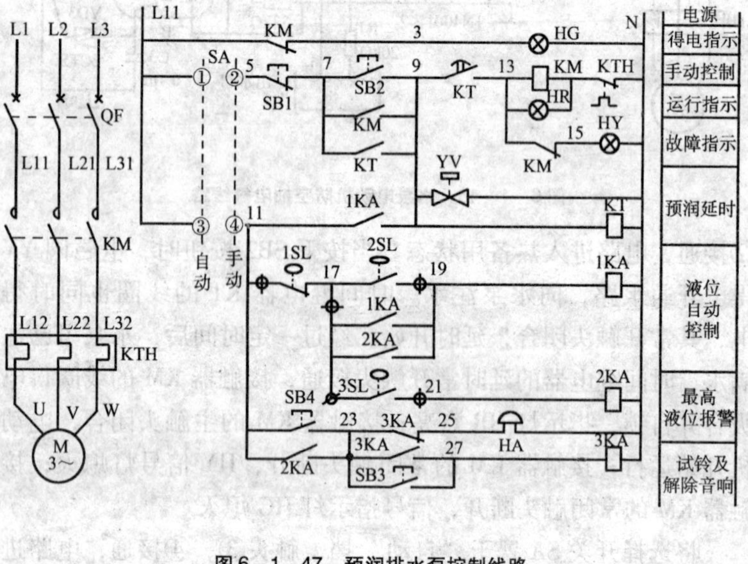

图 6-1-47　预润排水泵控制线路

（14）两台水泵控制线路。两台排污泵控制线路如图 6-1-48 所示。两台排污泵控制电路的结构完全相同，每台排污泵电路都由主电路和控制电路组成。主电路包括交流电动机 M1、M2，电源开关 QF1、QF2 以及交流接触器 KM1、KM2 的主触头等。控制电路包括主令开关、控制按钮 SB1 ~ SB4、信号指示灯 HG1 ~ HG4 以及交流接触器 KM1、KM2 的线圈等。

电路工作原理：主电路利用断路器的复式电磁脱扣器进行电动机过电流及过载保护，省掉了热继电器。接触器用来接通或断开排污泵电源。

利用 SA 开关，可选择 M1 水泵中水位启动、M2 水泵高水位同时启动，或选择 M2 水泵中水位启动、M1 水泵高水位同时启动。在中水位时一泵运行，高水位时两泵运行，低水位时两泵都停止运行。SA 开关选择中间挡位时，两台水泵可进行人工控制。

图中 HG2、HG4 可集中安装在一个箱内，放在水泵值班室内，用于排污泵的运行和漫水信号监视。其余元器件安装在另一个箱内，设置在排污泵附近，供操作和维护使用。

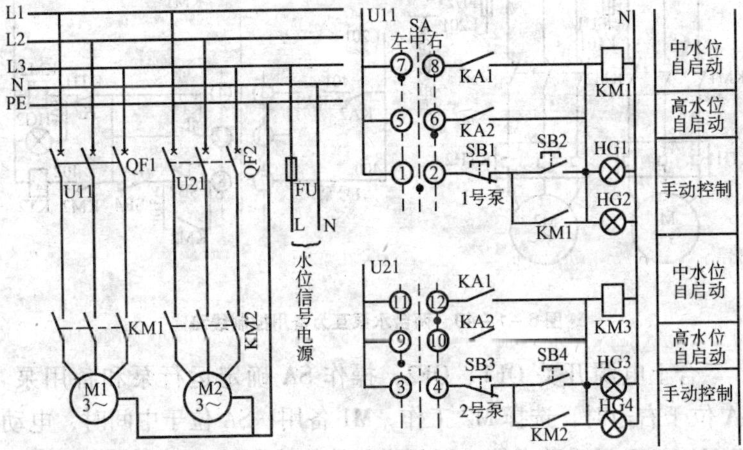

图 6－1－48　两台排污泵控制线路

（15）两台水泵互为备用控制线路。两台水泵互为备用控制线路由主电路和控制电路等组成，如图 6－1－49 所示。每台水泵的主电路和控制电路完全相同。主电路包括电源开关、交流接触器主触头、热继电器元件和三相交流电动机等。控制电路包括选择开关、交流接触器线圈、时间继电器、控制按钮、水位信号控制触头以及信号指示灯等。

电路工作原理：图 6－1－49 中采用对应的控制电路，电源开关 QF1、QF2 断开时，L101、L201 均断电，交流接触器 KM1、KM2 均不能工作。水位信号电路采用如图 6－1－50 所示的 GSK 互为备用水位信号电路或图 6－1－51 所示的互为备用 UDK—121 水位信号电路。

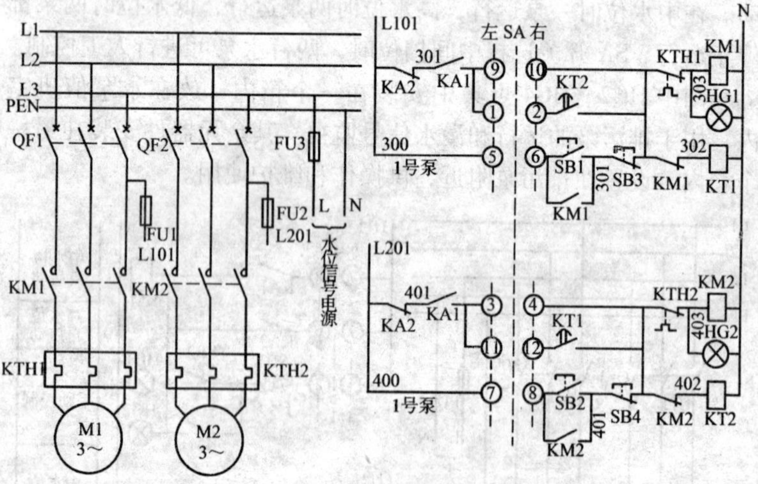

图 6－1－49　两台水泵互为备用控制线路

合上电源开关 QF1、QF2，操作 SA 确定运行泵和备用泵。SA 位于右边时，选择 M2 工作，M1 备用；SA 位于中间时，电动机 M1、M2 可手动启停，以便进行检修或调试；SA 位于左边时，选择 M1 工作，M2 备用。

当储水池水位超过最低水位时，继电器 KA2 不动作，其常闭触头处于闭合状态。高位水箱或水塔中的水处于低水位时，KA1 的触头（301—①）、（401—③）闭合，允许 M1 或 M2 启动。这时如果开关 SA 选择“右”挡，则接触器 KM2 的线圈得电动作，其主触头闭合，M2 水泵得电运行；KM2 的触头（④—402）断开，禁止时间继电器 KT2 工作。若电动机 M2 因故障停机，则继电器 KA1 的触头（401—③）、KA2 的触头（400—401）、SA 的触头（③—④）及 KM2 的常闭触头（④—402）都处于闭合状态，时间继电器 KT2 的线圈得电，延时开始。延时结束后，KT2 的延时常开触头（⑩—②）闭合，接触器 KM1 的线圈得电动作，使水泵 M1 代替 M2 运行。当高位水箱或水塔中的水到达高水位时，KA1 的触头（301—①）断开，M1 停止运行。

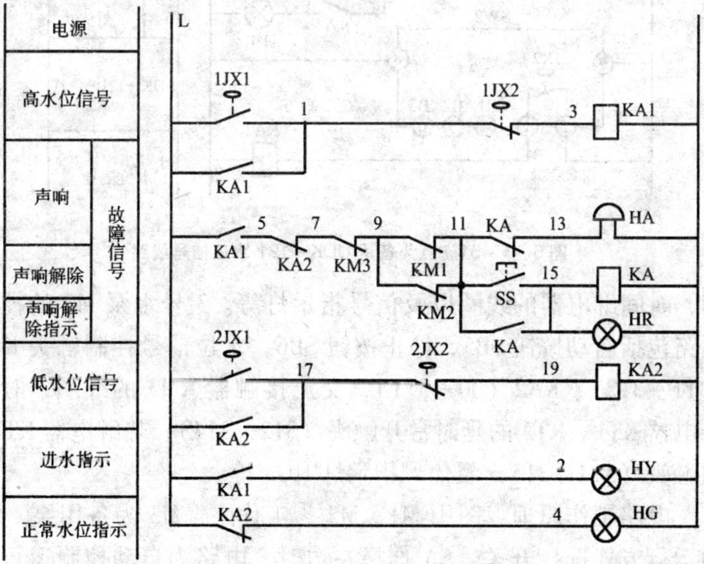

图 6－1－50　GSK 互为备用水位信号线路

（16）二用一备水泵控制线路。二用一备水泵控制线路如图 6－1－52 所示。该线路由主电路和控制电路组成，3 台水泵的主电路是一样的，每台水泵的主电路包括电源开关、交流接触器的主触头、热继电器的热元件和三相交流电动机等。3 号水泵中有两台的控制电路是一样的，这两台水泵的每一个控制电路都包括启、停按钮，水位信号控制触头 KA1、KA2，交流接触器的线

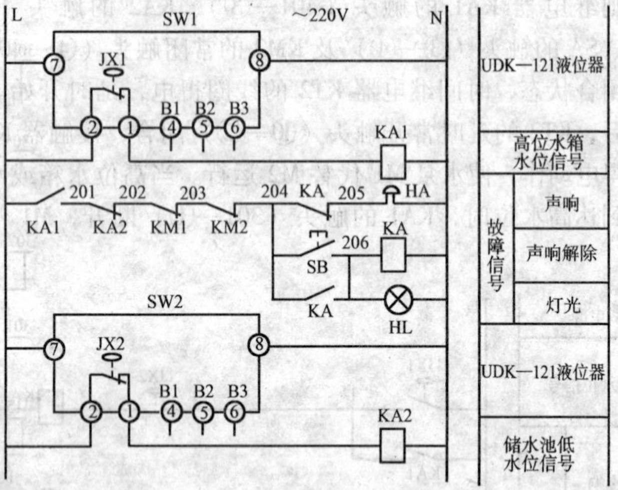

图 6－1－51 互为备用 UDK—121 水位信号线路

圈，时间继电器的线圈以及信号指示灯等。3 号水泵 M3 的控制电路包括启动按钮 SB5，停止按钮 SB6，水位信号控制触头 KA1（311—312）、KA2（⑩—311），交流接触器 KM3 的线圈，时间继电器 KT1、KT2 的延时常开触头（312—314），热继电器 KTH3 的触头（314—315）及信号指示灯 HG3 等。

电路工作原理：图中 M1、M2 为工作泵，M3 为备用泵，SA 为运行方式选择开关。SA 选择左边时，电路为自动控制运行方式；SA 选择右边时，电路为手动控制运行方式；SA 位于中间时，电路停止使用。

SA 位于“自动”位置时，触头（①—②）、（⑤—⑥）、（⑨—⑩）接通。如果水泵 M1 发生故障，则 KTH1 的触头（303—304）断开，接触器 KM1 的线圈失电复位，其与 KT1 串联的辅助触头（303—305）接通，时间继电器 KT1 的线圈得电动作，其延时常开触头（312—314）闭合，接触器 KN3 的线圈得电动作，其主触头闭合，接通主回路，M3 启动代替 M1 工作。

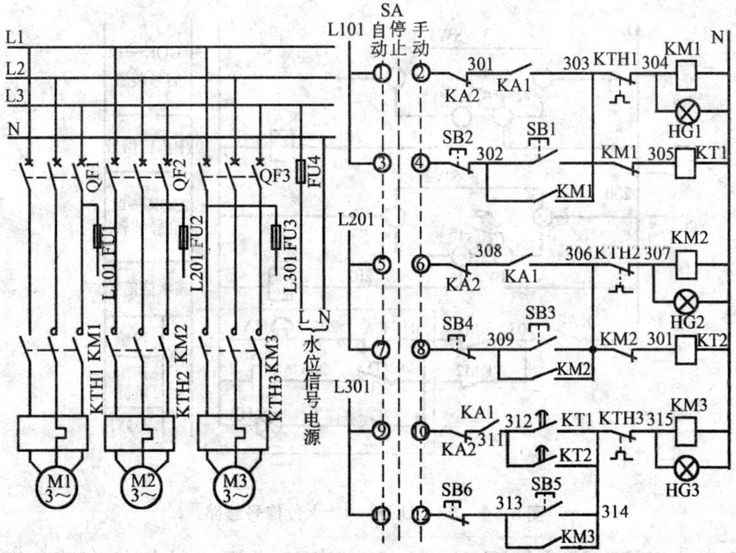

图 6－1－52　二用一备水泵控制线路

如果 M2 发生故障，则热继电器 KTH2 的触头断开，接触器 KM2 的线圈失电复位，其与 KT2 线圈串联的辅助触头（306—310）接通，时间继电器 KT2 的线圈得电动作，其延时常开触头（312—314）闭合，KM3 得电动作，其主触头闭合，接通主回路，M3 启动代替 M2 工作。

SA 位于“手动”挡时，其触头（③—④）、（⑦—⑧）、（⑩—⑥）接通。3 台水泵可以同时使用，也可以任意选用。按钮 SB1、SB3、SB5 用于启动电动机，SB2、SB4、SB6 用于停机操作。

图中 KA1、KA2 的水位控制信号由图 6－1－53 所示 UQK—12 水位信号线路提供。

2. 油泵控制线路

（1）常用液压机用油泵电动机控制线路。常用液压机用油

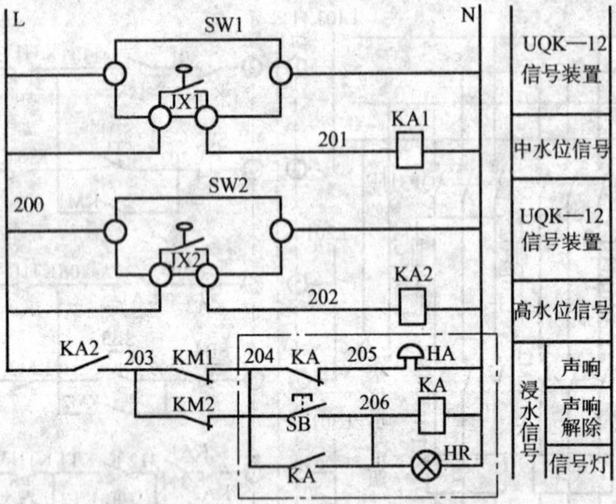

图 6－1－53　UQK—12 水位信号线路

泵电动机控制线路如图 6－1－54 所示，它无失控保护电路。通过转换开关 SA，可实现手动和自动控制。通过电触头压力表 KP，使管路中的压力维持在高、低设定值之间。

将转换开关 SA 转到“自动”位置，开始时管路中的压力低、电触头压力表 KP 的动针与低位触头接通（1—2 触头闭合）。合上电源开关 QS 后，继电器 KA1 线圈得电自锁→KA1 常开触头闭合→接触器 KM 线圈得电→KM 主触头闭合→电动机启动、运行，管路压力增加到高压设定值时，KP 动针与高位触头接通（1—3 触头闭合），继电器 KA2 线圈得电，KA2 常闭触头断开，KM 线圈失电，KM 主触头复位，电动机停转；KA2 常闭触头断开，KA1 线圈失电，触头复位；KA2 常开触头闭合，自锁。

管路压力下降后，KP 的动针与高位触头断开（1—3 触头断开），KA2 线圈失电，触头复位，为 KM 得电做准备。当管路压力下降到低位设定值时，KP 的动针与低位触头又接通（1—2 触头闭合），重复上述过程，从而使管路中的压力维持在高、低设定值之间，实现自动控制。欲手动控制时，将 SA 转换到“手动”位置，用启动按钮 SB2 和停止按钮 SB1 控制即可。

该电路的不足之处是：由于电触头容量小，在继电器线圈启动电流频繁冲击下，较易损坏，使动静触头粘连在一起，从而造成失控。若不及时发现，会使电动机或油缸损坏，并严重影响产品质量。

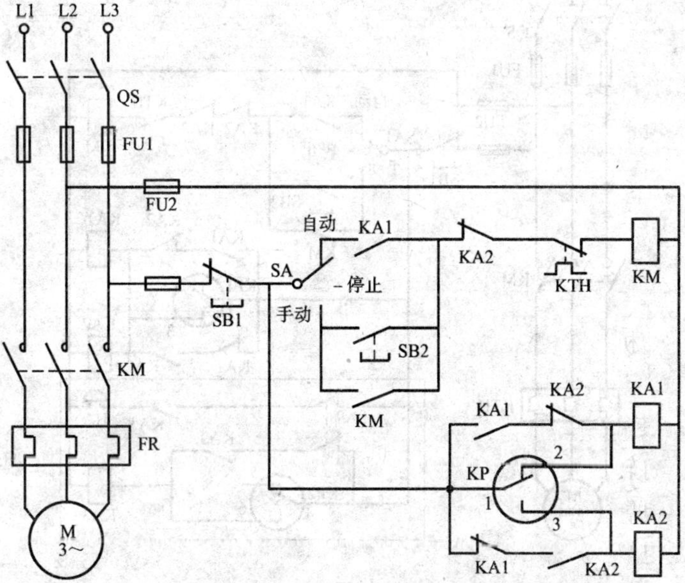

图 6-1-54　常用液压机用油泵电动机控制线路

（2）带失控保护的液压机用油泵电动机控制线路。带失控保护的液压机用油泵电动机控制线路如图 6-1-55 所示。它是在图 6-1-54 的基础上增加一保护电路（如点画线框中所示）。

图中 KP2 为保护用的电触头压力表，将其高限位调整于工艺所允许的最高压力。平时，由 KP1 随时调整工艺所需要的高、低压力，并使管路中的压力维持在高、低设定值之间，实现自动控制。一旦 KP1 损坏，管路压力超过高位设定值并继续增加，达到工艺所允许的最高压力时，KP2 的动针与高位触头接通（4

－6 触头闭合)，中间继电器 KA3 线圈得电、吸合并自锁，其常闭触头断开，接触器 KM 线圈失电，主触头复位及时断开电动机电源，同时电铃 HA 发出报警声，告诉操作者前来处理。拉开开关 SA2，电铃停止发声。

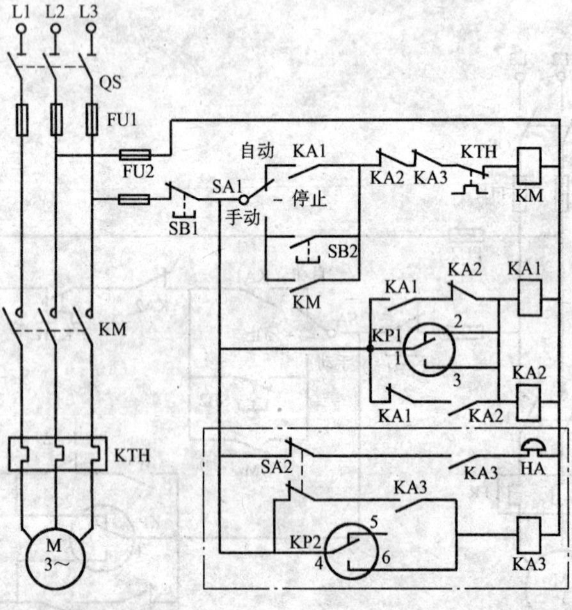

图 6－1－55　带失控保护的液压机用油泵电动机控制线路

(3) 常用压机用油泵电动机电气线路。常用压机用油泵电动机电气线路如图 6－1－56 所示。该线路无失控保护电路，它通过转换开关 SA 即可实现手动和自动控制。当实行手动控制时，将转换开关 SA 置于“手动”位置，用启动按钮 SB1 和停止按钮 SB2 进行控制即可。

(4) 液压压力自控电气线路。液压压力自控电气线路如图 6－1－57 所示。该线路由电源开关 QS、电接点压力表 SP，电动泵 M，交流接触器 KM，中间继电器 K1、K2、K3，电磁阀 YV1、

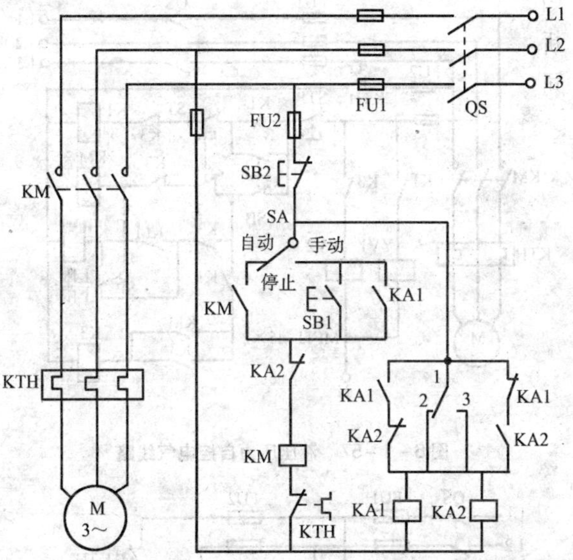

图 6－1－56　常用压机用油泵电动机电气线路

YV2 以及控制按钮 ST、STP、SB 等组成。线路工作时，首先将电接点接“上限”或“下限”处，然后按下启动按钮 SB，得电吸合，电动泵 M 即进入运转。同时交流接触器 KM 也被锁定，电磁阀 YV1 开通。经线路的自控过程使液压压力基本稳定在预定值的上、下限之间。

3. 空压机电气控制线路

（1）小型空压机电气线路。小型空压机电气线路如图 6－1－58 所示。该线路由三相异步电动机 M、压力传感器 SP、中间继电器 KA、交流接触器 KM 及控制按钮 SB1、SB2 等组成。它通过安装在储气罐上的压力传感器 SP 的压力指示，使自动控制电动机启动、停止，以保证空压机始终保持额定供气压力。

（2）具有保护功能的空压机电气线路。具有保护功能的空压机电气线路如图 6－1－59 所示。在工厂中空压机是较常用的

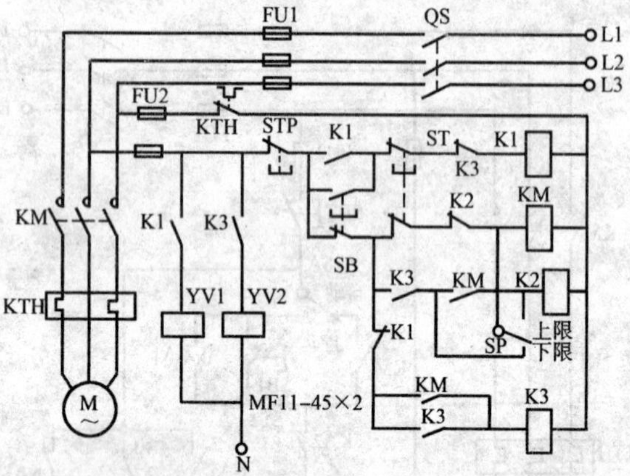

图6-1-57 液压压力自控电气线路

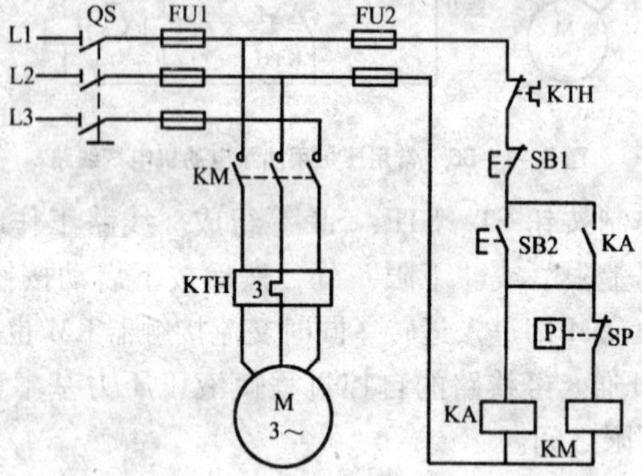

图6-1-58 小型空压机电气线路

机电设备，通常它们均由电接点压力表进行控制。该线路由电动机 M、交流接触器 KM、中间继电器 KA、电接点压力表 KP、转换开关 QF 及控制按钮 SB1、SB2 等组成。该线路可防止电接点压力表动、静触头黏结或打断的故障，因而可以保护电接点压力表，使空压机能得以可靠运行。

（3）带失控保护的空气压缩机控制线路。带失控保护的空

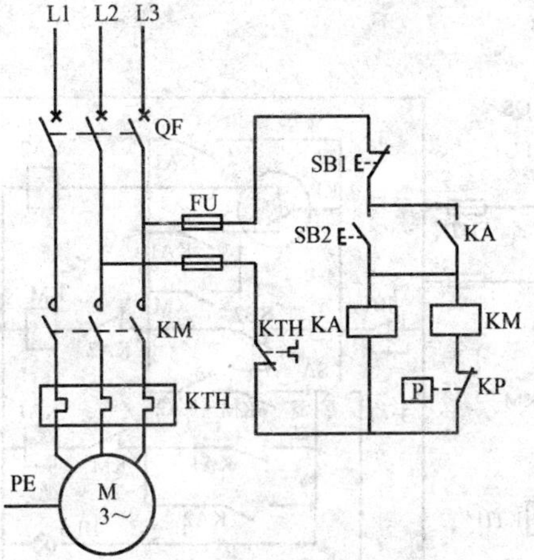

图 6－1－59　具有保护功能的空压机电气线路

气压缩机控制线路如图 6－1－60 所示。该线路能防止电触头压力表动、静触头粘连或打断引起的故障，从而保护电触头压力表，使空气压缩机能安全、可靠运行。

合上电源开关 QS，将转换开关 SA 转到“自动”位置，按下启动按钮 SB2，接触器 KM 线圈得电，吸合并自锁，KM 主触头闭合，空压机启动运行。当空气压力达到上限值时，电接点压力表 KP 的 1—2 触头闭合。中间继电器 KA2 线圈得电，KA2 常闭触头断开，KM 线圈失电，KM 主触头复位，空压机停止工作；KA2 常开触头闭合，中间继电器 KA1 线圈得电，触头吸合并自锁，KA1 常开触头闭合，将 KP 的 1—3 触头短路。当空气压力下降到下限值时，KP 的 1—2 触头闭合，KM 线圈得电，吸合并自锁，空压机又启动运行，KM 常闭辅助触头断开，KA1、KA2 线圈先后失电，触头复位。空气压力上升后，KP 的 1—2 触头断开，KM 线圈通过 KA2 常闭触头和自己的自锁触头保持得电吸合，空压机继续运转，直到空气压力达到上限值时，KP 的 1—3 触头闭合，开始新的循环。

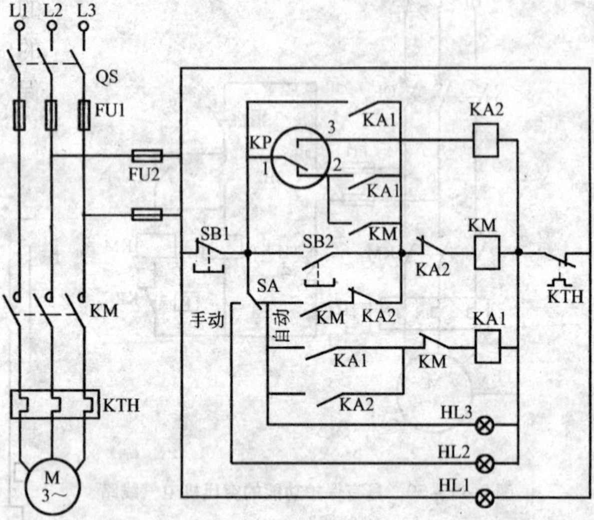

图 6－1－60　带失控保护的空气压缩机控制线路

控制电路可使管路中的压力维持在高、低设定值之间，从而实现自动控制。当空气压力达到上限值，KP 的 1—3 触头闭合后，KA1 常开触头闭合，将 KP 的 1—3 触头短路，这样无论 KP 的 1—3 触头由于振动等原因频繁通、断，其触头都不会产生火花，动、静触头不易粘连，达到了失控保护的目的。

（4）采用 Y—△启动的空压机电气线路：

1）采用 Y—△启动的空压机电气线路 1。采用 Y—△启动的空压机电气线路 1 如图 6－1－61 所示。该线路由三相异步电动机 M，电磁排气阀门 YV，压力继电器 KP，中间继电器 KA，时间继电器 KT1、KT2，交流接触器 KM、KM△、KMY 及微型断路器 SD 等组成。

当选择开关 S1 处于手动位置 H 时，按下启动按钮 ST，接触器 KMY 得电吸合。接成星形接法的电动机 M 启动。同时接触器 KM 得电吸合并接通变压器 T 的电源，星形运行指示灯 HY 亮。

时间继电器 KT1、中间继电器 KA 相继得电，致使 KA 的触点断开并将 KM△线圈断电，几乎在同时，中间继电器 KA 的另一触点闭合并接通接触器 KM△线圈电源，使主接触器 KM 保持吸合状态，此时电动机 M 按三角形接法进入额定电压运行，指示灯 H△亮。

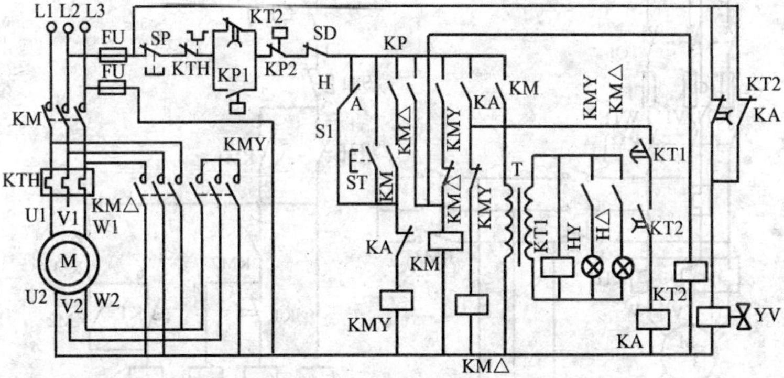

图 6－1－61　Y—△启动的空压机电气线路 1

2）采用 Y—△启动的空压机电气线路 2。采用 Y—△启动的空压机电气线路 2 如图 6－1－62 所示。该线路由两部分组成：主电路和控制电路。主电路包括电源开关 QF、短路保护熔断器 FU、交流接触器 KM1～KM3 的主触头、热继电器 KTH 元件以及三相交流异步电动机 M 等。控制电路包括热继电器 KTH 的常闭触头、时间继电器 KT、交流接触器 KM1～KM3 的线圈和辅助触头以及控制按钮 SB1、SB2 等。

电路工作原理：合上电源开关 QF，控制电路得电。按下开关 SB2，交流接触器 KM1 的线圈得电动作，在其主触头闭合的同时，其常开触头（2—3）闭合自锁，时间继电器 KT 开始延时；KM3 的主触头闭合，电动机绕组接成星形启动，KM3 的常闭触头（3—6）打开，禁止 KM2 线圈参与工作。时间继电器 KT 延时结束时，其延时常闭触头（4—5）断开，交流接触器 KM3 的线圈失电复位，KM3 的主触头断开，KM3 的触头（3—6）闭合。与此同时，时间继电器 KT 的延时常开触头（6—7）闭合，交流接触器 KM2 的线圈得电吸合并自锁，其主触头闭合，电动机绕组接成三角形运行。

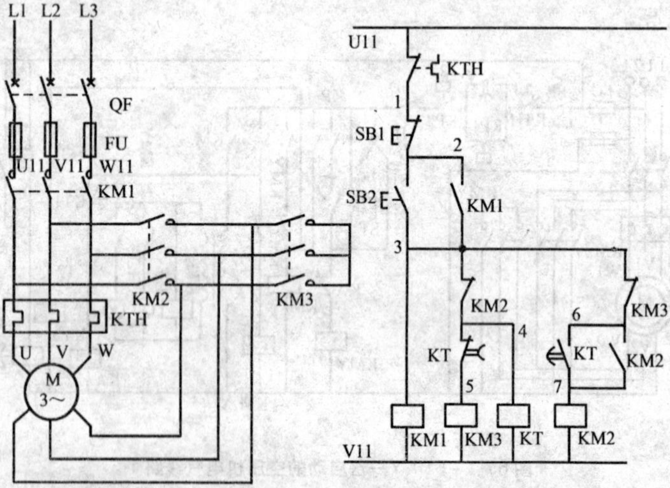

图 6－1－62　采用 Y—△启动的空压机电气线路 2

（5）自耦变压器减压启动空气压缩机控制线路。自耦变压器减压启动空气压缩机控制线路如图 6－1－63 所示。该线路由主电路和控制电路组成。主电路包括电源开关 QS、短路保护器 FU、交流接触器 KM2 的主触头、交流接触器 KM1 的主触头和辅助触头、自耦变压器 T、热继电器 KTH 元件以及三相交流异步电动机 M 等。控制电路包括热继电器 KTH 的常闭触头，控制按钮 SB1、SB2，交流接触器 KM1、KM2 的线圈以及时间继电器 KT 等。

电路工作原理：合上电源开关 QS，控制电路得电。按下启动按钮 SB2，时间继电器 KT 的线圈得电，其瞬时常开触头（2—4）闭合，延时开始。KM1 的线圈得电吸合，它在主电路中的主

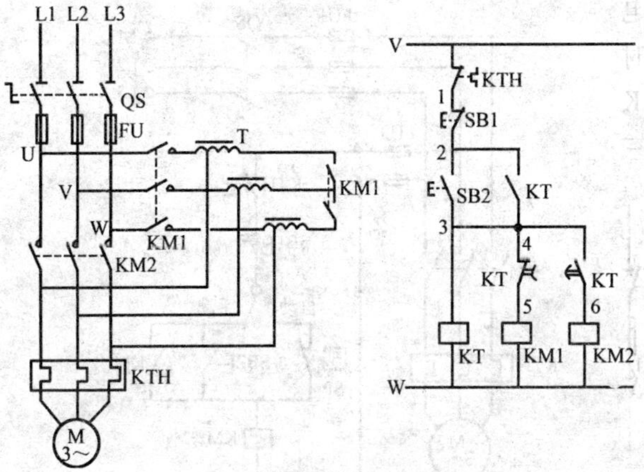

图 6-1-63　自耦变压器减压启动空气压缩机控制线路

触头闭合，将自耦变压器 T 的抽头接入主电路，电动机 M 开始启动。时间继电器延时结束后，其延时常闭触头（4—5）断开，KM1 的线圈失电，其主触头断开，自耦变压器退出电路。与此同时，时间继电器 KT 的延时常开触头（3—6）闭合，KM2 的线圈得电吸合，其主触头闭合，保证电源供给，电动机 M 正常运行。

需要停机时，按下按钮 SB1，交流接触器 KM2 的线圈失电复位，其主触头断开，电动机 M 失电而停止工作。

（6）空气压缩机手动、自动控制电气线路。空气压缩机手动、自动控制电气线路如图 6-1-64 所示。该线路由三相交流隔离开关 QS，熔断器 FU1、FU2，交流接触器 KM，热继电器KTH，三相异步电动机 M，压力继电器 SP 以及按钮开关 SB1、SB2 等组成。空气压缩机的手动与自动控制由开关 S 来处置。

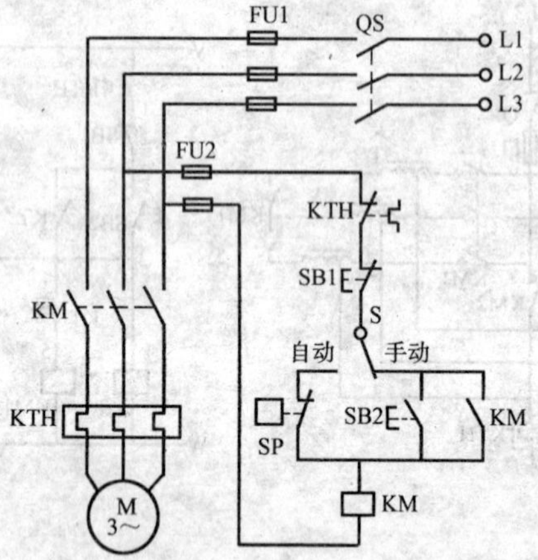

图 6-1-64 空气压缩机手动、自动控制电气线路

六、粉碎机电气控制线路

1. 粉碎机电气控制线路 1

粉碎机电气控制线路 1 如图 6-1-65 所示。该线路主要由电源开关 QF，交流接触器 KM1、KM2，三相异步电动机 M1、M2，热继电器 KTH1、KTH2，继电器 KA，时间继电器 KT1、KT2，控制按钮 SB1、SB2 等组成。按下启动按钮 SB1，线路即自动启动，电动机 M1 开始送料运行，电动机 M2 开始切料运行。按下停止按钮 SB2，即可停止电动机 M1、M2 的运行。

2. 粉碎机电气控制线路 2

粉碎机电气控制线路 2 如图 6-1-66 所示。主电路包括电源开关 QF，三相交流接触器 KM1、KM2 的主触头，热继电器元件 KTH1、KTH2 以及三相交流电动机 M1、M2 等。控制电路有 KM1、KM2 线圈及辅助触头，热继电器 KTH1、KTH2 的触头等。

电路工作原理：合上电源开关 QF，按下 SB1，继电器 KA 的线圈得电吸合，继电器 KA 的三个常开触头同时闭合，其常闭触

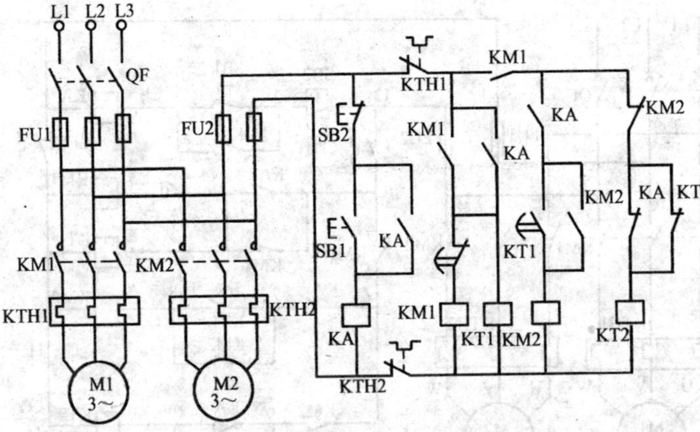

图 6-1-65　粉碎机电气控制线路 1

头（9—10）打开。KA 的触头（2—3）闭合后，实现中间继电器 KA 自锁；KA 的触头（1—4）闭合后，接触器 KM1 的线圈得电并自锁，KM1 闭合后，其主触头闭合，电动机 M1 开始送料运行，接触器 KM1 自锁后，时间继电器 KT1 的线圈也得电，约 30 s 后，KT1 的触头（7—8）延时闭合，KM2 线圈得电动作并自锁，其主触头闭合，电动机 M2 得电切料运行。

停机时，按下 SB2 按钮，中间继电器 KA 线圈失电，其触头断开，接触器 KM2 的线圈失电，其触头（8—9）复位闭合，时间继电器 KT2 的线圈得电，延时断开其触头（4—5），接触器 KM1 的线圈失电，其常开触头（1—6）、（1—4）复位（断开），电动机 M1 停止送料，接着 KM2 线圈也失电，于是电动机 M2 也停止工作。

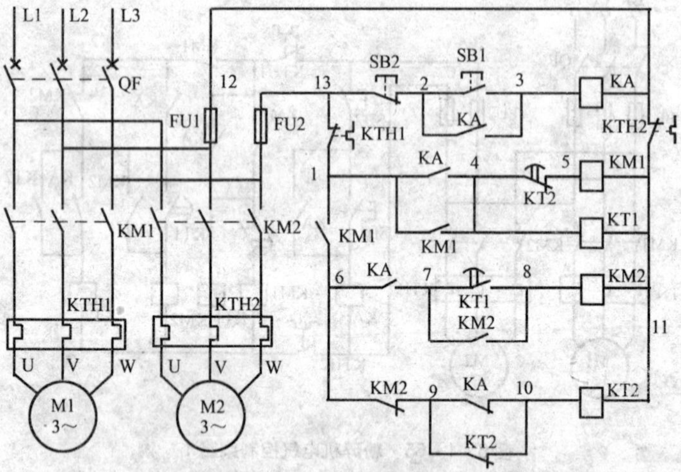

图 6－1－66　粉碎机电气控制线路 2

第二节　常用机床控制线路

一、车床控制线路

1. CA6140 型卧式车床电气控制线路

CA6140 型卧式车床电气控制线路一般由电源电路、主电路、控制电路和辅助电路四部分组成，如图 6－2－1 所示。

（1）电源电路。机床电源采用三相 380 V 交流电路——由电源开关 QS（低压断路器）引入，总电源短路保护为 FU。

（2）主电路。主轴电动机 M1 的短路保护由低压断路器 QS 的电磁脱扣器来实现，而冷却泵电动机 M2、刀架快速移动电动机 M3 的短路保护由 FU1 来实现，M1 和 M2 的过载保护是由各自的热继电器 KTH1 和 KTH2 来实现的，三台电动机分别采用接触器控制。

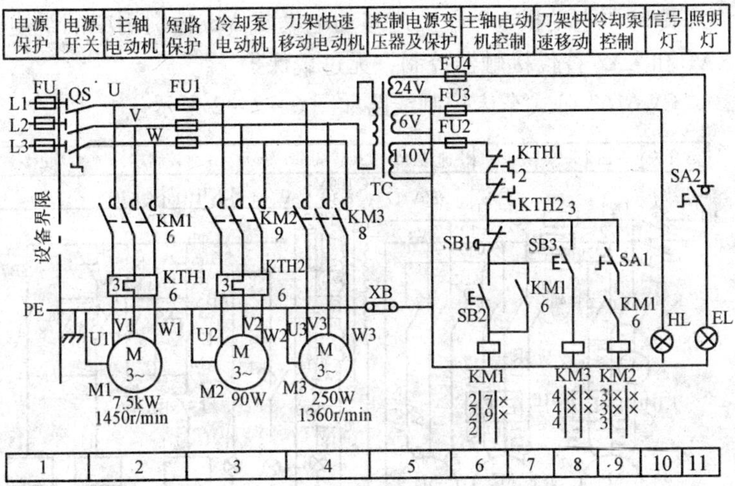

图 6－2－1　CA6140 型卧式车床电气控制线路

（3）控制电路。控制线路由控制变压器 TC 供电，控制电源电压为 110 V，熔断器 FU2 做短路保护。

（4）辅助电路。由变压器、照明灯和信号灯等低压电路组成。

2. CW6163 卧式车床控制线路

CW6163 卧式车床是性能优良、应用广泛的普通小型车床，其主轴运动的正反转依靠两组机械式摩擦片离合器控制，主轴的制动采用液压制动器。

由于工件的最大长度较长，为了减少辅助时间，该车床除了配备一台主轴电动机以外，还配备了一台快速移动电动机，主轴运动的启、停要求两地操作。由于车削时会产生高温，故配备了一台冷却泵。有局部照明和指示灯。

该车床采用的主轴电动机具有单向直接启动控制方式，用接触器 KM1 控制，并具有过载保护和短路保护。另外还采用了电流表 PA 监视用电量。

冷却泵电动机 M2 和快速移动电动机 M3 分别用中间继电器 KA1 和 KA2 替代接触器控制，无过载保护。

CW6163 卧式车床控制线路如图 6－2－2 所示。

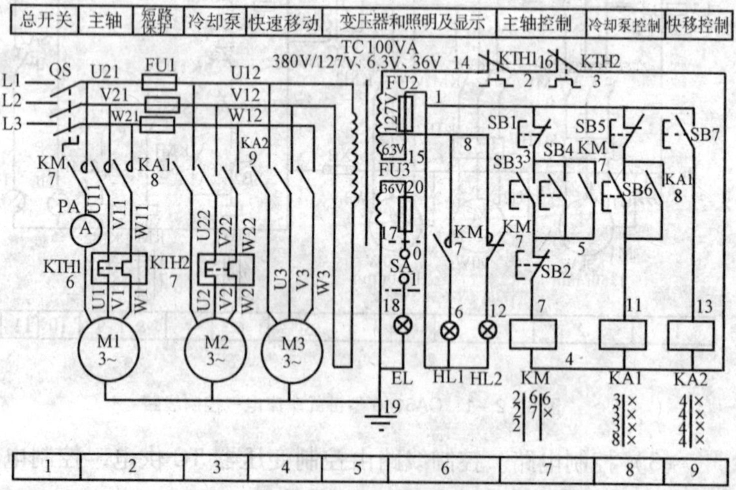

图 6－2－2　CW6163 卧式车床控制线路

3. C6150 普通车床控制线路

C6150 普通车床主电路，如图 6－2－3 所示。

主电路由 QF1 自动开关控制，它具有过载和短路保护。M1 为主电动机，由 KM1 接触器和 KM2 接触器的主触点控制正、反转。M2 为润滑泵电动机，由 QF2 自动开关控制，具有短路和过载保护。M3 为冷却液泵电动机，由 KM3 接触器控制，由 KTH 热继电器做过载保护。M4 为快速移动电动机，由 SA1 三位置自动复位开关控制，由 FU1 熔断器做短路保护。

C6150 普通车床的控制线路，如图 6－2－4 所示。主电动机转向的变换由 SA2 主令开关来实现。主轴的转向与主电动机的转向无关，而是取决于走刀箱或溜板箱操作手柄的位置。手柄的动作使行程开关、继电器及电磁离合器产生相应的动作，使主轴得到正确的转向。主电动机的转向，主轴的转向以及各电气元件之

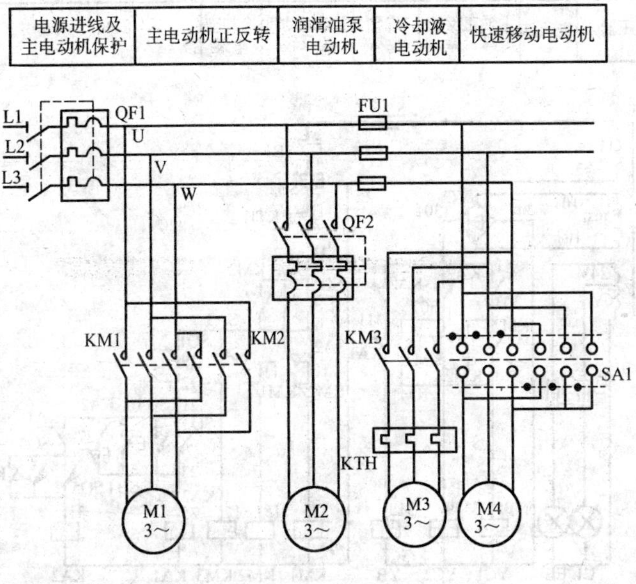

图 6-2-3　C6150 普通车床主电路

间的关系见表 6-2-1。

表 6-2-1　主电动机和主轴的转向以及各电气元件之间的关系

SA2 开关选择	主电动机转向	操作手柄位置	行程开关	小型通用继电器	电磁离合器	主轴转向
n_2	正转	手柄向右（或向上）	SQ3、SQ4 压合	KA1 吸合	YC2 通电	正转
		手柄向左（或向下）	SQ5、SQ6 压合	KA2 吸合	YC1 通电	反转
n_1	反转	手柄向右（或向上）	SQ3、SQ4 压合	KA1 吸合	YC1 通电	正转
		手柄向左（或向下）	SQ5、SQ6 压合	KA2 吸合	YC2 通电	反转

当 SA2 在主轴电动机正转 n_2 位置时，按下 SA3 按钮，KM1 线圈通电，KM1 主触点接通，M1 主电动机正转。同时 KM1 的辅助触点将 305 和 307 两点接通，而 KM2 的常闭触点将 303 和 309 两点接通。此时如把操作手柄拉向右面（或向上面），SQ3 或 SQ4 组合行程开关的触点接通，主轴正转继电器 KA1 线圈通电，

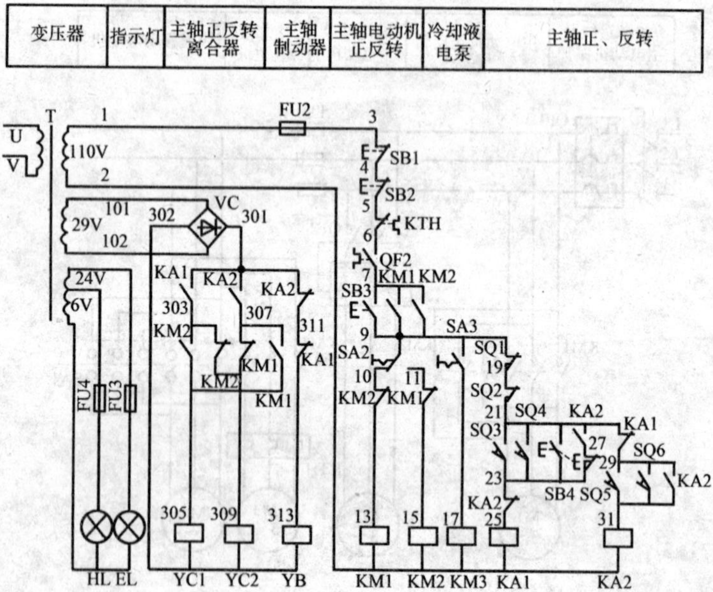

图 6-2-4　C6150 普通车床的控制线路

KA1 常开触点闭合，YC2 电磁离合器通电，带动主轴正转。若把操作手柄拉向左面（或向下），SQ5 或 SQ6 组合行程开关的触点闭合，主轴反转继电器 KA2 线圈通电，KA2 常开触点闭合，YC1 电磁离合器通电，带动主轴反转。

当 SA2 在主电动机反转 n_1 位置时，按下 SB3 按钮，KM2 接触器线圈通电，KM2 主触点接通，M1 主电动机反转。同时 KM2 的辅助触点将 303 和 305 两点接通，而 KM1 的常闭触点将 307 和 309 两点接通。此时如把操作手柄拉向右面（或向上面），SQ3 或 SQ4 组合行程开关的触点接通，KA1 继电器线圈通电，KA1 常开触点闭合，将使 YC1 电磁离合器通电，带动主轴正转。若把操作手柄拉向左面（或向下面），SQ5 或 SQ6 组合行程开关的触点闭合，KA2 继电器线圈通电，KA2 常开触点闭合，YC2 电磁离合器通电，带动主轴反转。操作者控制主轴的正、反转是通过走刀箱操作手柄或溜板箱操作手柄来进行控制的。

操作手柄有两个空挡、正转、停止（制动）和反转等五挡位置。若需要正转，只要把手柄向右（或向上）一拉，手放松后，手柄自动回到右面（或上面）的空挡位置，因 KA1 继电器吸合后触点自锁，保持主轴正转。若需要反转，只要把手柄向左（或向下）一拉，手放松后，手柄自动回到左面（或下面）的空挡位置，因 KA2 继电器吸合后触点自锁，保持主轴反转。若需要主轴停止（制动），只要把手柄放在中间位置，SQ1 或 SQ2 组合行程开关常闭触点断开，切断 KA1 和 KA2 继电器的电源，YC1 和 YC2 电磁离合器断电，主轴制动电磁离合器 YB 通电，使主轴制动。如果需要微量转动主轴，可以按 SB4 点动按钮。

EL 为机床照明灯，HL 为电源指示灯。

二、钻床控制线路

1. Z535 型立式钻床控制线路

Z535 型立式钻床电气原理如图 6－2－5 所示。

（1）主线路分析。电源是由车间配电网供给的三相交流电 L1、L2、L3 提供，合上主开关 QS1，机床接通电源。主轴电动机由接触器 KM2 和 KM1 分别控制正、反转，冷却泵的启动、停止由 QS2 控制。

（2）控制线路分析。合上 QS1，机床接通电源。将手柄向下扳，行程开关 SQ3 被压下，其常开触点闭合，接触器 KM1 沿电路 1→2→3→6→8→0 接通，KM1 主触点闭合，电动机 M1 启动右转（正转）；松开手柄，SQ3 复原，接触器沿 1→2→3→4→6→8→0 自锁接通。

将手柄向上扳动，行程开关 SQ2 被压下，接触器 KM2 接通，其主触点闭合，使电动机 M1 启动左转（反转），松开手柄，SQ2 复原，接触器 KM2 自锁。

手柄放在中间位置时，行程开关 SQ1 被压下，其常闭触点

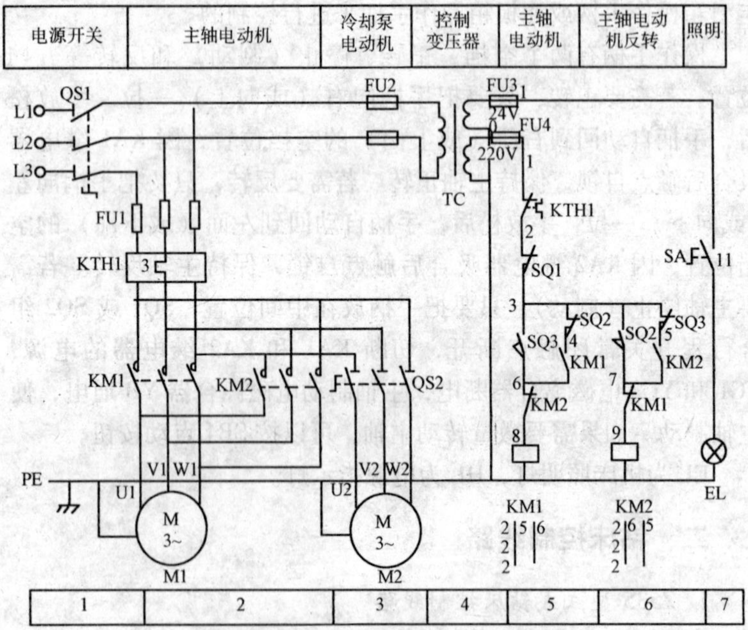

图 6－2－5　Z535 型立式钻床电气原理

2—3 断开，使电动机停转。

机床攻螺纹时，允许不经过停止位置直接使主轴反向。因为在 KM1 接通后，再压下 SQ2，其常闭触点 3—4 断开，切断 KM1 自锁回路；同样，在 KM2 接通后，再压下 SQ3，其常闭触点 3—5 断开，切断 KM2 自锁回路。

扳动 QS2，可接通或断开冷却泵电动机 M2。

（3）机床照明电路。照明线路由变压器 TC 供给 24V 安全电压，SA 为接通或断开照明的开关。

（4）机床电气保护：

1）由熔断器 FU1、FU2、FU3 和 FU4 对电动机、控制线路及照明系统进行短路保护。

2）由热继电器 FU1 对电动机 M1 和 M2 进行过载保护。

3）接触器联锁触点及操纵手柄的定位机构使线路具有失压保护作用，机床因失去电源而停车。当恢复电源时，主轴不会自动旋转，必须由操作者重新扳动手柄，才能启动机床。

2. Z37 型摇臂钻床控制线路

Z37 型摇臂钻床控制线路如图 6－2－6 所示。

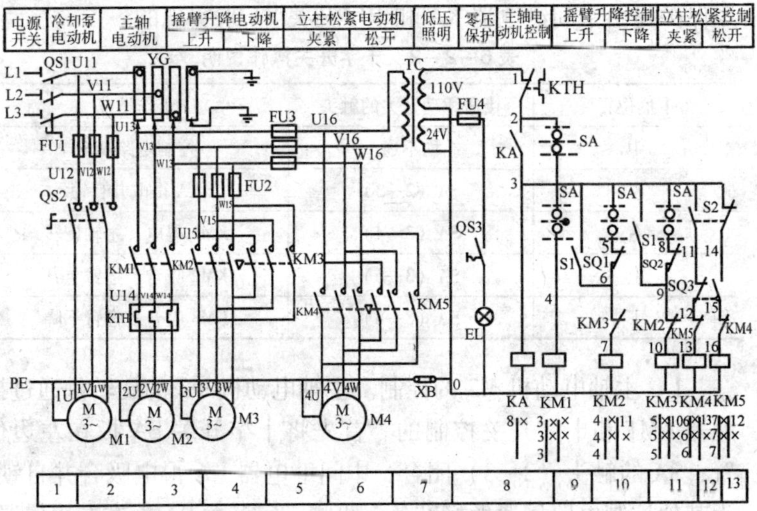

图 6－2－0　Z37 型摇臂钻床控制线路

（1）主电路分析。Z37 型摇臂钻床共有 4 台三相异步电动机，其中主轴电动机 M2 由接触器 KM1 控制，热继电器 KTH 做过载保护，主轴的正、反向控制是由双向片式摩擦离合器来实现的。摇臂升降电动机 M3 由接触器 KM2、KM3 控制，FU2 做短路保护。立柱松紧电动机 M4 由接触器 KM4 和 KM5 控制，FU3 做短路保护。冷却泵电动机 M1 是由组合开关 QS2 控制的，FU1 做短路保护。摇臂上的电气设备电源，是通过转换开关 QS1 及汇流环 YG 引入的。

（2）控制电路分析。合上电源开关 QS1，控制电路的电源由控制变压器 TC 提供 110 V 电压。Z37 型摇臂钻床控制电路采用十字开关SA操作，它有集中控制和操作方便等优点。十字开关由十字手柄和四个微动开关组成。根据工作需要，可将操作手柄分别扳在孔槽内五个不同位置上，即左、右、上、下和中间位置。手柄处在各个工作位置时的工作情况见表6-2-2。为防止突然停电又恢复供电而造成的危险，电路设有零压保护环节。零压保护是由中间继电器KA和十字开关SA来实现的。

表6-2-2 十字开关操作说明

手柄位置	接通微动开关的触头	工作情况
中	均不通	控制电路断电
左	SA（2—3）	KA得电并自锁
右	SA（3—4）	KM1得电，主轴旋转
上	SA（3—5）	KM2吸合，摇臂上升
下	SA（3—8）	KM3吸合，摇臂下降

1）主轴电动机M2的控制。主轴电动机M2的旋转是通过接触器KM1和十字开关控制的。首先将十字开关SA扳在左边位置，SA的触头（2—3）闭合，中间继电器KA得电吸合并自锁，为其他控制电路接通做好准备。再将十字开关SA扳在右边位置，这时的触头（2—3）分断后，SA的触头（3—4）闭合，接触器KM1线圈得电吸合，主轴电动机M2通电旋转。主轴的正、反转则由摩擦离合器手柄控制。将十字开关扳回中间位置，接触器KM1线圈断电释放，主轴电动机M2停转。

2）摇臂升降的控制。摇臂的放松、升降及夹紧的半自动工作顺序是通过十字开关SA、接触器KM2和KM3、位置开关SQ1和SQ2及组合开关S1，控制电动机M3来实现的。

当工件与钻头的相对高度不合适时，可将摇臂升高或降低来调整。要使摇臂上升，将十字开关SA的手柄从中间位置扳到向上的位置，SA的触头（3—5）接通，接触器KM2得电吸合，电动机M3启动正转。由于摇臂在升降前被夹紧在立柱上，所以

M3 刚启动时，摇臂不会上升，而是通过传动装置先把摇臂松开，这时组合开关 S1 的常开触头（3—9）闭合，为摇臂上升后的夹紧做好准备，随后摇臂才开始上升。当上升到所需位置时，将十字开关 SA 扳到中间位置，接触器 KM2 线圈断电释放，电动机 M3 停转。由于摇臂松开时，鼓形组合开关常开触头 S1（3—9）已闭合，所以当接触器 KM2 线圈断电释放，其联锁触头（9—10）恢复闭合后，接触器 KM3 得电吸合，电动机 M3 启动反转，带动机械夹紧机构将摇臂夹紧，夹紧后开关 S1 的常开触头（3—9）断开，接触器 KM3 线圈断电释放，电动机 M3 停转。

要使摇臂下降，可将十字开关 SA 扳到向下位置，于是十字开关 SA 的触头（3—8）闭合，接触器 KM3 线圈得电吸合，其余动作情况与上升相似，不再细述。由以上分析可知摇臂的升降是由机械、电气联合控制实现的，能够自动完成摇臂松开→摇臂上升（或下降）→摇臂夹紧的过程。

为使摇臂上升或下降不致超出允许的极限位置，在摇臂上升和下降的控制电路中分别串联位置开关 SQ1 和 SQ2 做限位保护。

3）立柱的夹紧与松开的控制。钻床正常工作时，外立柱夹紧在内立柱上。要使摇臂和外立柱绕内立柱转动，应首先扳动手柄放松外立柱。立柱的松开与夹紧是靠电动机 M4 的正、反转拖动液压装置来完成的。电动机 M4 的正反转由组合开关 S2 和位置开关 SQ3、接触器 KM4 和 KM5 来实现。位置开关 SQ3 是由主轴箱与摇臂夹紧的机械手柄操作的。拨动手柄使 SQ3 的常开触头（14—15）闭合，接触器 KM5 线圈得电吸合，电动机 M4 拖动液压泵工作，使立柱夹紧装置放松。当夹紧装置完全放松时，组合开关 S2 的常闭触头（3—14）断开，使接触器 KM5 线圈断电释放，电动机 M4 停转，同时 S2 的常开触头（3—11）闭合，为夹紧做好准备。当摇臂转动到所需位置时，只需扳动手柄使位置开关 SQ3 复位，其常开触头（14—15）断开，而常闭触头（11—12）闭合，使接触器 KM4 线圈得电吸合，电动机 M4 带动液压泵反向运转，就可以完成立柱的夹紧动作。当完全夹紧后，组合开关 S2 复位，其常开触头（3—11）分断，常闭触头（3—14）闭合，使接触器 KM4 的线圈失电，电动机 M4 停转。

Z37 型摇臂钻床的主轴箱在摇臂上的松开与夹紧和立柱的松开与夹紧是由同一台电动机 M4 拖动液压机构完成的。

（3）照明电路分析。照明电路的电源也是由变压器 TC 将 380 V 的交流电压降为 24 V 安全电压来提供。照明灯 EL 由开关 QS3 控制，由熔断器 FU4 做短路保护。

3. Z3040 型摇臂钻床电气线路

Z3040 型摇臂钻床电气线路如图 6－2－7 所示。

电路设计分析：分析控制对象、确定控制要求。仔细阅读、分析 Z3040 摇臂钻床的电路图，确定各电动机的控制要求。

对 M1 电动机的要求：单方向旋转，有过载保护。

对 M2 电动机的要求：全压正、反转控制，点动控制；启动时，先启动电动机 M3，再启动电动机 M2；停机时，电动机 M2 先停止，然后电动机 M3 才能停止。电动机 M2 设有必要的互锁保护。

对电动机 M3 的要求：全压正、反转控制，设长期过载保护。

电动机 M4 容量小，由开关 SA 控制，单方向运转。

三、磨床控制线路

M7130 型平面磨床电气控制线路如图 6－2－8 所示。该线路分为主电路、控制电路、电磁吸盘电路和照明电路四部分。

（1）主电路分析。QS1 为电源开关。主电路中有 3 台电动机，M1 为砂轮电动机，M2 为冷却泵电动机，M3 为液压泵电动机，它们共用一组熔断器 FU1 作为短路保护。砂轮电动机 M1 用接触器 KM1 控制，用热继电器 KTH1 进行过载保护；由于冷却泵 箱和床身是分装的，所以冷却泵电动机M2通过接插器 ×1和

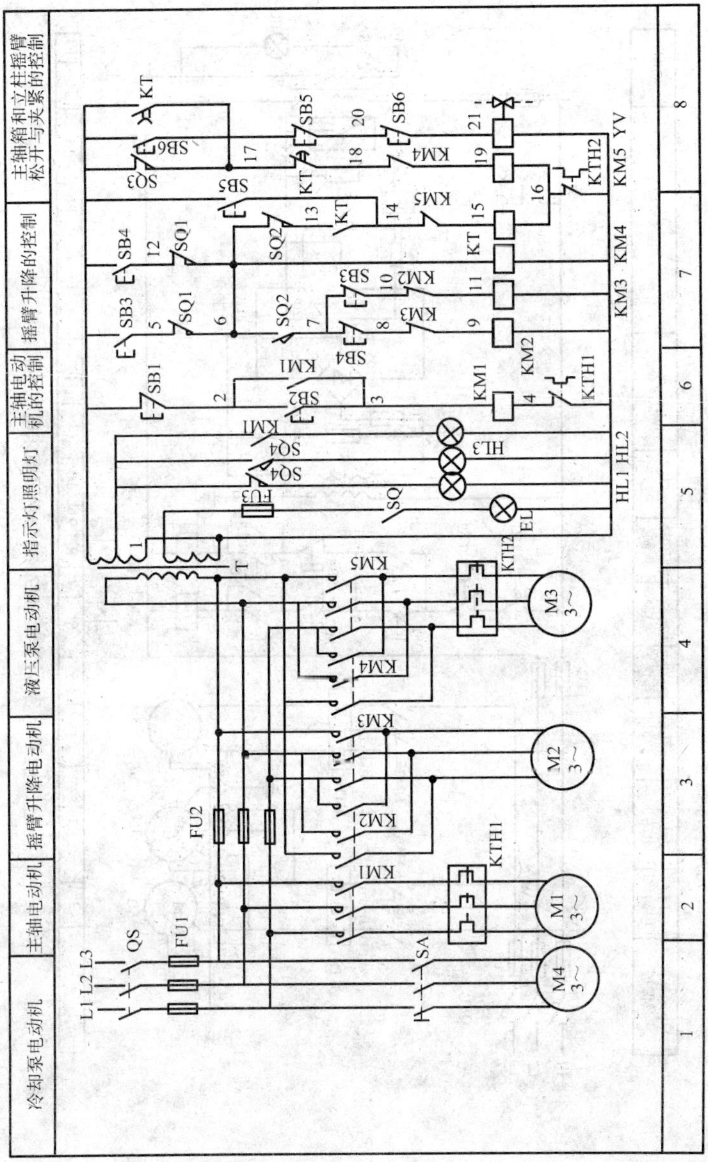

图6-2-7　Z3040摇臂钻床电路

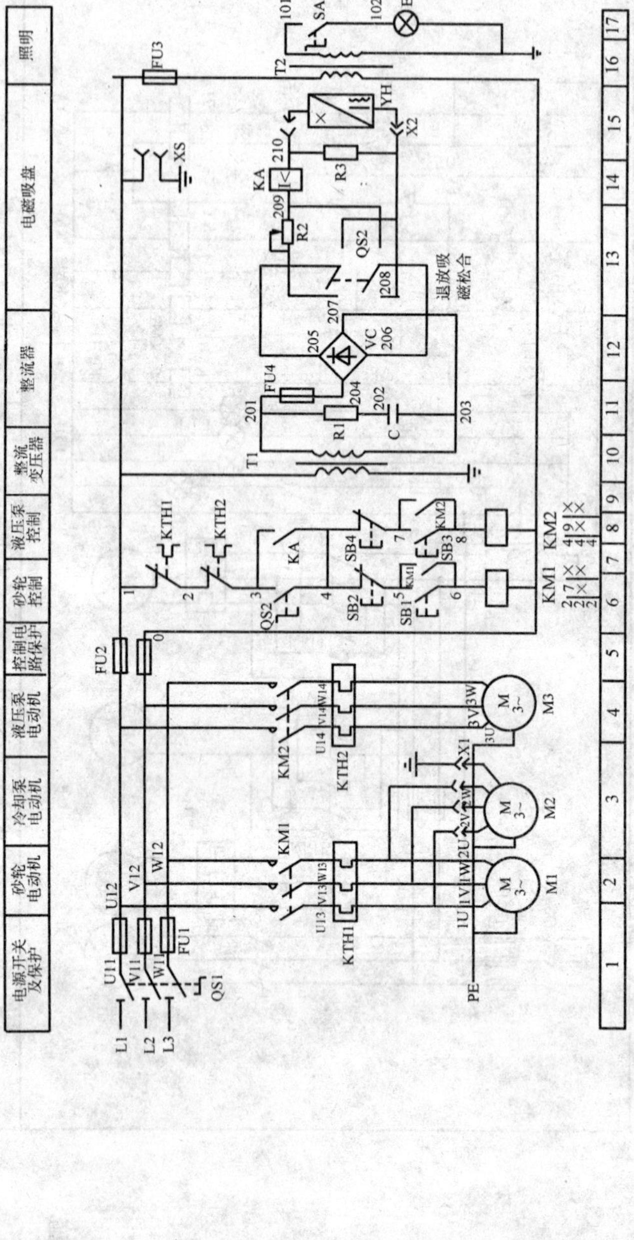

图6-2-8　M7130型平面磨床电气控制线路

砂轮电动机 M1 的电源线相连，并和 M1 在主电路实现顺序控制。冷却泵电动机的容量较小，没有单独设置过载保护；液压泵电动机 M3 由接触器 KM2 控制，由热继电器 KTH2 做过载保护。

（2）控制电路分析。控制电路采用交流 380 V 电压供电，由熔断器 FU2 做短路保护。

在电动机的控制电路中，串联着转换开关 QS2 的常开触头（6 区）和欠电流继电器 KA 的常开触头（8 区），因此，3 台电动机启动的必要条件是使 QS2 或 KA 的常开触头闭合。欠电流继电器 KA 的线圈串联在电磁吸盘 YH 的工作回路中，所以当电磁吸盘得电工作时，欠电流继电器 KA 线圈得电吸合，接通砂轮电动机 M1 和液压泵电动机 M3 的控制电路，这样就保证了加工工件被 YH 吸住的情况下，砂轮和工作台才能进行磨削加工，保证了安全。

砂轮电动机 M1 和液压泵电动机 M3 都采用了接触器自锁正转控制线路，SB1、SB3 分别是它们的启动按钮，SB2、SB4 分别是它们的停止按钮。

（3）电磁吸盘电路分析。电磁吸盘是用来固定加工工件的一种夹具。它与机械夹具相比，具有夹紧迅速，操作快速简便，不损伤工件，一次能吸牢多个小工件，以及磨削中发热少、工件可自由伸缩、不会变形等优点。不足之处是只能吸住铁磁材料的工件，不能吸牢非磁性材料（如铜、铝等）的工件。

电磁吸盘 YH 的结构如图6－2－9 所示。它的外壳由钢制箱体和盖板组成。在箱体内部均匀排列的多个凸起的芯体上绕有线圈，盖板则用非磁性材料（如铅锡合金）隔离成若干钢条。当线圈通入直流电后，凸起的芯体和隔离的钢条均被磁化形成磁极。当工件放在电磁吸盘上时，也将被磁化而产生与磁盘相异的磁极并被牢牢吸住。

电磁吸盘电路包括整流电路、控制电路和保护电路三部分。

整流变压器 T1 将 220 V 的交流电压降为 145 V，然后经桥式整流器 VC 后输出 110 V 直流电压。

图 6－2－8 中 QS2 是电磁吸盘 YH 的转换控制开关（又叫退磁开关），有“吸合”、“放松”和“退磁”三个位置。当 QS2 扳至“吸合”位置时，触头（205—208）和（206—209）闭合，110 V 直流电压接入电磁吸盘 YH，工件被牢牢吸住。此时，欠电流继电器 KA 线圈得电吸合，KA 的常开触头闭合，接通砂轮和液压泵电动机的控制电路。待工件加工完毕，先把 QS2 扳到“放松”位置，切断电磁吸盘 YH 的直流电源。此时由于工件具有剩磁而不能取下，因此必须进行退磁。将 QS2 扳到“退磁”位置，这时，触头（205—207）和（206—208）闭合，电磁吸盘 YH 通入较小的（因串入了退磁电阻 R2）反向电流进行退磁。退磁结束，将 QS2 扳回到“放松”位置，即可将工件取下。

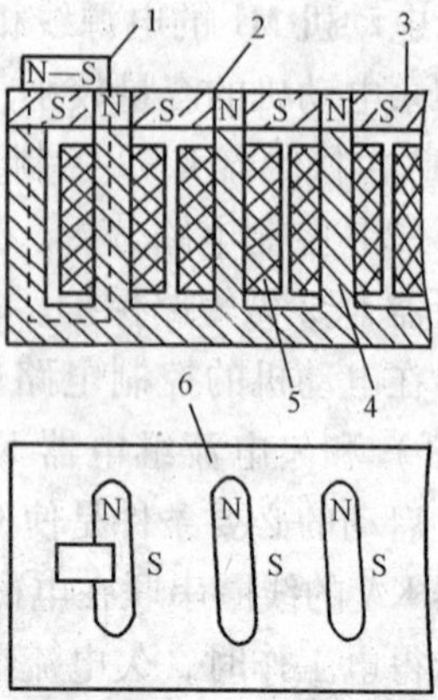

图 6－2－9　电磁吸盘 YH 结构示意图

1. 工件　2. 非磁性材料　3. 工作台　4. 芯体　5. 线圈　6. 盖板

如果有些工件不易退磁时，可将附件退磁器的插头插入插座 XS，使工件在交变磁场的作用下进行退磁。

若将工件夹在工作台上，而不需要电磁吸盘时，则应将电磁吸盘 YH 的 X2 插头从插座上拔下，同时将转换开关 QS2 扳到“退磁”位置，这时，接在控制电路中 QS2 的常开触头（3—4）闭合，接通电动机的控制电路。

电磁吸盘的保护电路由放电电阻 R3 和欠电流继电器 KA 组成。电阻 R3 是电磁吸盘的放电电阻。因为电磁吸盘的电感很大，当电磁吸盘从“吸合”状态转变为“放松”状态的瞬间，线圈两端将产生很大的自感电动势，易使线圈或其他电器由于过电压而损坏。电阻 R3 的作用是在电磁吸盘断电瞬间给线圈提供放电通路，吸收线圈释放的磁场能量。欠电流继电器 KA 用以防止电磁吸盘断电时工件脱出发生事故。

电阻 R1 与电容 C 的作用是防止电磁吸盘回路交流侧的过电压。熔断器 FU4 为电磁吸盘提供短路保护。

（4）照明电路分析。照明变压器 T2 将 380 V 的交流电压降为 36 V 的安全电压供给照明电路。EL 为照明灯，一端接地，另一端由开关 SA 控制。熔断器 FU3 做照明电路的短路保护。

四、铣床控制线路

X62 型铣床电气控制线路如图 6－2－10 所示。

1. 主电路分析

主电路有三台电动机，M1 是主轴电动机，M2 是进给电动机，M3 是冷却泵电动机。

（1）主轴电动机 M1 通过换相开关 SA4 与接触器 KM1 配合，能进行正、反转控制，而与接触器 KM2、制动电阻 R 及速度继电器的配合，能实现串电阻瞬时冲动和正、反转反接制动控制，并能通过机械进行变速。

（2）进给电动机 M2 能进行正反转控制，通过接触器 KM3、KM4 与行程开关及 KM5、牵引电磁铁 YA 配合，能实现进给变速时的瞬时冲动、六个方向的常速进给和快速进给控制。

（3）冷却泵电动机 M3 只能正转。

（4）电路中 FU1 做机床总短路保护，也兼作 M1 的短路保护；FU2 作为 M2、M3 及控制、照明变压器一次侧的短路保护；热继电器 KTH1、KTH2、KTH3 分别作为 M1、M2、M3 的过载保护。

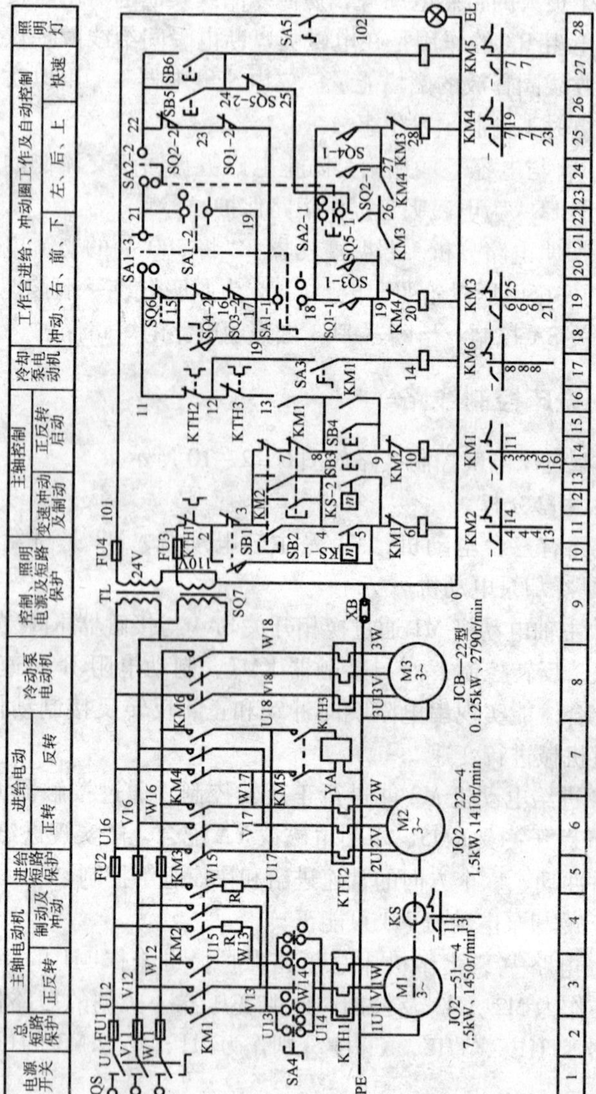

图6-2-10　X62型铣床电气控制线路

2. 控制电路分析

(1) 主轴电动机的控制:

1) SB1、SB3 与 SB2、SB4 是分别装在机床两边的停止(制动)和启动按钮,实现两地控制,方便操作。

2) KM1 是主轴电动机启动接触器,KM2 是反接制动和主轴变速冲动接触器。

3) SQ7 是与主轴变速手柄联动的瞬时动作行程开关。

4) 主轴电动机需启动时,要先将 SA4 扳到主轴电动机所需要的旋转方向,然后再按启动按钮 SB3 或 SB4 来启动电动机。

5) M1 启动后,速度继电器 KS 的一副常开触头闭合,为主轴电动机的停转制动做好准备。

6) 停车时,按停止按钮 SB1 或 SB2 切断 KM1 电路,接通 KM2 电路,改变 M1 的电源相序进行串电阻反接制动。当 M1 转速低于 120 r/min 时,速度继电器 KS 的一副常开触头恢复断开,切断 KM2 电路,M1 停转,制动结束。

7) 主轴电动机变速时的瞬动(冲动)控制,是利用变速手柄与冲动行程开关 SQ7 通过机械上的联动机构进行控制的。主轴电动机变速冲动控制示意图如图 6-2-11 所示。

变速时,先下压变速手柄,然后拉到前面,当快要落到第二道槽时,转动变速盘,选择需要的转速。此时凸轮压下弹簧杆,使冲动行程开关 SQ7 的常开触头后接通,KM2 线圈得电动作,M1 被反接制动。当手柄拉到第二道槽时,SQ7 不受凸轮控制而复位,M1 停转。接着把手柄从第二道槽推回原始位置时,凸轮又瞬时压动行程开关 SQ7,使 M1 反向瞬时冲动一下,以利于变速后的齿轮啮合。但要注意,不论是开车还是停车时变速,都应以较快的速度把手柄推回原始位置,以免通电时间过长,引起 M1 转速过高而打坏齿轮。

(2) 工作台进给电动机的控制。工作台的纵向、横向和垂直运动都由进给电动机 M2 驱动,接触器 KM3 和 KM4 使 M2 实

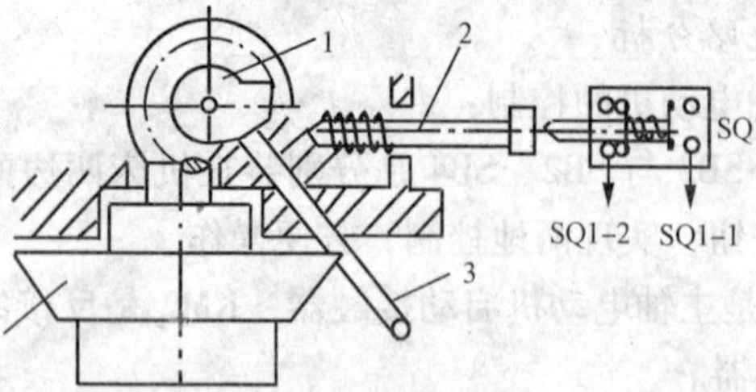

图6-2-11 主轴电动机变速冲动控制示意图
1. 凸轮 2. 弹簧杆 3. 变速手柄 4. 变速盘

现正反转，用以改变进给运动方向。它的控制电路采用了与纵向运动机械操作手柄联动的行程开关SQ1、SQ2和横向及垂直运动机械操作手柄联动的行程开关SQ3、SQ4，相互组成复合联锁控制，即在选择三种运动形式的六个方向移动时，只能进行其中一个方向的移动，以确保操作安全。当这两个机械操作手柄都在中间位置时，各行程开关都处于未受压的原始状态。

在机床接通电源后，将控制圆工作台的组合开关SA1扳到断开位置，使触头SA1—1（17—18）和SA1—3（11—21）闭合，而SA1—2（19—21）断开，再将选择工作台自动与手动控制的组合开关SA2扳到手动位置，使触头SA2—1（18—25）断开，而SA2—2（21—22）闭合，然后启动M1。这时接触器KM1吸合，使KM1（8—13）闭合，就可进行工作台的进给控制。

1）工作台垂直（上下）和横向（前后）运动的控制。工作台的垂直和横向运动，由垂直和横向进给手柄操纵。此手柄是复式的，有两个完全相同的手柄分别装在工作台左侧的前、后方。手柄的联动机械一方面能压下行程开关SQ3或SQ4，同时能接通垂直或横向进给离合器。操纵手柄有五个位置，五个位置是联锁的，工作台的上下和前后的终端保护是利用装在床身导轨旁与工作台座上的撞铁，将操纵十字手柄撞到中间位置，使M2断电停转。操作手柄位置与工作台运动方向见表6-2-3。

表 6－2－3　操作手柄位置与工作台运动方向

手柄位置	工作台运动方向	接通离合器	动作行程开关	动作接触器	M2 转向
向上	向上进给或快速向上	垂直进给离合器	SQ4	KM4	反转
向下	向下进给或快速向下	垂直进给离合器	SQ3	KM3	正转
向前	向前进给或快速向前	横向进给离合器	SQ3	KM3	正转
向后	向后进给或快速向后	横向进给离合器	SQ4	KM4	反转
中间	垂直或横向停止	横向进给离合器	—	—	停止

①工作台向上运动的控制：在 M1 启动后，将操作手柄扳至向上位置，其联动机构一方面机械上接通垂直离合器，同时压下行程开关 SQ4，图区 19 上的 SQ4（15—16）断开，图区 25 上的 SQ4（18—27）闭合，见表 6－2－4。接触器 KM4 线圈通电吸合，M2 反转，工作台向上运动。

表 6－2－4　工作台垂直、横向进给行程开关 SQ3、SQ4 通断表

触头 \ 位置		向上、向后	停止	向下、向前
SQ3	18—19	－	－	+
	16—17	+	+	－
SQ4	18—27	+	－	－
	15—16	－	+	+

注：表中“+”表示动作，“－”表示不动作。

②工作台向后运动的控制：当操纵手柄扳至向后位置，机械上接通横向进给离合器，而压下的行程开关仍是 SQ4，所以在电路上仍然接通 KM4，M2 也是反转，但在横向进给离合器的作用下，机械传动装置带动工作台向后进给运动。

③工作台向下运动的控制：将操纵手柄扳至向下位置时，机械上接通垂直进给离合器，同时压下行程开关 SQ3，其图区 19 上的常闭触头 SQ3—2（16—17）断开，图区 20 上的常开触点 SQ3—1（18—19）闭合，接触器 KM3 吸合，M2 正转，工作台

向下进给运动。

④工作台向前运动的控制：当操纵手柄扳至向前位置时，机械上接通横向进给离合器，而压下的行程开关仍是SQ3，所以在电路上仍然接通KM3，M2也是正转，但在横向离合器的作用下，机械传动装置带动工作台向前运动。

2）工作台纵向（左右）运动的控制。工作台的纵向运动也是由进给电动机M2驱动，由纵向操纵手柄来控制的。此手柄也是复式的，一个安装在工作台底座的顶面中央部位，另一个安装在工作台底座的左下方。手柄有三个位置：向左、向右、零位。当手柄扳到向右或向左运动方向时，手柄的联动机构压下行程开关SQ1或SQ2，使接触器KM3或KM4动作，控制进给电动机M2的正、反转。工作台左右运动的行程，可通过调整安装在工作台两端的撞铁位置来实现。当工作台纵向运动到极限位置时，撞铁撞动纵向操纵手柄，使它回到零，M2停转，工作台停止运动，从而实现了纵向终端保护。

①工作台向左运动：在M1启动后，将操作手柄扳至向左位置，一方面在机械上接通纵向进给离合器，同时在电气上压下行程开关SQ2，使图区25上的行程开关常闭触头SQ2—2（22—23）断开，图区24上的行程开关SQ2—1（18—27）闭合，而其他控制进给运动的行程开关都处于原始位置，见表6-2-5。此时，使接触器KM4吸合，M2反转，工作台向左进给运动。

表6-2-5 工作台纵向进给行程开关SQ1、SQ2通断表

触头 \ 位置		向左	停止	向右
SQ1	18—19	-	-	+
	17—23	+	+	-
SQ2	18—27	+	-	-
	22—23	-	+	+

注：表中“+”表示动作，“-”表示不动作。

②工作台向右运动：当操纵手柄扳至向右位置时，机械上仍然接通纵向进给离合器，但却压动了行程开关 SQ1。其 SQ1 常闭触头（17—23）断开，常开触头（18—19）闭合，这样，接触器 KM3 吸合，M2 正转，工作台向右进给运转。

3）工作台的快速进给控制。为提高劳动生产率，要求铣床在不作铣切加工时，工作台能快速移动。工作台快速移动控制分手动和自动两种控制方法。铣工在操作时，多数采用手动快速进给控制。

工作台快速进给也是由进给电动机 M2 来驱动的，在纵向、横向和垂直三种运动形式六个方向上都可以实现快速进给控制。

主轴电动机启动后，将进给操纵手柄扳到所需位置，工作台按照选定的速度和方向做常速进给移动时，再按下快速进给按钮 SB5 或 SB6，使接触器 KM5 通电吸合，接通牵引电磁铁 YA，电磁铁通过杠杆使摩擦离合器合上，减少中间传动装置，使工作台按原运动方向做快速进给运动。当松开快速进给按钮时，电磁铁 YA 断电，摩擦离合器断开，快速进给运动停止，工作台仍按原常速进给时的速度继续运动。

4）进给电动机变速时的瞬动（冲动）控制。变速时，为使齿轮易于啮合，进给变速与主轴变速一样，设有变速冲动环节。当需要进行进给变速时，应将转速盘的蘑菇形手轮向外拉出并转动转速盘，把所需进给量的标尺数字对准箭头，然后再把蘑菇形手轮用力向外拉到极限位置并随即推向原位，就在一次操纵手轮的同时，其连杆机构二次瞬时压下行程开关 SQ6，使 SQ6 的常闭触头 SQ6（11—15）断开，常开触头 SQ6（15—19）闭合，使接触器 KM3 得电吸合，其通电回路是 11→21→22→23→17→16→15→19→20→KM3→0，电动机 M2 正转，因为 KM3 是瞬时接通的，故能达到 M2 瞬时转动一下，从而保证变速齿轮易于啮合。

由于进给变速瞬时冲动的通电回路要经过 SQ1 ~ SQ4 四个行程开关的常闭触头，因此，只有当进给运动的操作手柄都在中间

（停止）位置时，才能实现进给变速冲动控制，以保证操作时的安全。同时，与主轴变速时冲动控制一样，电动机的通电时间不能太长，以防止转速过高，在变速时打坏齿轮。

（3）圆工作台运动的控制。铣床如需铣削螺旋槽、弧形槽等曲线时，可在工作台上安装圆工作台及其传动机械。圆工作台的回转运动也是由进给电动机 M2 经传动机构驱动的。

圆工作台工作时，应先将进给操作手柄都扳到中间（停止）位置，然后将圆工作台组合开关 SA1 扳到接通位置，这时图 6-2-11 中图区 19 和图区 20 上的 SA1—1 及 SA1—3 断开，图区 22 上的 SA1—2 闭合，见表 6-2-6。准备就绪后，按下主轴启动按钮 SB3 或 SB4，则接触器 KM1 与 KM3 相继吸合，主轴电动机 M1 与进给电动机 M2 相继启动并运转，而进给电动机仅以正转方向带动圆工作台做定向回转运动，此时 KM3 的通电回路为：1→2→3→7→8→13→12→11→15→16→17→23→22→21→19→20→KM3→0。若要使圆工作台停止运动，可按主轴停止按钮 SB1 或 SB2，则主轴与圆工作台同时停止工作。

表 6-2-6　圆工作台组合开关 SA1 通断表

位置 / 触头	圆工作台	
	接通	断开
SA1—1（17—18）	-	+
SA1—2（19—21）	+	-
SA1—3（11—21）	-	+

注：表中“+”表示动作，“-”表示不动作。

由上通电回路中可知，圆工作台不能反转，只能定向做回转运动。并且不允许工作台在纵向、横向和垂直方向上有任何运动。当圆工作台工作时，若误操作而扳动进给运动操纵手柄，由于实现了电气上的联锁，就立即切断圆工作台的控制电路，电动机停止运转。

五、镗床控制线路

T68 型镗床控制线路如图 6－2－12 所示。

1. 主轴启动及点动电气控制线路原理分析

（1）主轴电动机点动控制。主轴电动机 M1 由热继电器 KTH 做过载保护，熔断器 FU1 做短路保护，接触器 KM4 控制并兼做失压和欠压保护。控制电路的电源由控制变压器 TC 二次侧提供 110 V 电压。

主轴电动机正向点动控制是由正向点动按钮 SB4、接触器 KM1 和 KM4（使 M1 形成三角形，低速运转）实现的；主轴电动机反转控制由反向按钮 SB3 控制，以中间继电器 KA2、接触器 KM2，并配合接触器 KM3 和 KM4 来实现。

（2）主轴电动机正反转高速控制。低速时，主轴电动机 M1 定子绕组做△接法，$n=1\,460$ r / min；高速时，M1 定子线组为 YY 接法，$n=2\,880$ r / min。为了减小启动电流，先低速全压启动延时后转为高速转动。将变速机构转至“高速”位置，压下限位开关 SQ7，其常开触头 SQ7（11—12）闭合。

1）正转高速。用正向启动按钮 SB2 控制，中间继电器 KA1 线圈和接触器 KM3、KM1、KM4 的线圈及时间继电器 KT 相继得电，M1 连成三角形“△”低速转动，延时后，由 KT 控制，KM4 线圈失电，接触器 KM5 得电，M1 接成双星形高速转动。

2）反转高速。由 SB3 控制，KA2、KM3、KM2、KM4 和 KT 等线圈相继得电，M1 低速转动，延时后，KM4 线圈失电，KM5 线圈得电，M1 高速转动。

2. 主轴制动电气控制线路原理

T68 型镗床主轴电动机停车制动采用由速度继电器 KS、串电阻的双向低速反接制动。如 M1 为高速转动，则转为低速后再制动。

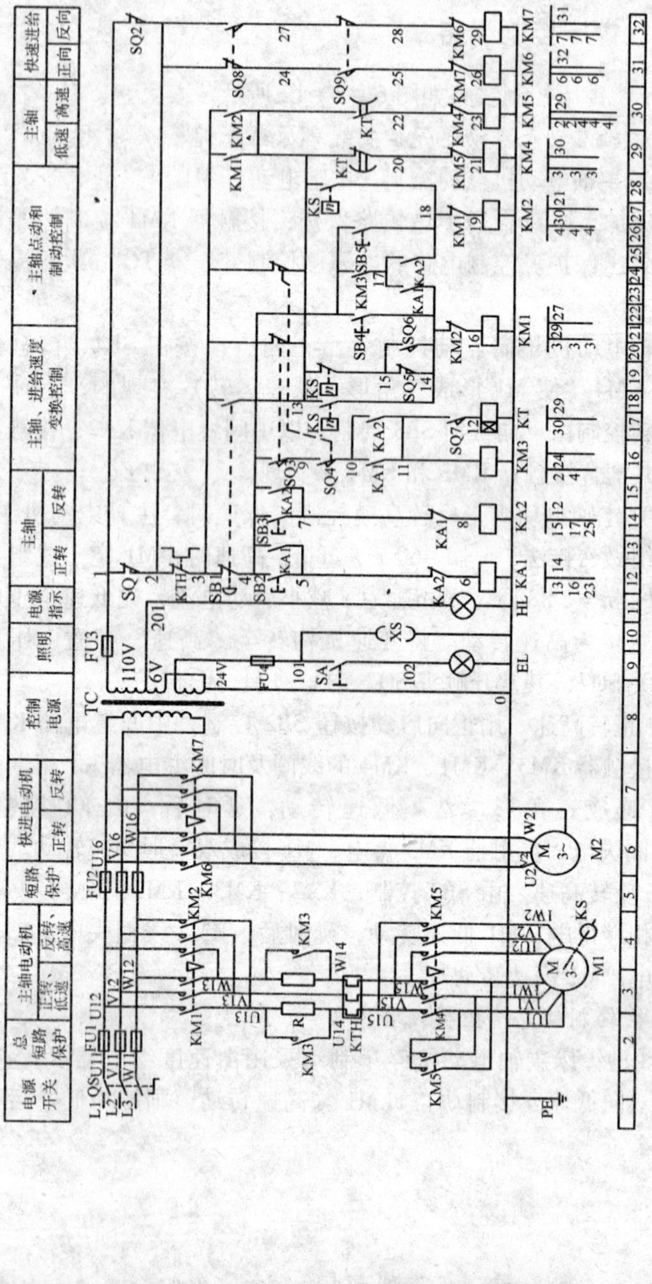

图6-2-12 T68型镗床控制线路

（1）主轴电动机高速正转反接制动控制。M1 高速转动时，位置开关 SQ7（11—12）常开触头闭合，KS 常开触头（13—18）闭合，KA1、KM3、KM1、KT、KM5 等线圈均已得电动作，停车时按停止按钮 SB1。

（2）主轴电动机高速反转反接制动控制。反转时，SQ7 常开触头（11—12）闭合，KS 常开触头（13－14）闭合，KA2、KM3、KM2、KM5 等线圈均已得电动作。按停止按钮 SB1 后，反接制动的工作原理与正转的相似。

3. 主轴变速或进给变速冲动电气控制线路原理

T68 型镗床主轴变速和进给变速分别由各自的变速孔盘机构进行调速。调速既可在主轴电动机 M1 停车时进行，也可在 M1 转动时进行（先自动使 M1 停车调速，再自动使 M1 转动）。调速时，使 M1 冲动以方便齿轮顺利啮合。

4. T68 型镗床刀架升降线路原理

先将有关手柄扳动，接通有关离合器，挂上有关方向的丝杆，然后由快速操纵手柄压动位置开关 SQ8 或 SQ9，控制接触器 KM6 或 KM7 线圈动作，使快速移动电机 M2 正转或反转，拖动有关部件快速移动。

将快速移动手柄扳到“正向”位置，压动 SQ9，SQ9 常开触头（24—25）闭合，KM6 线圈经（1→2→24→25→26→0）得电动作，M2 正向转动。将手柄板到中间位置，SQ9 复位，KM6 线圈失电释放，M2 停转。将快速手柄扳到“反向”位置，压动 SQ8，KM7 线圈得电动作，M2 反向转动。

5. 主轴箱、工作台和主轴机动进给联锁

为防止工作台、主轴箱与主轴同时机动进给，损坏机床或刀具，在电气线路上采取了相互联锁措施。联锁是通过两个并联的限位开关 SQ1 和 SQ2 来实现的。

当工作台或主轴箱的操作手柄扳在机动进给时，压动 SQ1，SQ1 常闭触头（1—2）分断；此时如果将主轴或花盘刀架操作手柄扳在机动进给时，压动 SQ2，SQ2 常闭触头（1—2）分断。两个限位开关的常闭触头都分断，切断了整个控制电路的电源，于是 M1 和 M2 都不能运转。

6. 辅助线路（照明、指示电路）

控制变压器 TC 的二次侧分别输出 24V 和 6V 电压（照明、指示电路参见 T68 型镗床控制线路图中 9 区、10 区、11 区），作为机床照明灯和指示灯的电源。EL 为机床的低压照明灯，由开关 SA 控制，FU4 做短路保护；HL 为电源指示灯，当机床电源接通后，指示灯 HL 亮，表示机床可以工作。

第七章　测量、节能和安全保护线路

第一节　电工仪表测量线路

一、电阻测量线路

电阻测量的方法较多，按获取测量结果的方式分为直接法、比较法和间接法三种，按所用仪表分类有万用表法、伏安法、兆欧表法、单双臂电桥法、接地电阻仪法五种。

1. 伏安法

把被测电阻接上直流电源，然后用电压表和电流表分别测得电阻两端电压和通过电阻的电流，再根据欧姆定律计算出被测电阻的方法称为伏安法。伏安法是一种间接测量方法。伏安法测量电阻线路如图 7－1－1 所示。

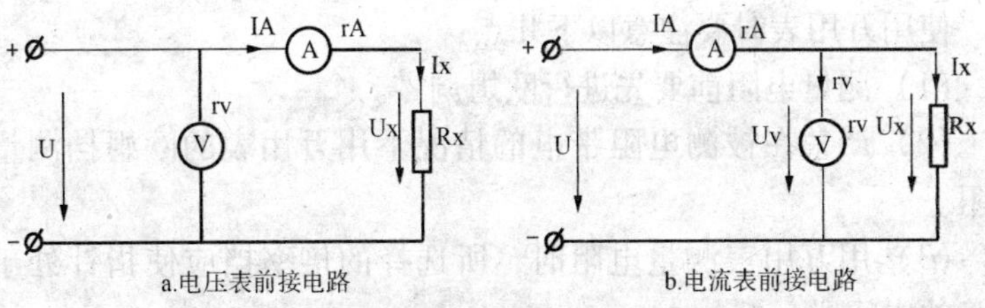

图 7－1－1　伏安法测量电阻线路

2. 万用表测量电阻线路

500 型万用表测量电阻线路如图 7－1－2 所示。当转换开关置于电阻挡时，其电阻挡是在 50 μA 挡的基础上扩展而成的。电阻 4.3 kΩ、1.6 kΩ 和可调电阻 1.9 kΩ 共同组成分压式欧姆调零电路，1.9 kΩ 可调电阻就是欧姆调零电阻。

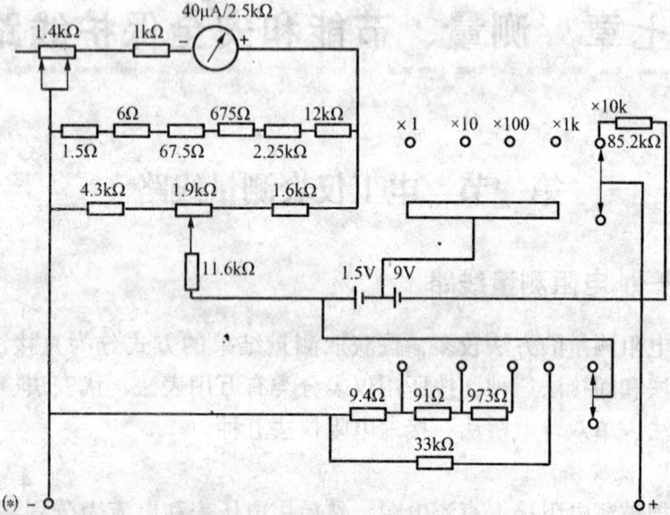

图 7－1－2　500 型万用表测量电阻线路

500 型万用表的电阻挡共有五挡倍率。×1 ~ ×10 k 各挡的欧姆中心值分别为 10 Ω、100 Ω、1 kΩ、10 kΩ 和 100 kΩ。

使用万用表时要注意以下几点：

（1）测量电阻前要先进行欧姆调零。

（2）严禁在被测电阻带电的情况下用万用表的欧姆挡测量电阻。

（3）用万用表测量电阻时，所选择的倍率挡应使指针处于表盘的中间段。

（4）万用表使用后，最好将转换开关置于最高交流电压挡或空挡。

3. 单臂电桥测量电阻线路

直流单臂电桥又称惠斯通电桥，是一种专门用来测量电阻的精密测量仪器。它的原理如图 7－1－3 所示，Rx、R2、R3、R4 分别组成电桥的四个臂。其中，Rx 称为被测臂，R2、R3 构成比例臂，R4 称为比较臂。

当接通按钮开关 SB 后，调节标准电阻 R2、R3、R4，使检流计 P 的指示为零，即 IP＝0，这种状态称为电桥的平衡状态。

电桥平衡的条件是 R2 · R4 ＝ Rx · R3。

将平衡条件的公式变为 $Rx=\frac{R2}{R3}\cdot R4$。该式说明，电桥平衡时，被测电阻 Rx＝比例臂倍率×比较臂读数。

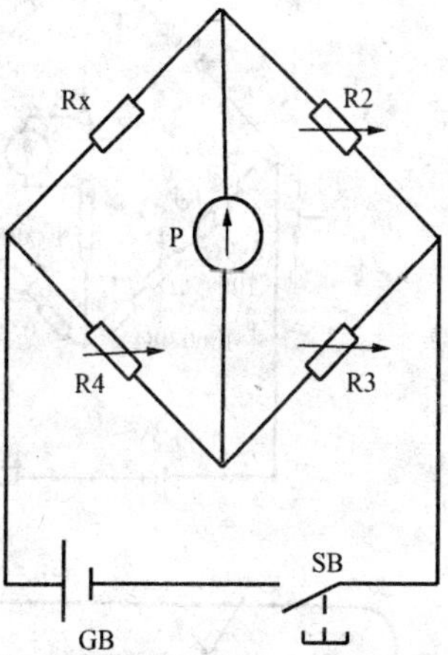

图 7－1－3 直流单臂电桥原理

QJ23 型直流单臂电桥的电路与面板图如图 7－1－4 所示。它的比例臂 R2/R3 由八个标准电阻组成，共分为七挡，由转换开关 SA 换接。比例臂的读数盘设在面板左上方。比较臂 R4 由四个可调标准电阻组成，它们分别由面板上的四个读数盘控制，可得到从 0～9 999 Ω 范围内的任意电阻值，最小步进值为1 Ω。

面板上标有“Rx”的两个端钮用来连接被测电阻。当使用外接电源时，可从面板左上角标有“B”的两个端钮接入。如需使用外附检流计时，应用连接片将内附检流计短路，再将外附检流计接在面板左下角标有“外接”的两个端钮上。

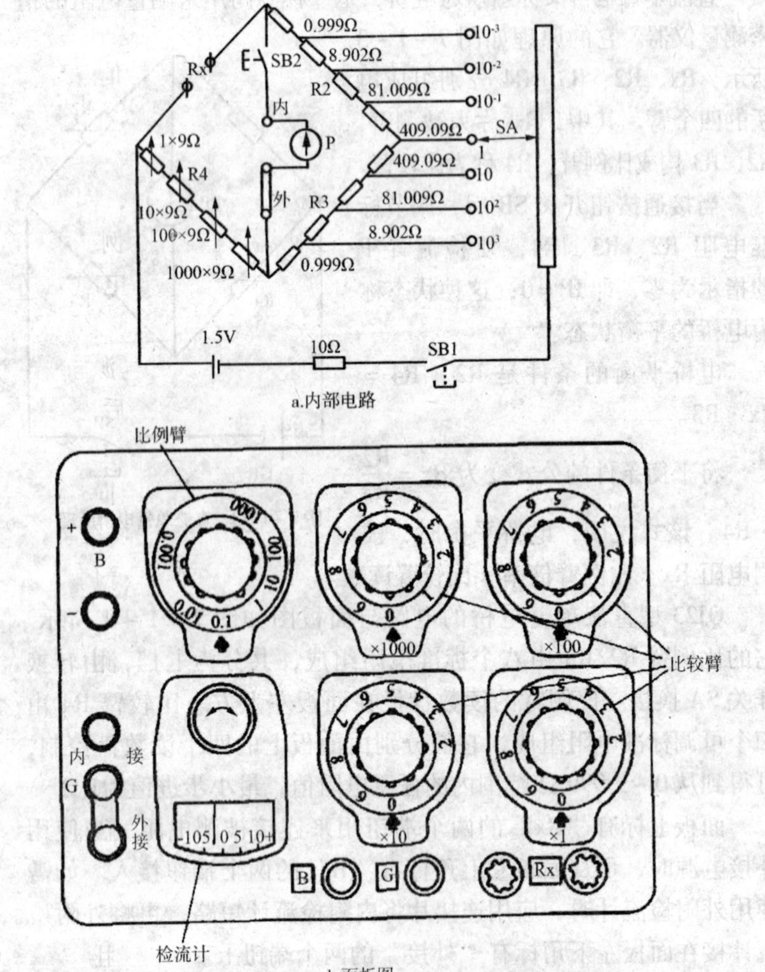

图 7－1－4　QJ23 型直流单臂电桥电路与面板图

直流单臂电桥是用来测量 1 Ω 以上直流电阻的较精密仪器。用其测量直流电阻的操作步骤如下：

（1）调整检流计零位。测量前应先将检流计开关拨向“内接”位置，即打开检流计的锁扣。然后调节调零器，使指针指在零位。

（2）用万用表的欧姆挡估测被测电阻值，得出估计值。

（3）接入被测电阻时，应采用较粗、较短的导线，并将接头拧紧。

（4）根据被测电阻的估计值，选择适当的比例臂，使比较臂的四挡电阻都能被充分利用，从而提高测量准确度。例如，被测电阻 Rx 为几十欧时，应选用 ×0.01 的比例臂。被测电阻为几百欧时，应选用 ×0.1 的比例臂。

（5）当测量电感线圈的直流电阻时，应先按下电源按钮，再按下检流计按钮；测量完毕，应先松开检流计按钮，后松开电源按钮。以免被测线圈产生自感电动势损坏检流计。

（6）电桥电路接通后，若检流计指针向“+”方向偏转，应增大比较臂电阻；反之，应减小比较臂电阻。

（7）电桥检流计平衡时，读取被测电阻值 = 比例臂倍率 × 比较臂读数。

（8）电桥使用完毕，应先切断电源，然后拆除被测电阻，最后将检流计锁扣锁上。

4. 双臂电桥测量电阻线路

直流双臂电桥又称凯文电桥。和直流单臂电桥相比，它能够消除接线电阻和接触电阻对测量结果的影响。因此，直流双臂电桥是专门用来精密测量 1 Ω 以下小电阻的仪器。

直流双臂电桥的原理如图 7－1－5 所示。与单臂电桥不同，被测电阻 Rx 与标准电阻 R4 共同组成一个桥臂，标准电阻 Rn 和 R3 组成另一个桥臂，Rx 与 Rn 之间用一阻值为 r 的导线连接起来。为了消除接线电阻和接触电阻的影响，Rx 与 Rn 都采用两对端钮，即电流端钮 C1、C2、Cn1、Cn2，电位端钮 P1、P2、Pn1、Pn2。桥臂电阻 R1、R2、R3、R4 都是阻值大于 10 Ω 的标准电阻。R 是限流电阻。

使用时调节各桥臂电阻，使检流计指零，即 IP = 0，电桥处于平衡状态。此时有

$$Rx = \frac{R2}{R1}Rn$$

为了使双臂电桥平衡时，求解 Rx 的公式与单臂电桥相同，双臂电桥在结构上采取了以下措施：

（1）将 R1 与 R3、R2 与 R4 采用机械联动的调节装置，使 R3/R1 的变化和 R4/R2 的变化保持同步，从而满足 R3/R1 = R4/R2。

（2）连接 Rx 与 Rn 的导线，尽可能采用导电性良好的粗铜母线，使 $r \to 0$。

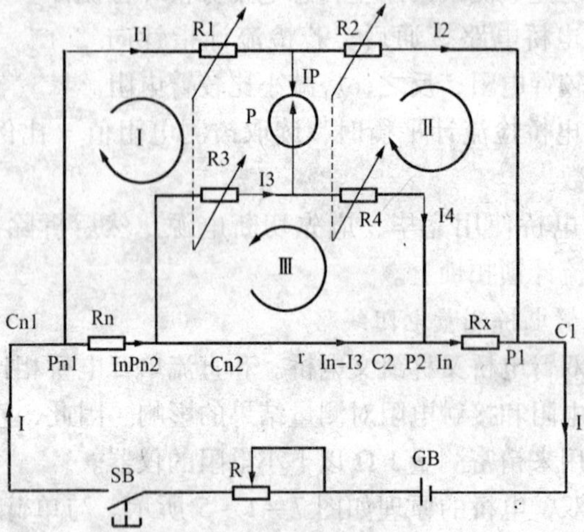

图 7－1－5　直流双臂电桥的原理

由于直流双臂电桥可以较好地消除接触电阻和接线电阻的影响，因而在测量小电阻时，能够获得较高的准确度。

QJ103 型双臂电桥的电路与面板图如图 7－1－6 所示。四个桥臂电阻做成固定倍率形式，通过机械联动转换开关 SA 的转换，

可得到×100、×10、×1、×0.1 和×0.01 五个固定倍率，并保持 R3/R1 = R4/R2。标准电阻 Rn 的数值可在 0.01 ~ 0.11 Ω 的范围内连续调节，其调节旋钮与读数盘一起装在面板上。测量时，调节倍率旋钮和 Rn 的调节旋钮使电桥平衡，检流计指零。此时，被测电阻 = 倍率数 × 读数盘读数。

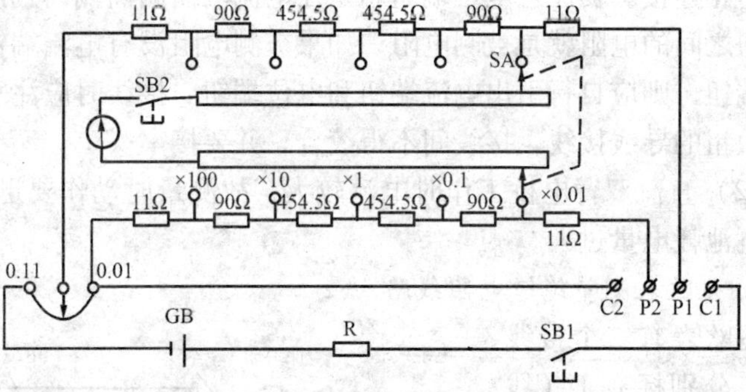

a.内部电路

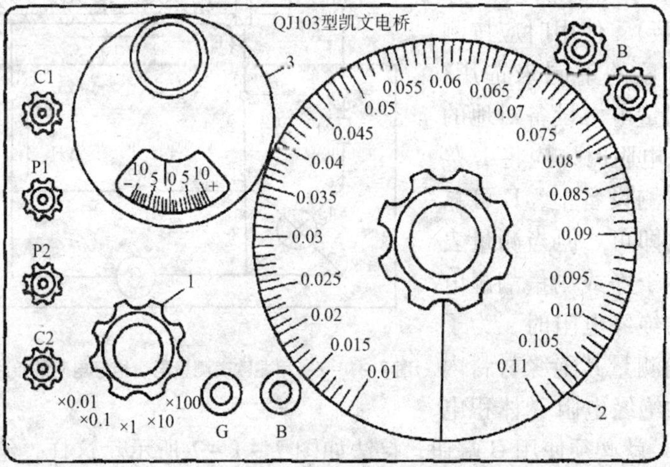

b.面板图

图 7－1－6　QJ103 型直流双臂电桥电路与面板图

1. 倍率旋钮　2. 标准电阻读数盘　3. 检流计

QJ103 型直流双臂电桥的测量范围是 0.0011 ~ 11 Ω，使用 1.5 ~ 2V 的直流电源，并备有外接电源用的接线端子。

直流双臂电桥的使用方法与单臂电桥基本相同。另外还应注意以下两点：

（1）被测电阻有电流端钮和电位端钮时，要与电桥上相应的端钮相连接。要注意电位端钮总是在电流端钮的内侧，且两电位端钮之间的电阻就是被测电阻。如果被测电阻没有电流端钮和电位端钮，则应自行引出电流端钮和电位端钮。接线时应注意尽量用短粗的导线接线，接线间不得绞合，并要接牢。

（2）直流双臂电桥工作时电流较大，故测量时动作要迅速，以免电池耗电量过大。

5. 兆欧表测量绝缘电阻线路

兆欧表有三个接线端钮，分别标有 L（线路）、E（接地）和 G（屏蔽），使用时应按测量对象的不同来选用。当测量电力设备对地的绝缘电阻时，应将 L 接到被测设备上，E 可靠接地即可。但当测量表面不干净或测量潮湿电缆的绝缘电阻时，为了准确测量其绝缘材料内部的绝缘电阻（体积电阻），就必须使用 G 端钮，接法如图 7－1－7 所示。这样，绝缘材料的表面漏电流 Is 沿绝缘体表面，经 G 端钮直接流回电源负极。而反映体积电阻的 Iv 则经绝缘电阻内部、L 接线端、线圈 1 回到电源负极。可见，屏蔽 G 的作用是屏蔽表面漏电电流。屏蔽

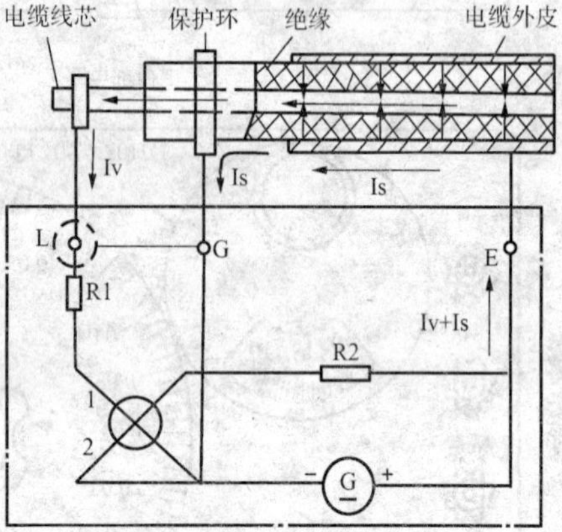

图 7－1－7　用兆欧表测量电缆绝缘电阻的接线

G 后的测量结果只反映了体积电阻的大小，因而大大提高了测量的准确度。

使用兆欧表前要先检查其是否完好。检查步骤是：在兆欧表未接通被测电阻之前，摇动手柄使发电机达到 120 r/min 的额定转速，观察指针是否指在标度尺的“∞”位置。再将端钮 L 和 E 短接，缓慢摇动手柄，观察指针是否指在标度尺的“0”位置。如果指针不能指在相应的位置，表明兆欧表有故障，必须检修后才能使用。

使用兆欧表的注意事项如下：

（1）测量绝缘电阻必须在被测设备和线路停电的状态下进行。对含有大电容的设备，测量前应先进行放电，测量后也应及时放电，放电时间不得小于 2 min，以保证人身安全。

（2）兆欧表与被测设备间的连接导线不能用双股绝缘线或绞线，应用单股线分开单独连接，以避免线间电阻引起的误差。

（3）摇动手柄时应由慢渐快至额定转速 120 r/min。在此过程中，若发现指针指零，说明被测绝缘物发生短路事故，应立即停止摇动手柄，避免表内线圈因发热而损坏。

（4）测量具有大电容设备的绝缘电阻，读数后不能立即停止摇动兆欧表，以防止已充电的设备放电而损坏兆欧表。应在读数后一边降低手柄转速，一边拆去接地线。在兆欧表停止转动和被测物充分放电之前，不能用手触及被测设备的导电部分。

6. 接地电阻仪测量接地电阻线路

接地电阻仪测量接地电阻线路如图 7－1－8 所示。使用前先将仪表放平，然后调零。将电位探针 P′插在被测接地极 E′和电流探针 C′之间，三者成一直线，彼此相距 20 m。再用导线将 E′与仪表端钮 E 相接，P′与端钮 P 相接，C′与端钮 C 相接，如图 7－1－8a所示。四端钮测量仪接线如图 7－1－8b 所示。当被测电阻小于 1 Ω 时，为消除接线电阻和接触电阻的影响，应采用四端钮测量仪，接线如图 7－1－8c 所示。

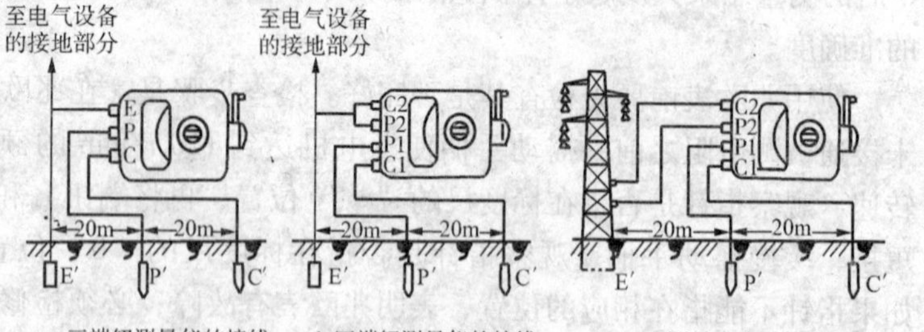

a.三端钮测量仪的接线　b.四端钮测量仪的接线　c.测量小电阻的接线

图 7－1－8　接地电阻仪测量接地电阻线路

二、电流测量线路

1. 直流电流表测量线路

直流电流表测量线路如图 7－1－9 所示。直流电流表的正极应与电源的正极接线端子相连，仪表的量程应选为被测电流的 1.5～2 倍；应注意使电流表接在被测电路的低电位端，以免使电流表的通电线圈与外壳间形成高电压。

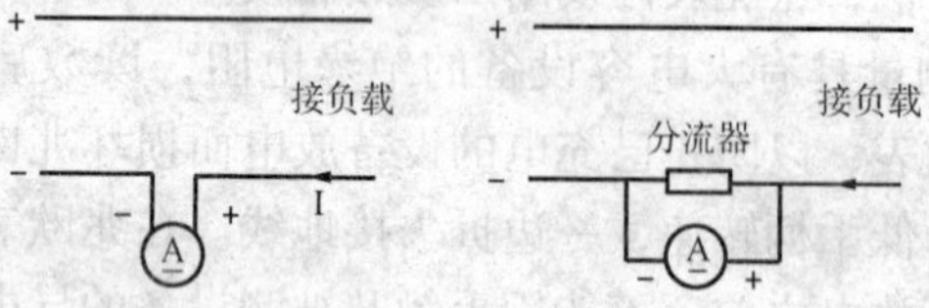

a.直接接入法　b.带分流器的接入法

图 7－1－9　直流电流表测量线路

2. 交流电流测量线路

（1）交流电流表测量线路：

1）单相交流电流表测量线路。单相交流电流表测量线路如图 7－1－10 所示。图 7－1－10a 为直接接入测量，电流表读数即为被测电流。图 7－1－10b 为间接接入测量，用于大电流的测量，电流表经电流互感器 TA 接入被测电路，电流表读数为 I/Ki

（Ki 为电流互感器的电流比）。一般情况下，所选用的电流表是专门配用电流互感器的，这时电流表读数 I 即为被测电流。在使用电流互感器时，二次侧不允许开路，否则会产生高压，对人及电气设备造成危害。

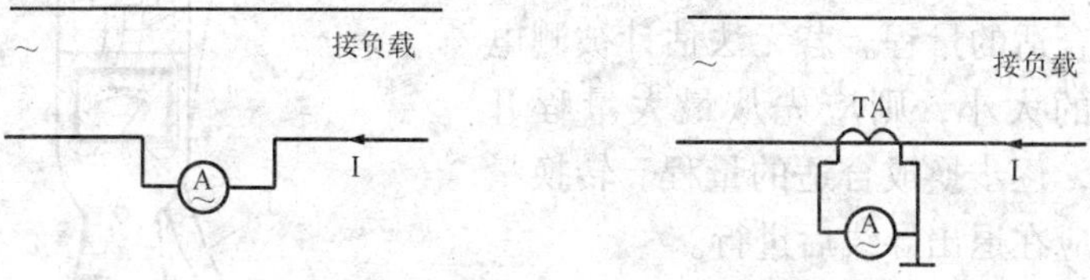

a.直接接入法　　b.电流互感器接入法

图 7-1-10　单相交流电流表测量线路

2）三相交流电流表测量线路。三相交流电流表测量线路如图 7-1-11 所示。图 7-1-11a 为三只互感器接入三只交流电流表，接线时三只互感器的一端必须接地，以保证人身和电气设备的安全。图 7-1-11b 为两只互感器接入三只交流电流表，这种接法可省去一只交流互感器。

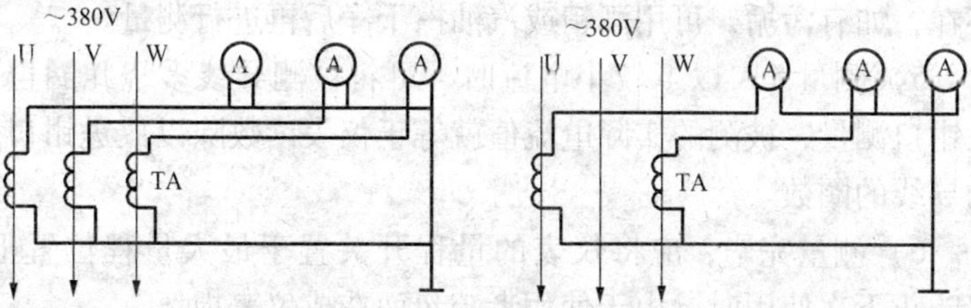

a.三只互感器接法　　b.两只互感器接法

图 7-1-11　三相交流电流表测量线路

（2）钳形电流表测量线路。钳形电流表的最大优点是能在不停电的情况下测量电流。根据其结构及用途，钳形电流表分为互感器式和电磁系两种。互感器式钳形电流表由电流互感器和整流仪表组成，如图 7-1-12 所示，它只能测量交流电流。

钳形电流表使用时应注意以下几点：

1）测量前将电动机与电源连接好，先检查钳形表有无损坏。

2）估计被测电流的大小，选择合适的量程。若无法估计被测电流的大小，则应先从最大量程开始，逐步换成合适的量程。转换量程应在退出导线后进行。

3）测量并读取测量结果。合上电源开关，将被测电流导线置于钳口内的中心位置，以免增大误差；若量程不对，应在退出钳口后转换量程开关。如果转换量程后指针仍不动，需继续减小量程至较小量程。

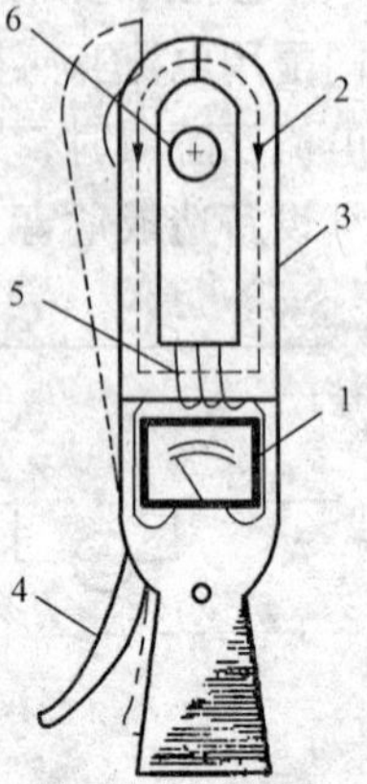

图 7－1－12　互感器式钳形电流表

1. 电流表　2. 电流互感器　3. 铁芯　4. 把手　5. 二次侧　6. 被测导线

4）使用时钳口的结合面要保持良好的接触，如有杂音，应将钳口重新开合一次；若杂音依然存在，应检查钳口处有无污垢存在，如有污垢，可用酒精或汽油擦干净后再进行测量。

5）测量 5 A 以下较小电流时，可将被测导线多绕几圈再放入钳口测量，被测的实际电流值就等于仪表读数除以放进钳口中的导线的圈数。

6）测量完毕，应将仪表的量程开关置于最大量程位置上，以防止下次使用时，由于使用者疏忽而造成仪表损坏。

三、电压测量线路

1. 直流电压测量线路

直流电压表直接测量线路如图 7－1－13a 所示。测量时直接将直流电压表接于电路中，直流电压表的正负极与电路中的电压正负极对应相接。如果直流电压表测量机构的内阻不够大，测量电压又较高时，就需增加一个串联电阻 Ri（倍压器）来降低仪表机构的电压，如图 7－1－13b 所示。如果电源有接地，则应将电压表靠近接地的一端，即低电位端。

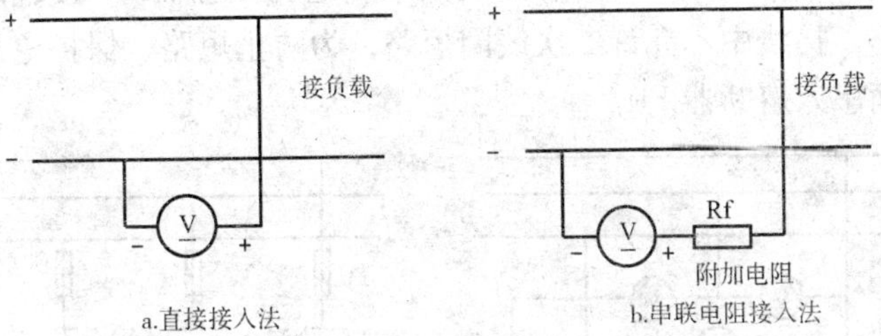

图 7－1－13　直流电压表直接测量线路

2. 交流电压测量线路

（1）单相交流电压测量线路。单相交流电压测量线路如图 7－1－14所示。图 7－1－14a 为单相交流电压表直接并入电路，这时电压表 V 的读数为该电路两点端电压有效值。图 7－1－14b 为交流电压表经电压互感器 TV 接入电路，适用于高电压的测量，这时电压表的读数为 U/KU（KU 为电压互感器的变压比）。般情况下，选用的是配专用电压互感器的电压表，这时电压表的读数就等于电路电压 U。如果二次侧发生短路故障，将产生很大的短路电流，损坏电压互感器，所以接入 FU 起短路保护作用。为防止高压窜入低压的危险，铁芯和二次绕组要接地。

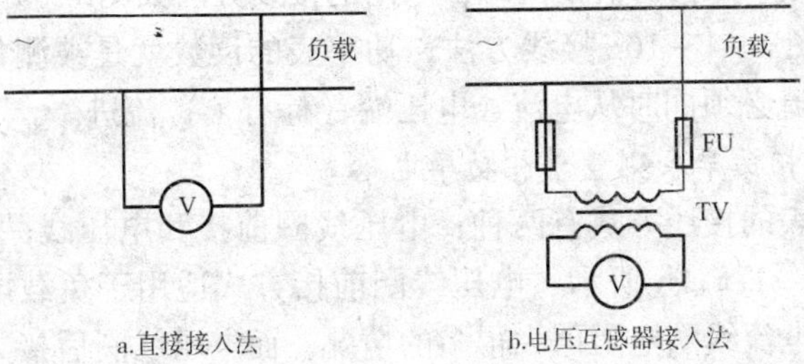

图 7－1－14　单相交流电压测量线路

（2）三相交流电压测量线路。三相交流电压测量线路如图 7－1－15所示。图 7－1－15a 为三只交流电压表直接并入三相电路测量三相电压，这时各电压表的读数即为该相电路两点端电压的有效值 U。图 7－1－15b 为两只单相电压互感器 TV 接线的测量电路。接线中不允许二次线圈短路，为防止短路、保护电压互感器而串入熔断器 FU。

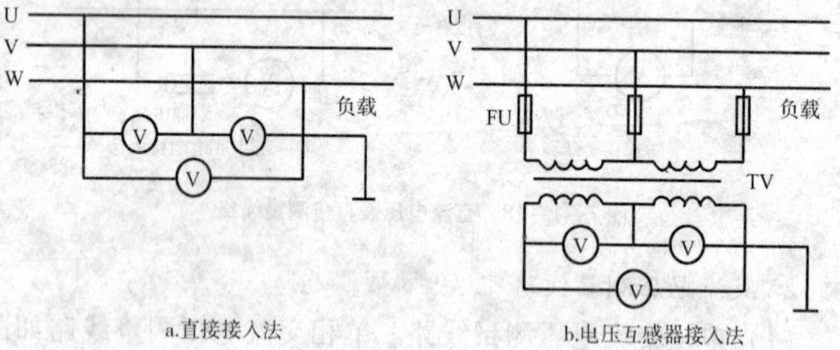

图 7－1－15　三相交流电压测量线路

四、功率测量线路

1. 直流电路功率的测量

直流电路功率的测量有使用电压表、电流表法和功率表（瓦特表）法两种。前者功率 P 等于电压表和电流表读数的乘积，即 P＝UI。为减少测量误差，在负载电阻器 RL、电压表内阻 RV 和电流表内阻 RA 相对值不同时，采用的接线方法如图 7－1－16a、b 所示。图 7－1－16c 接线方法，功率表的读数就是被测负载的功率，电流必须同时从电流、电压端（标有＊）流进。

2. 单相功率表测量单相功率电路

功率表的接线方式有两种：电压线圈前接和电压线圈后接，如图 7－1－17a、b 所示。电压线圈前接方式适用于负载电阻值比功率表电流线圈电阻值大得多的情况，而电压线圈后接方式适用于负载电阻值比功率表电压线圈支路电阻值小得多的情况。另外，为了保证功率表安全可靠地运行，常将功率表与电流表、电压表联合使用，其接线方式如图 7－1－17c 所示。

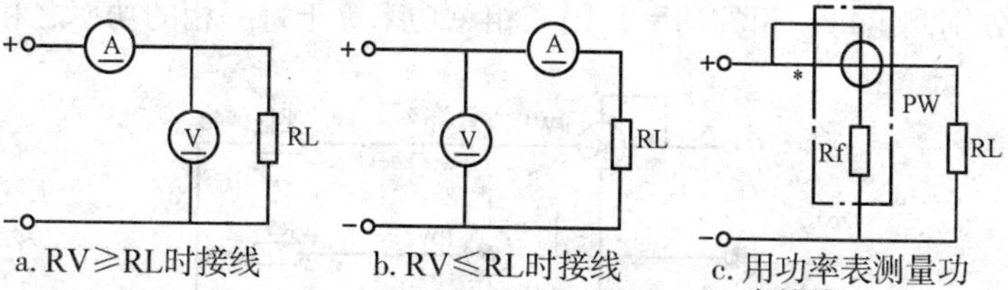

a. RV≥RL时接线　b. RV≤RL时接线　c. 用功率表测量功率接线

图 7－1－16　直流电路功率的测量

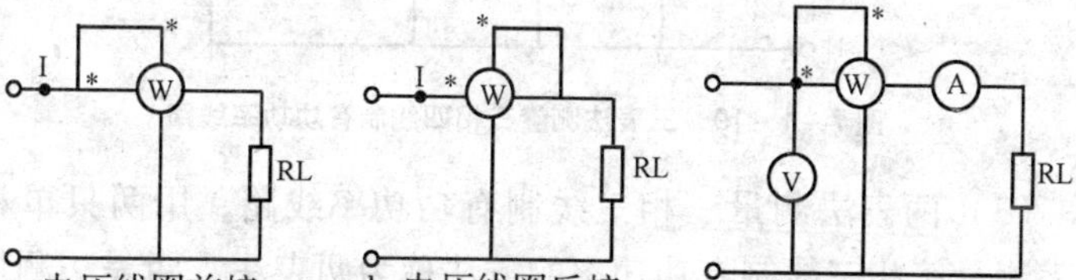

a. 电压线圈前接　b. 电压线圈后接　c. 功率表与电流表、电压表的联合接线

图 7－1－17　功率表接线

3. 三相有功功率测量线路

（1）一表法测量三相有功功率。在三相四线制电路中若负载对称，可用一只单相功率表测量其中一相负载的功率，然后将该表读数乘以 3 即为三相对称负载的总功率。一表法测量三相对称负载功率线路如图 7－1－18 所示。

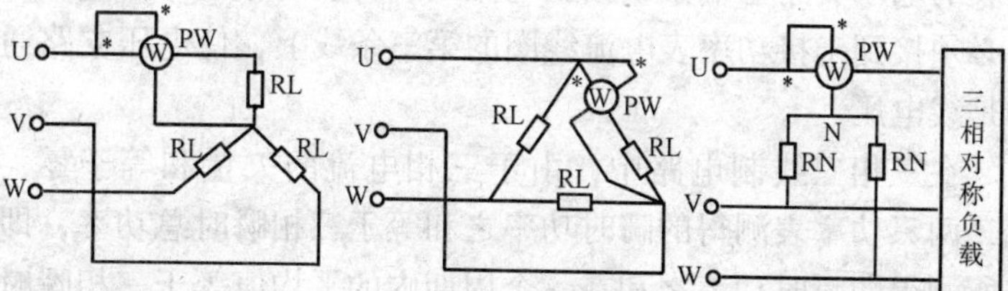

a. Y接对称负载　b. △接对称负载　c. 人工中点法

图 7－1－18　一表法测量三相对称负载功率线路

(2) 三表法测量三相四线制有功功率线路。三表法测量三相四线制有功功率线路如图 7-1-19 所示，用三只单相功率表分别测出每一相的功率，则三相总功率等于每一相的功率之和。

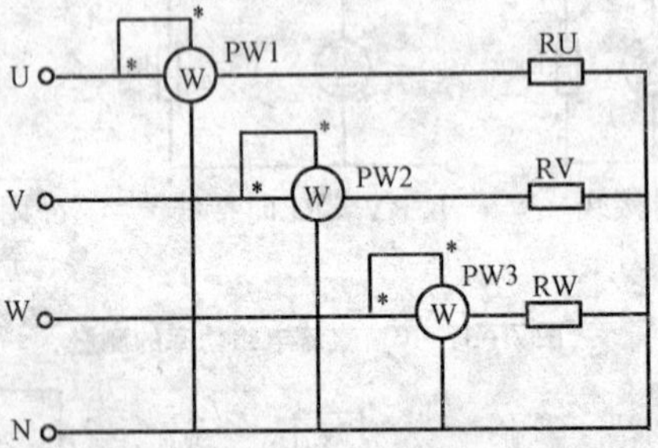

图7-1-19 三表法测量三相四线制有功功率线路

(3) 两表法测量三相三线制有功功率线路。用两只单相功率表测量三相三线制有功功率的方法称为两表法，两表法测量三相三线制有功功率线路如图 7-1-20所示。这是用单相功率表测量三相三线制电路功率的最常用方法，而且不管三相负载是否对称。图中功率表 PW1、PW2 的电流线圈串联任意两相相线中，两只表的电压支路正端必须接至电流线圈所接的相线上，而另外一端必须接到未接功率表电流线圈的第三条线上，使电压支路通过的是线电压。

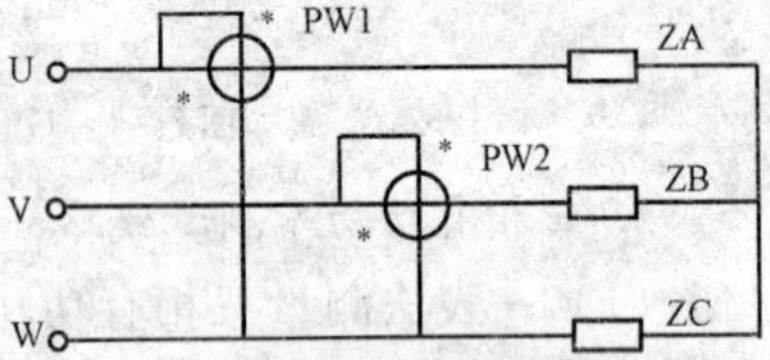

图7-1-20 两表法测量三相三线制有功功率线路

在三相三线制电路中，由于三相电流的矢量和等于零，因此，两只功率表测得的瞬时功率之和等于三相瞬时总功率，即两表所测得的瞬时功率之和在一个周期内的平均值等于三相瞬时功率在一个周期内的平均值，所以有功功率就是两只功率表的代数和。

在三相四线制不对称负载电路中，因三相电流瞬时值之和不等于零，所以此种测量方法只适用于三相三线制电路，而不适用于三相四线制电路。

(4) 三相功率表测量三相三线制有功功率线路。在实际应用中，为测量方便，往往采用三相功率表，常用的三相功率表有三相二元功率表和三相三元功率表两种。三相二元功率表适用于测量三相三线制或负载完全对称的三相四线制的电路。

三相二元功率表由两只单相功率表的测量机构组成，故又称为两元件三相功率表。在它的内部装有两组固定线圈以及固定在同一转轴上的两个可动线圈，因此仪表的总转矩等于两个可动线圈所受转矩的代数和，能直接反映出三相功率的大小。这种功率表的接线方式与两表法测量时的接线方式也完全一样。三相功率表测量三相三线制有功功率线路如图 7－1－21 所示。

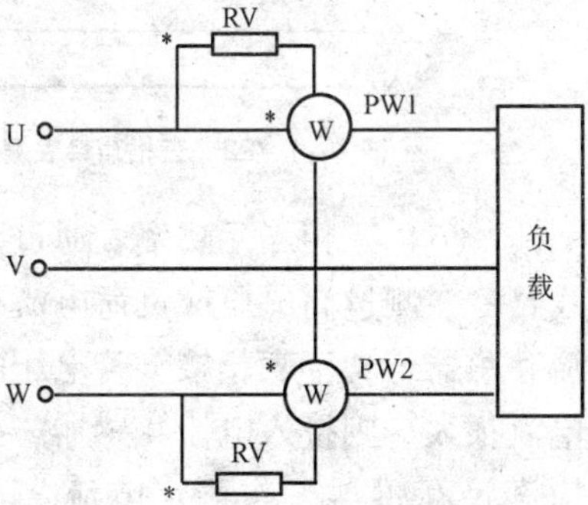

图 7－1－21　三相功率表测量三相三线制有功功率线路

(5) 三相功率表测量三相四线制有功功率线路。三相三元功率表适用于测量一般三相四线制电路的功率。三相三元功率表包含有 3 个独立单元，用来测量三相四线电路功率，三相功率表测量三相四线制有功功率线路如图 7－1－22 所示。仪表外壳上有 10 个接线端钮，包括 3 个电流线圈的 6 个端钮和 3 个电压线圈的 4 个端钮。接线时将 3 个电流线圈分别串联在三相电路中，3 个电压线圈则应分别并联在三根电路和零线上。

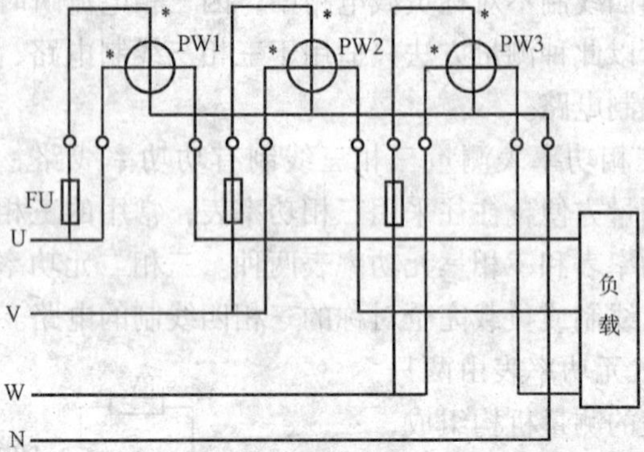

图 7-1-22 三相功率表测量三相四线制有功功率线路

（6）三相二元功率表通过互感器测量三相三线制有功功率线路。在测量高电压或负荷电流很大的功率时，要通过电压或电流互感器与功率表相接。若电压高，则接入电压互感器，若负载电流很大，则接入电流互感器。接线时除功率表电流和电压量程应满足互感器二次额定电流和电压（电流互感器二次额定电流为 5 A，电压互感器二次额定电压为 100 V）外，还应注意功率表的极性不能接反，并应根据电压和电流互感器的电压比和电流比计算出功率表的倍率。配用互感器的三相功率表的表盘刻度实际上是按扩大量程后的数值刻度的。

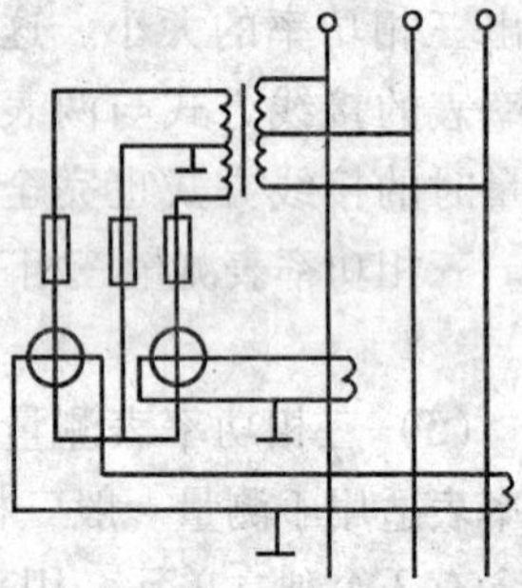

图 7-1-23 三相二元功率表通过互感器测量三相三线制有功功率线路

三相二元功率表经互感器接入电路，测量三相三线电路的三相有功功率，如图 7-1-23 所示。

（7）三相三元功率表通过互感器测量三相三线制有功功率

线路。在三相四线制中性点接地低压 380/220 V 供电系统中，为了满足三相功率表扩大电流量程的需要，可经电流互感器接入三相三元功率表。读数时应乘以电流互感器的电流比（倍率）。接线时，应将电流互感器的 K1 端分别接入功率表带 * 的电流接线端子，K2 端接入不带 * 的电流端子，且 K2 端应接地或接零。带 * 的电压端子应接在电流互感器的 L1 端，不带 * 的电压端子接在零线上，如图 7－1－24 所示。

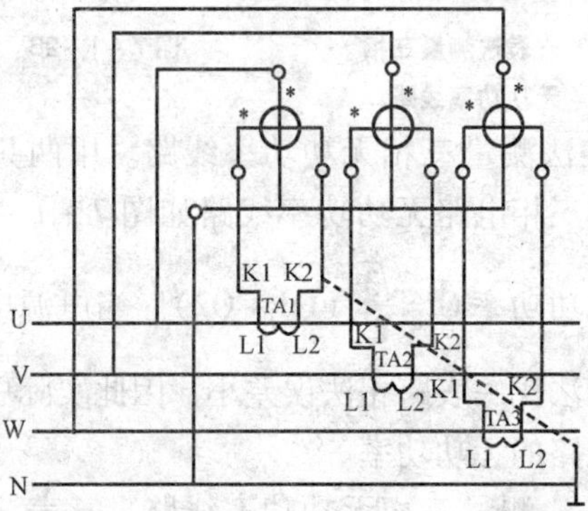

图 7－1－24 三相二元功率表通过互感器测量三相三线制有功功率线路

4. 三相无功功率测量线路

（1）一表法测量三相无功功率线路。一表法测量三相无功功率线路如图 7－1－25 所示。如果改变接线方式，设法使功率表电压支路上的电压 u 与电流线圈上的电流 i 之间的相位差为 90°－φ，这样有功功率表读数就是无功功率了。

在对称三相电路中，线电压 Uvw 与相电压 Uu 之间有相位差，也就是当 Uvw 和相电流 IU 之间差 φ 角时，Uvw 和 Iu 之间相差 90°－φ 相位角。把 Uvw 加到功率表的电压支路上，电流线圈仍然接在 U 相，这时功率表的读数为 Q′＝UvwIucos（90°－φ）。而对称三相电路中的无功功率因数为 Q＝UlIlsinφ（Ul、Il 为线电压与线电流）。

比较上面两个式子可知，只要把上述有功功率表读数 Q′乘以$\sqrt{3}$，就可得到对称三相电路的总无功功率。

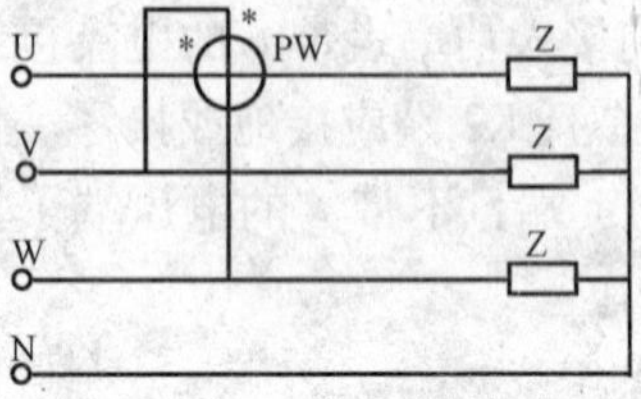

图 7－1－25　一表法测量三相无功功率线路

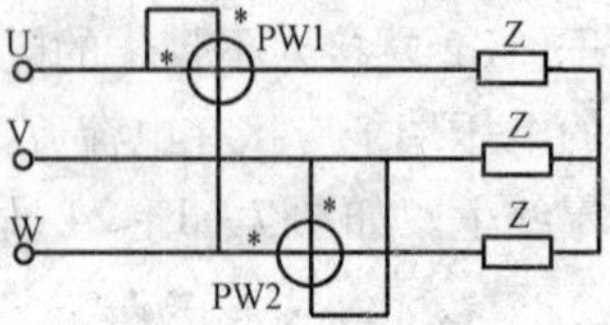

图 7－1－26　两表法测量三相无功功率线路

（2）两表法测量三相无功功率线路。用两只功率表或三相二元功率表测三相电路无功功率线路如图 7－1－26 所示，得到的三相电路无功功率 $Q=\frac{\sqrt{3}}{2}(Q1+Q2)$。当电源电压不完全对称时，两表跨相法比一表跨相法误差小，因此实际中常用两表跨相法测量三相电路的无功功率。

（3）三表法测量三相无功功率线路。三表法测量三相无功功率线路如图 7－1－27 所示。采用三只单相功率表，每只表都按一表跨相法的原则接线，得到的三相电路无功功率 $Q=\frac{1}{\sqrt{3}}(Q1+Q2+Q3)$。即三相电路总的无功功率等于三只单相功率表的读数之和除以$\sqrt{3}$。

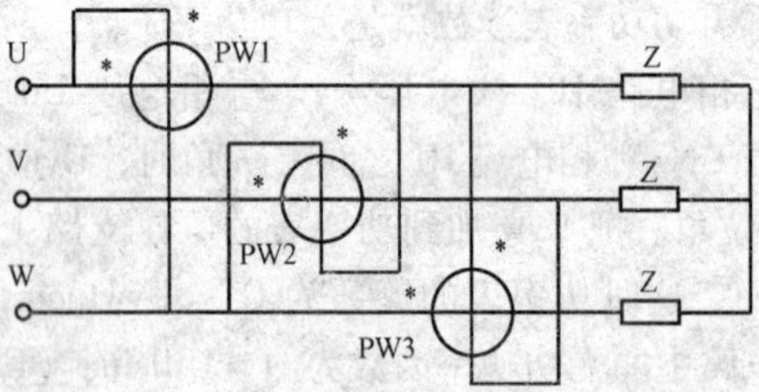

图 7－1－27　三表法测量三相无功功率线路

五、电能测量线路

1. 单相有功电能测量线路

单相电能表（电度表）的接线方式主要有直接接入式（直入式）和经电流互感器接入（带电流互感器）两种。

（1）直入式单相电能表测量线路。单相电能表按照表内接线方式不同，又可分跳入式和顺入式两种。国产单相电能表绝人多数是跳入式，如图 7－1－28a 所示，其端子 1、2 为电流线圈，串联在相线中；端子 3、4 在表内短接后与电压线圈尾端相连，表外则与零线相接，端子 1、4 或 1、3 为电压线圈与电路并联。

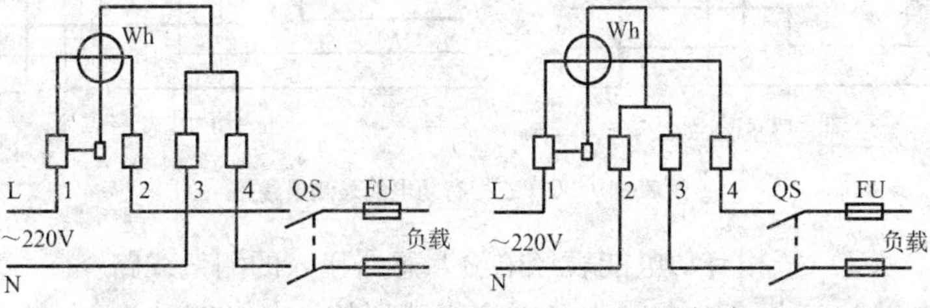

a.跳入式　　b.顺入式

图 7－1－28　单相电能表测量线路

顺入式单相电能表接线如图 7－1－28b 所示，其端子 1、4 为电流线圈，1、2 或 1、3 为电压线圈。

（2）单相电能表带电流互感器测量线路。单相电能表带互感器测量线路如图 7－1－29所示。由于电能表本身不能承受大电流通过，故测量大功率时，必须带电流互感器接入进行测量。

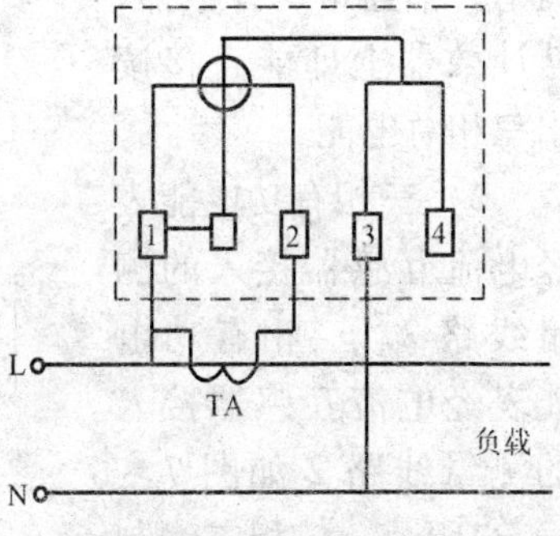

图 7－1－29　单相电能表带互感器测量线路

2. 三相有功电能测量线路

三相电能的测量通常选用三相有功电能表，三相有功电能表分为三相三线制表和三相四线制表。分别与三相三线制和三相四线制电路相接。三相有功电能表的常用规格有 3 A、5 A、10 A、25 A、50 A、75 A 和 100 A 等多种。接线时，电压线圈应并联在电路中，电流线圈应串联在电路中。

（1）三相有功电能表的测量线路。常见三相三线制和三相四线制有功电能表测量线路如图 7－1－30 所示。

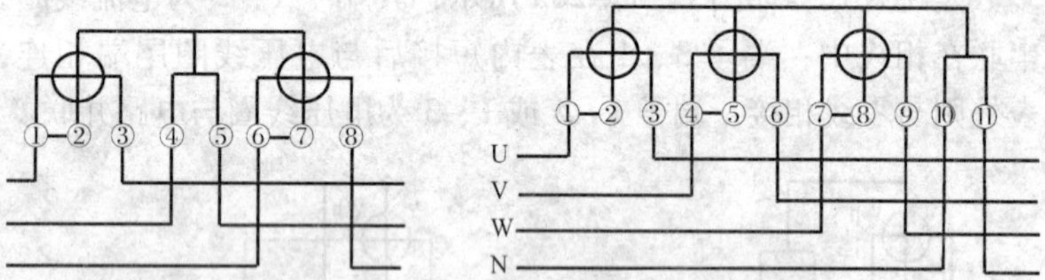

a.三相三线表　　b.三相四线表

图 7－1－30　三相有功电能表测量线路

（2）三相有功电能表经电流互感器接入的测量线路：

1）三相有功电能表经电流互感器接入的测量线路 1。三相有功电能表经电流互感器接入的测量线路 1 如图 7－1－31 所示。在实际应用中，三线三相制电路的测量大多采用三线三相制电能表，它的特点是有两组电磁元件分别作用在固定于同一转轴的铝盘上，铝盘带动计数器，从计数器上即能直接读出三相总电能。

2）三相有功电能表经电流互感器接入的测量线路 2。三相有功电能表经电流互感器接入的测量线路 2 如图 7－1－32所示。三相三线制

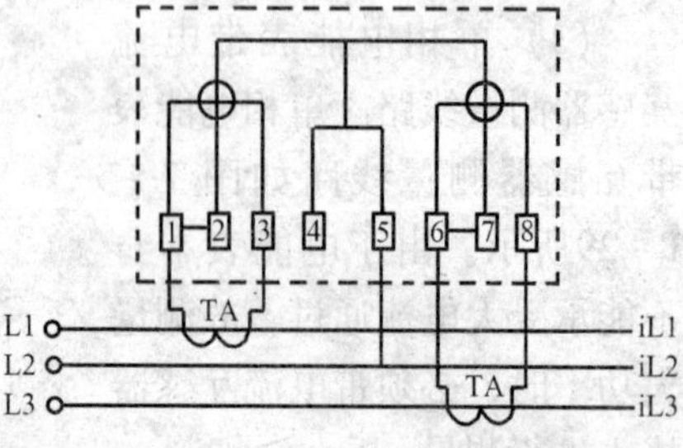

图 7－1－31　三相有功电能表经电流互感器接入的测量线路 1

电路所用的电能表结构与单相的基本相同，只不过它具有两组电压线圈、电流线圈。本线路是采用两只单相电流互感器来测量三相三线制电路的电能，将两只电能表的读数相加即为三相总电能。

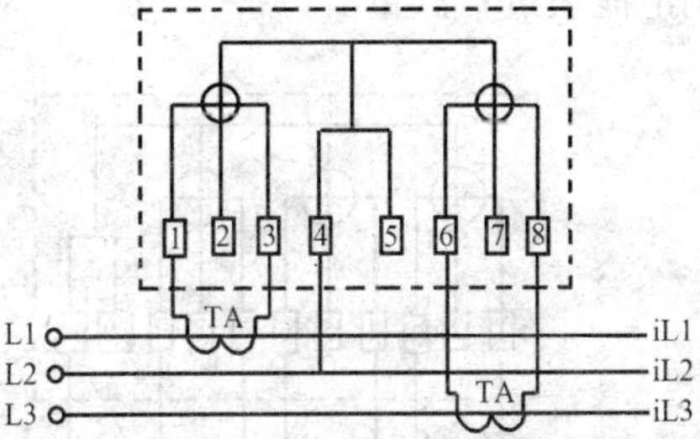

图 7－1－32　三相有功电能表经电流互感器接入的测量线路 2

3）三相有功电能表经电流互感器接入的测量线路 3。三相有功电能表经电流互感器接入的测量线路 3 如图 7－1－33 所示。在该线路中，三只有功电能表上即可读出各相的电能。在对称的三相四线制电路中，也可以用一只单相电能表测量任意一相负载所消耗的电能，然后乘以 3 即得到三相消耗的总电能。

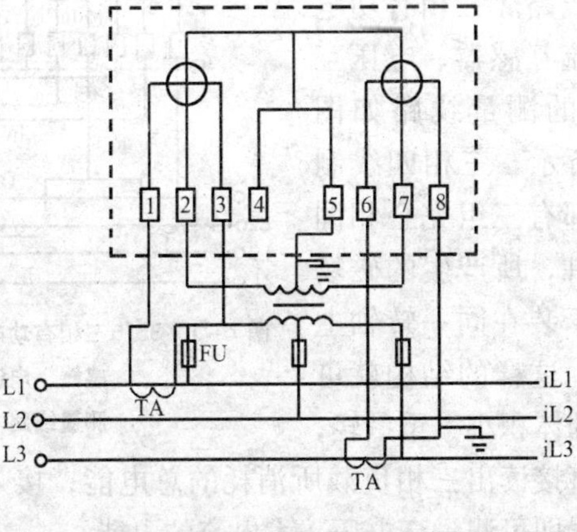

图 7－1－33　三相有功电能表经电流互感器接入的测量线路 3

4）三相有功电能表经电流互感器接入的测量线路4。三相有功电能表经电流互感器接入的测量线路4如图7－1－34所示。在三相负载不对称时，就得用三只电能表分别测量三相负载所消耗的电能，但这样既不直接又不经济。实际应用中多采用本线路的三相四线制电能表进行测量。

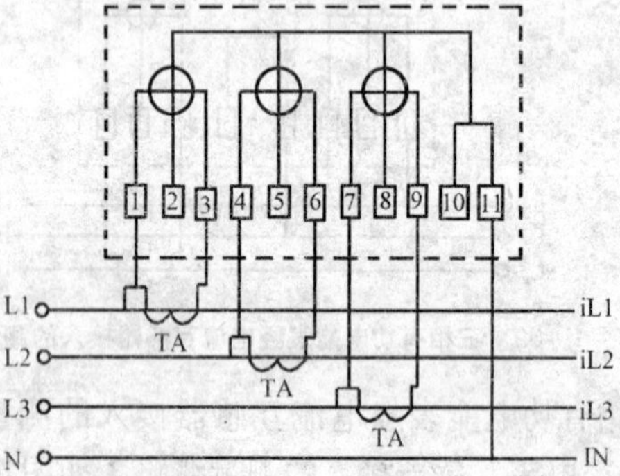

图7－1－34 三相有功电能表经电流互感器接入的测量线路4

（3）三相有功电能表经电流互感器、电压互感器接入的测量线路。三相有功电能表经电流互感器、电压互感器接入的测量线路如图7－1－35所示。三相四线制电能表内部有三组完全相同的电磁元件，所产生的磁场分别作用于装在同一转轴上的铝盘上。这样的结构就可使电能表的体积小、重量轻，而且可以直接读出三相负载所消耗的总电能，接入电压互感器、电流互感器即可测量高电压、大电流的电能。

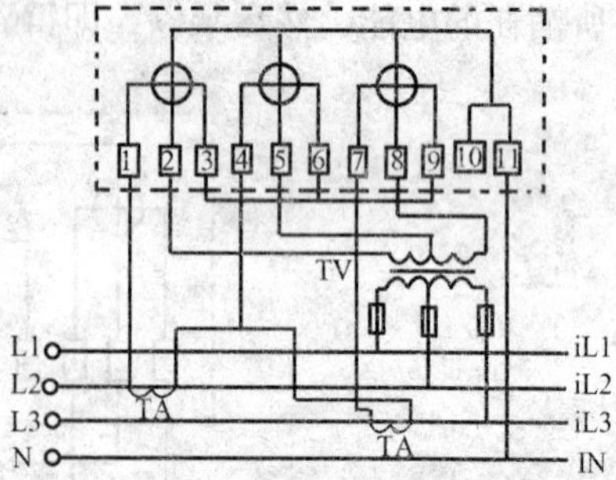

图7－1－35 三相有功电能表经电压互感器、电流互感器接入的测量线路

(4) 三只单相电能表接入三相四线制的测量线路。三只单相电能表接入三相四线制的测量线路如图 7－1－36 所示。若用三只单相电能表也能组成测量三相四线制电能的测量线路。

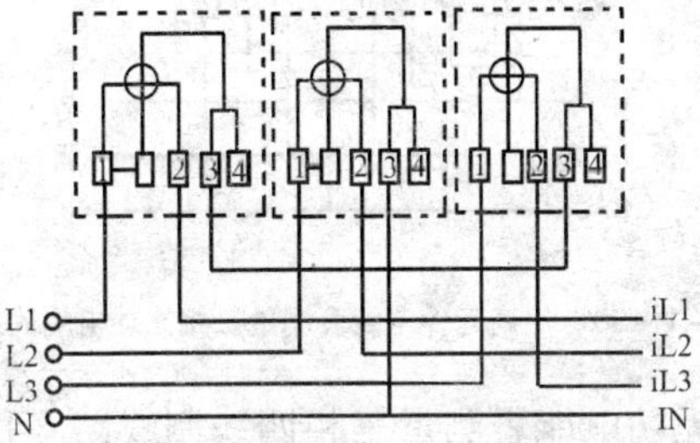

图 7－1－36　三只单相电能表接入三相四线制的测量线路

3. 三相无功电能的测量线路

(1) 用单相电能表测量三相无功电能的线路。用单相电能表测量三相无功电能的线路如图 7－1－37 所示。如无功电能的测量与有功电能的测量配合进行，即可算出用电的功率因数来。因此，通过无功电能的测量可使设备的利用率提高。

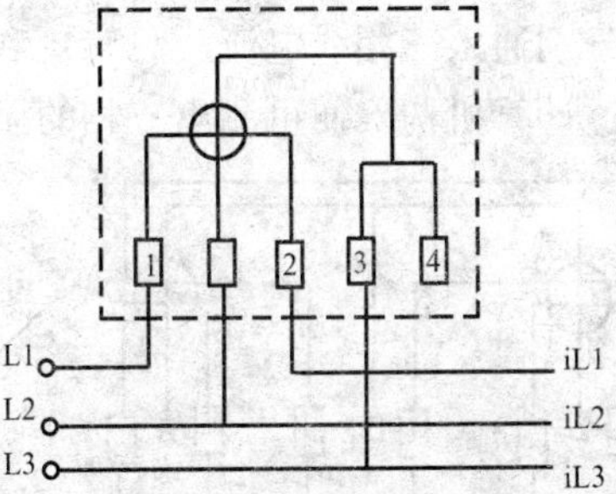

图 7－1－37　用单相电能表测量三相无功电能的线路

(2) 用两元件电能表测量三相无功电能的线路。用两元件电能表测量三相无功电能的线路如图 7－1－38 所示。本线路是利用两元件有功电能表经电流互感器 TA 去测量三相无功电能的线路。

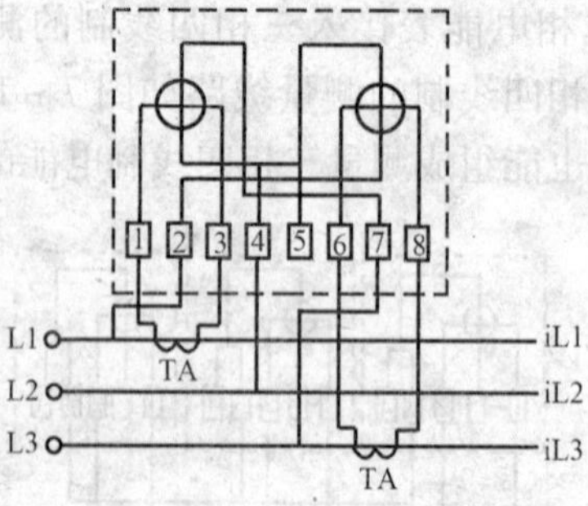

图 7-1-38　用两元件电能表测量三相无功电能的线路

（3）三相无功电能表测量三相四线制线路。目前国产 DX1、DX15、DX18 等型（具有附加电流线圈）三相无功电能表适用于电源对称、负载不对称的三相三线制和三相四线制电路无功电能的测量，接线如图 7-1-39 所示。它由两组元件组成，其内部的基本结构和两元件有功电能表相似。不同的是，每个电流元件的铁芯除了基本线圈外还有附加线圈，两个线圈的匝数相等，极性相反，并绕在同一铁芯上，所以铁芯的总磁通为两者所产生的磁通之差，产生的转矩也与两线圈电流之差有关。基本线圈和串联后的附加线圈分别通入三相线电流，总转矩和三相无功功率 Q 成正比，因而通过计算机构，便可测出三相的无功电能。

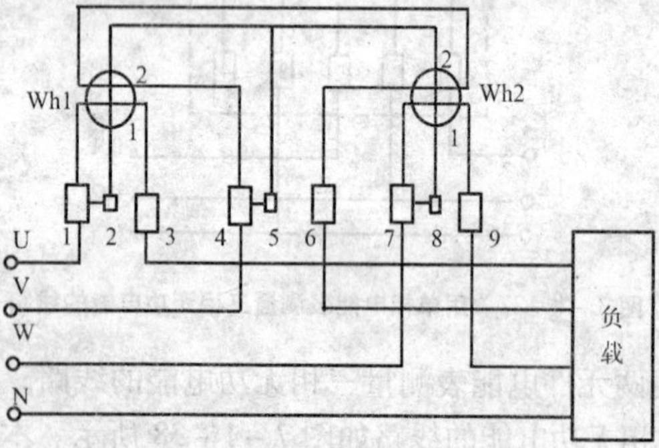

图 7-1-39　三相无功电能表测量三相四线制线路

（4）三相无功电能表测量三相三线制线路。目前生产的DX2、DX8等型为采用具有60°相位差的三相无功电能表，可用于负载不对称的三相三线制电路中，接线如图7-1-40所示。这种电能表的总转矩和三相无功功率成正比，不存在$\sqrt{3}$的倍数，所以在制造时应采用和有功电能表相同的线圈。该表外部接线与三相有功电能表一样。这种电能表由两组元件组成，但两组电压元件的电路中分别串联了附加电阻R，这就使当负载功率因数$\cos\varphi=1$时，电压工作磁通与电流磁通的相位差不是90°，而是60°。

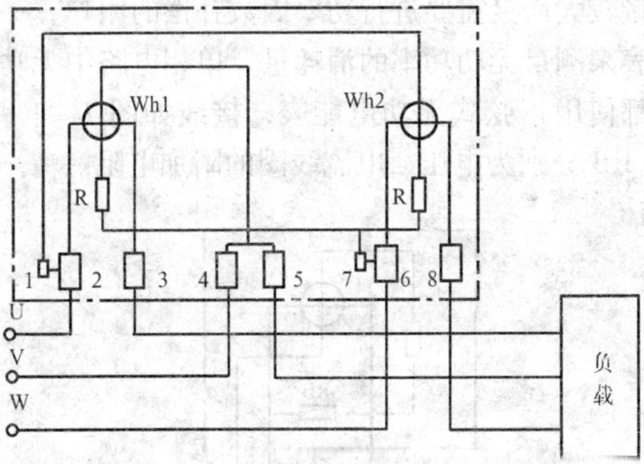

图7-1-40　三相无功电能表测量三相三线制线路

（5）三相无功电能表经互感器接入测量无功电能线路。用电量大且又需要进行功率因数补偿的用户，在安装无功电能表来测量无功功率的消耗量时，可利用电流互感器来扩大三相无功电能表的量程。若无功电能表电压线圈的额定电压是100 V，则应装电压互感器，将电源电压降低到100 V以下再接入无功电能表。电压互感器二次绕组的一个接线端子应可靠接地，以免一次绕组之间的绝缘击穿时烧毁电能表。三相无功电能表经互感器接入测量无功电能线路如图7-1-41所示。

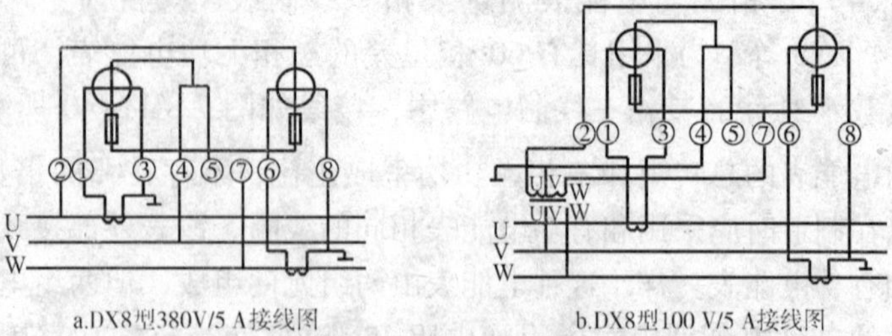

图 7－1－41　三相无功电能表经互感器接入线路

4. 单相无功电能表测量线路

用电量较大而又需要进行功率因数补偿的用户，一般应安装无功电能表来测量无功功率的消耗量。单相电路中无功电能的测量，一般都使用正弦式无功电能表，接线如图 7－1－42 所示，图中 RA、RB 分别为电压、电流线圈的附加电阻。

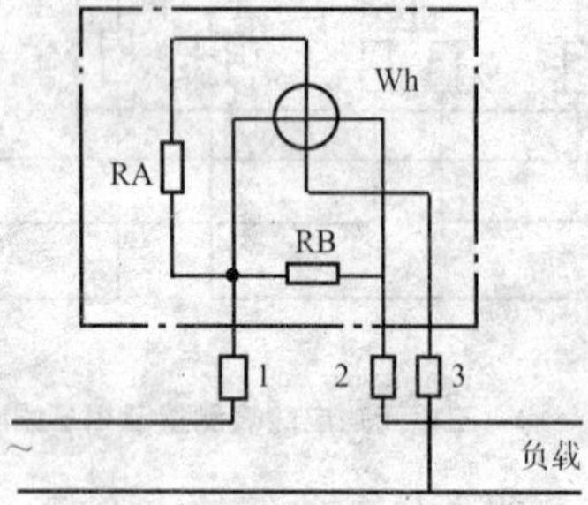

7－1－42　单相无功电能表测量线路

5. 三相有功电能表和无功电能表与仪用互感器的联合接线线路

三相有功电能表和无功电能表与仪用互感器的联合接线线路如图 7－1－43 所示。该线路所用的有功电能表和无功电能表都是两元件表，分别测量有功和无功电能。接线时应注意：

（1）电能表在通过仪用互感器接入线路时，必须注意互感器接线端的极性，以便使电能表的接线仍能满足发电机端守则。

（2）互感器二次侧应可靠接地。

（3）三相有功电能表和无功电能表的电流线圈应按相位串联，电压线圈应按相位并联。两个线圈的首尾端不能接反。

本线路适用于既需要测量有功电能又需要测量无功电能的三相三线制线路。

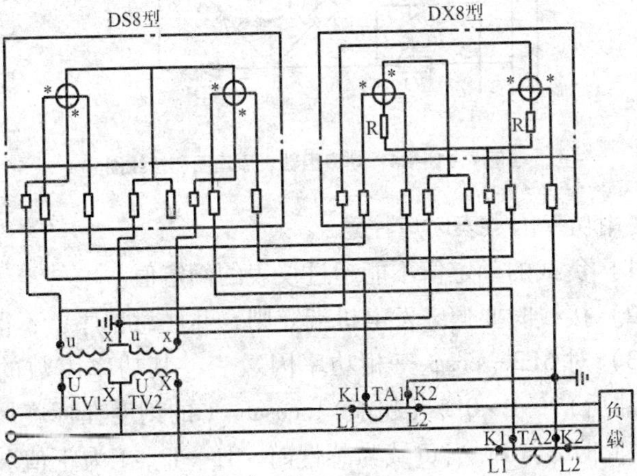

图7-1-43　三相有功电能表和无功电能表与仪用互感器的联合接线线路

六、功率因数的测量线路

功率因数表多采用铁磁电动式测量机构和变换器式结构。其中，变换器式功率因数表具有体积小、重量轻、结构简单、成本低等优点，应用较为广泛。变换器式功率因数表主要由半导体变换器线路和磁电系表组成，其原理图和接线图如图 7 －1 －44 所示。

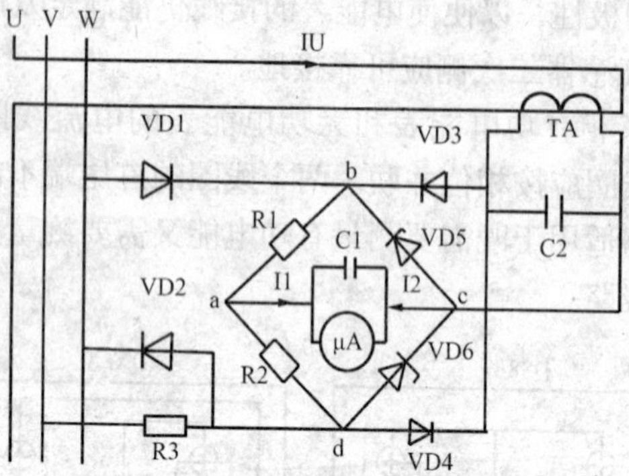

图 7-1-44 功率因数表原理图和接线图

使用功率因数表时应注意：

（1）负载的额定值不能超过仪表的额定值。

（2）接线时要遵守发电机端守则，并注意相序，不得接反。

（3）对 6L2—cosφ 三相功率因数表，其功率因数的量程是 0.5（滞后）—1—0.5（超前）。cosφ = 1 的刻度在标度尺的中间位置，此时 φ = 0。当负载为感性时，I1 > I2，I 为正值。指针向右偏转，负载为容性时，I1 < I2，I 为负值，指针向左偏转。

第二节 节能线路

一、照明节电线路

1. 电能表节电线路

在单独核算用电量的接分表单位时，如果用电器不是连续使用，便可按图 7-2-1 连接电能表、控制开关、家用电器等。在不用电时，同时也断开电能表内的电压线圈，达到节电目的。一般电能表（包括单相和三相）按线圈本身耗电 4 W/h 计算，由于一年之中总是通电，故全年耗电达 4 × 24 × 365 W · h = 35 kW · h。如果电器利用率为 50%（每天 12 h），则用此方法一年可以节电 18 kW · h。

该线路可应用于汽车库、售货亭等场所。电能表要定期校核，并同时在电能表上以及电能表前边的开关上打上铅封。

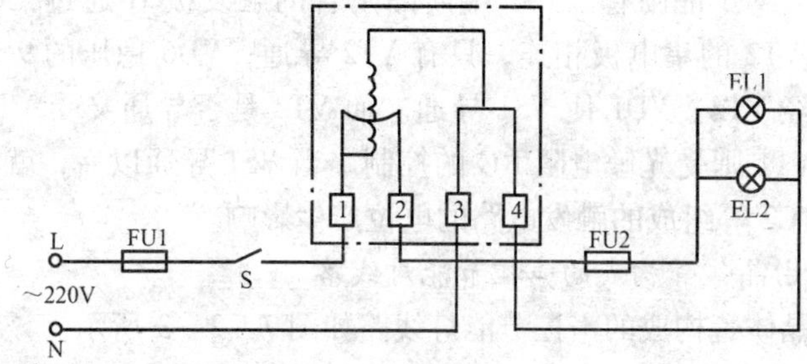

图 7 -2 -1　电能表节电线路

2. 由晶体管构成的光控节能灯线路

由晶体管构成的光控节能灯线路如图 7 -2 -2 所示。该线路主要由单向晶闸管 VS2、VS1 和晶体管 VT1、VT2 为核心构成。

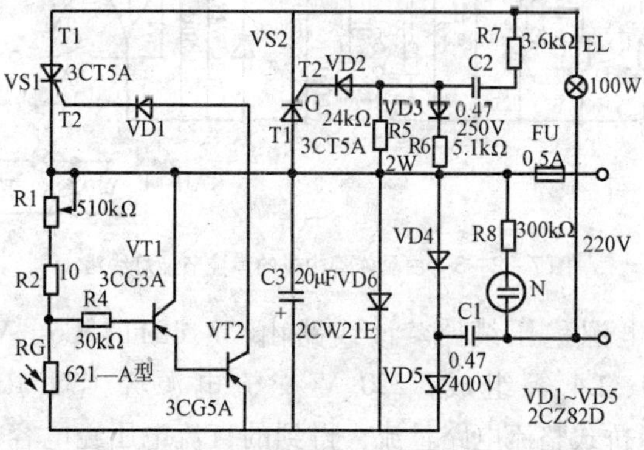

图 7 -2 -2　由晶体管构成的光控节能灯线路

（1）VS2 晶闸管。VS2 单向晶闸管的 T1、T2 两端分别串联在灯泡 EL 的一端与 220 V 电源的一端，灯泡的另一端与 220 V

交流电源的另一端相接。这样，只要 VS2 导通，灯泡就被 220 V 交流电源点亮，而 VS2 要导通，其触发极 G 必须要有触发电压。由于 VS2 的 G 端串联一只二极管 VD2，故只有当其正向导通时，VS2 的 G 极才会有触发电压。该触发电压就是 C2 的充电电压。

（2）VS1 晶闸管。VS1 单向晶闸管的触发极 G 通过二极管 VD1 与 VT2 的集电极相连，只有 VT2 导通，VD6 稳压的 9 V 电源才会经 VT2、VD1 使 VS1 导通。而 VT2 是否导通又受 VT1 的控制，VT1 则受光敏电阻 RG 的控制。当 VS1 导通以后，就会对由 R7、C2 等组成的触发电路的电位产生影响。

3. 由晶体管构成的声控节能灯线路

由晶体管构成的声控节能灯线路如图 7－2－3 所示。该线路主要由 VT1 ~ VT3、MIC 话筒、KAJ1 继电器为核心构成。

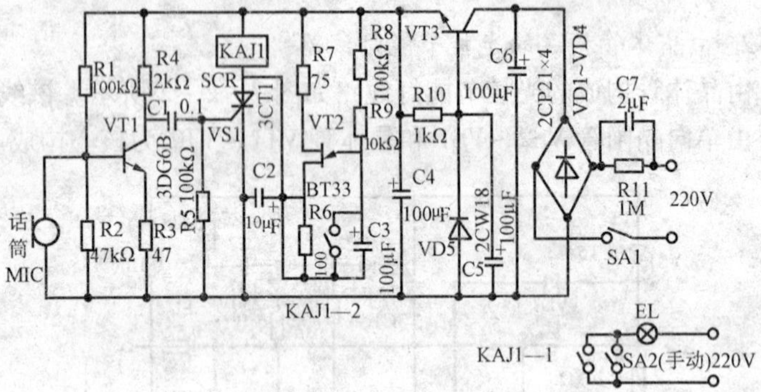

图 7－2－3　由晶体管构成的声控节能灯线路

（1）电源稳压线路。该线路由 C7、R11、C6、VT3、C5、VD5、R10、C4 等组成。220 V 交流电源经 C7、R11 降压、VD1 ~ VD4桥式整流电路整流，得到的直流电压经电容 C6 滤波，再经由 VT3 等组成的简易串联稳压电路稳压为 12 V 以后，提供给声控电路。

（2）声控接收线路。该线路由 VT1、VS1 等组成。线路用话筒 MIC 将拍手声或喊声等声波转变为电信号，经 VT1 放大以后，通过 C1 触发晶闸管 VS1 导通，使继电器 KAJ1 线圈中的电流通路形成，使其触点吸合。继电器 KAJ1 有两组触点：一组为常开触点 KAJ1—1；另一组为常闭触点 KAJ1—2。

当常开触点 KAJ1—1 闭合接通以后，灯泡 EL 点亮。当常闭触点 KAJ1—2 断开以后，VT3 发射极输出的 12 V 直流电源通过电阻 R8、R9 对电容 C3 进行充电，当 C3 上的充电电压达到 VT2 峰值时，VT2 导通，在电阻 R6 上产生脉冲电压，此电压反向加在 VS1 的两端，使其截止，导致继电器 KAJ1 线圈中的电流消失，其常开触点 KAJ1—1 断开，常闭触点 KAJ1—2 闭合，前者使灯泡熄灭，后者使电容 C3 放电，为下一次工作做准备。

（3）延时时间控制线路。该线路由 VT2、C3、R8、R9、C2、R6、R7 等组成。其中，适当调整 R8、C3 的数值即可改变灯亮的延时时间。

4. 光控灯照明线路

光控灯照明线路如图 7－2－4 所示。220 V 交流电压经电容 C1 降压、整流桥堆 UR 全波整流、电容 C2 滤波、稳压二极管稳压后变成直流电压。

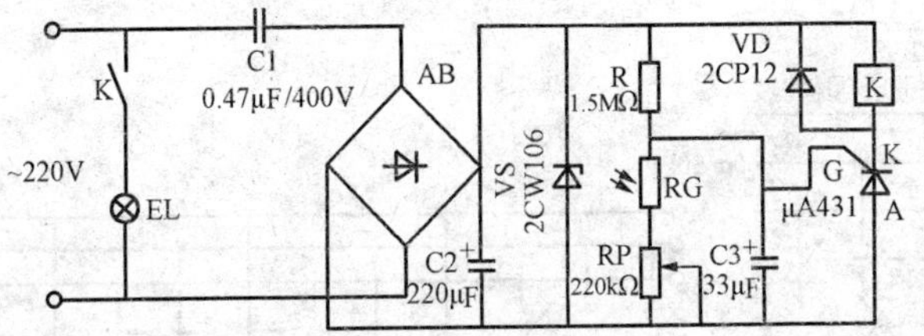

图 7－2－4　光控灯照明线路

光敏电阻 RG 白天电阻很小，向电容 C3 充电的脉冲信号很小，无法触发晶闸管导通，灯泡 EL 回路不通，灯泡 EL 不亮；夜幕降临时，光敏电阻的暗阻很大，向电容 C3 充电脉冲信号很大，可以触发晶闸管的门极，使晶闸管导通，这时继电器线圈得电，串在灯泡 EL 回路的继电器常开触点接通，则灯泡 EL 点亮。

调节电位器 RP 可以调节给门极的触发信号的大小，也就调节了晶闸管的导通角，从而控制了灯泡。

二、提高功率因数线路

1. 高压集中补偿线路

高压集中补偿是将高压电容组集中装设在工厂变配电所的 6~10 kV 母线上。这种补偿方式只能补偿 6~10 kV 母线以前线路上的无功功率，而母线以后的厂内线路的无功功率得不到补偿，所以这种补偿方式的经济效果较低压集中补偿方式和单独就地补偿方式差。但这种补偿方式的初期投资较少，便于集中运行维护，而且能对工厂高压侧的无功功率进行有效的无功补偿，以满足工厂总功率因数的要求，所以这种补偿方式在一些大、中型工厂中应用相当普遍。

高压集中补偿线路如图 7-2-5 所示。该线路是接在变配电所 6~10 kV 母线上的集中补偿的并联电容组接线线路。这里的电容组采用三角形连接，装在成套电容器柜内。为了防止电容击穿时引起相间短路，所以三角形连接的各边，均接有高压熔断器保护。

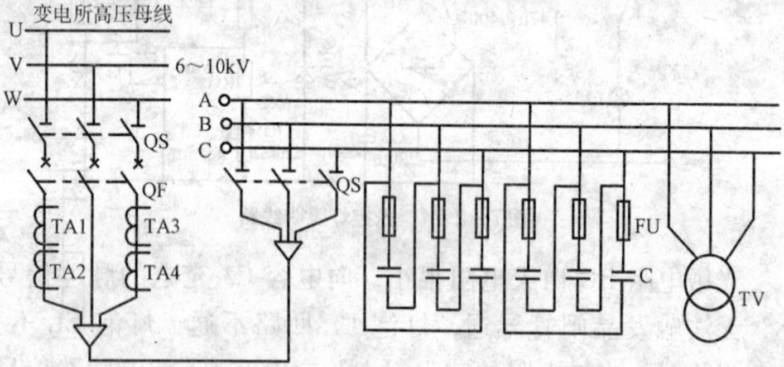

图 7-2-5 高压集中补偿线路

由于电容从电网上切除时有残余电压，残余电压最高可达电网电压的峰值，这对人身是很危险的，因此必须装设放电装置。图 7－2－5 中的电压互感器 TV 一次绕组就是用来放电的。为了确保可靠放电，电容组的放电回路中不得装设熔断器或开关。

2. 低压集中补偿电容线路

低压集中补偿是将低压电容集中装设在车间变电所的低压母线上。这种补偿方式能补偿变电所低压母线以前包括变压器及其前面高压线路和电力系统的无功功率。由于这种补偿方式能使变电所主变压器的视在功率减小，从而可选较小容量的主变压器，因此比较经济。特别是供电部门对工厂的电费制度通常实行的是两部分电费制（一部分是按每月实际用电量计算电费，称为电能电费；另一部分是按装用的变压器容量计算电费，称为基本电费），主变压器容量减小，基本电费就减少了，可使工厂的电费开支减少，所以这种补偿方式在工厂中应用非常普遍。

低压电容柜一般可安装在低压配电室内，与低压配电屏并列装设，只在电容柜较多时才需考虑单设一个房间。

图 7－2－6 所示是低压集中补偿的电容组接线线路。这种低压电容组，都采用三角形连接，通常利用 220 V、15～25 W 的白炽灯的灯丝电阻来放电（也有用专用的放电电阻来放电的），这些放电白炽灯

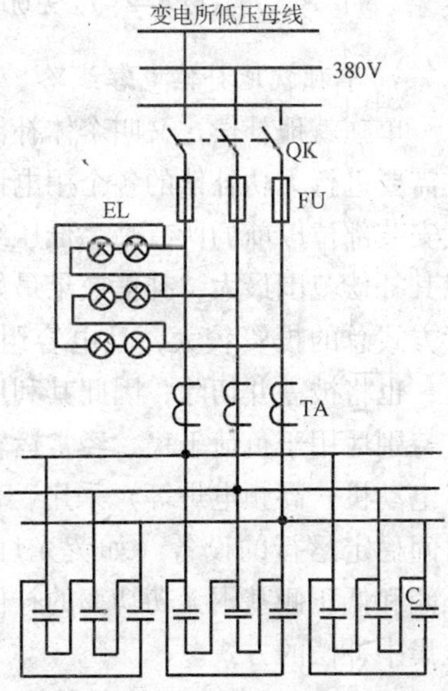

图 7－2－6　低压集中补偿的电容组接线线路

同时也作为电容组正常运行的指示灯。

3. 无功功率跟踪补偿线路

无功功率跟踪补偿线路如图 7－2－7 所示。

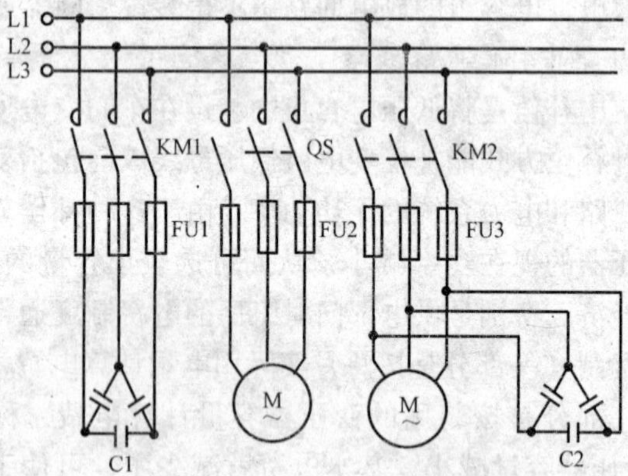

图 7－2－7 无功功率跟踪补偿线路

4. 单独就地补偿电容线路

单独就地补偿，又叫个体补偿或分补偿，是将并联电容组装在需要进行无功补偿的各个用电设备旁边。这种补偿方式能够补偿安装部位以前的所有高、低压线路和变压器中的无功功率，所以其补偿范围最大，补偿效果最好，应予优先采用。但是这种补偿方式总的投资较大，且电容组在被补偿的用电设备停止工作时，也将被一并切除，因此其利用率较低。这种单独就地补偿方式特别适用于负荷平稳、经常运转而容量又大的设备（如大型异步电动机、高频电炉等）采用，也适用于容量虽小但数量多且长时间稳定运行的设备（如荧光灯等）采用。对于供电系统中高压侧和低压侧基本无功功率的补偿，仍宜采用高压集中补偿和低压集中补偿的方式。

图 7－2－8 所示是直接接在异步电动机旁的单独就地补偿电容线路。这种电容组通常是利用用电设备本身的绕组电阻来放电。

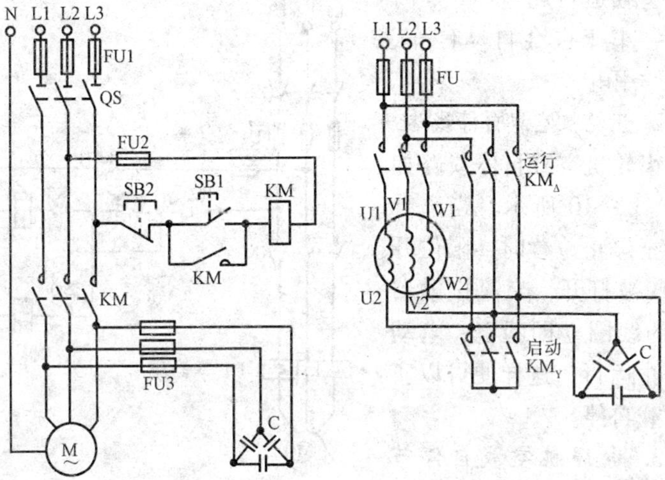

a.Y或△接法电动机 b.Y-△接法电动机

图7-2-8 单独就地补偿电容线路

在工厂供电系统中，实际上多是综合应用上述各种补偿方式，以求经济合理地达到总的无功补偿要求，使工厂电源进线处在最大负荷时的功率因数不低于规定值，高压进线时一般不得低于0.9。

三、设备空载自停线路

1. 车床空载自停线路

车床空载自停线路如图7-2-9所示。图中SQ为限位开关，它受主轴操纵杆的控制。按下按钮SB1，车床电动机启动运转，这时车工可操作操纵杆进行操作。在车工工作时由联动杆使SQ断开，在加工停止时，车工控制操纵杆，打到空挡位置，联动杆便压下限位开关SQ，此时时间继电器KT吸合。如果在KT延时的时间内限位开关没有复位，则KT将延时切断KM线圈电源，KM断电释放，电动机停止。KT延时的时间可根据车床操作要求来定。如果车工在车床操作时有较长一段时间不工作，即使启动了电动机，空载运行超过 KT 延时时间，车床也会自动停车，以节约用电。

2. 齿轮机空载自停线路

齿轮机空载自停线路如图 7－2－10 所示。当离合器置于停止位置时，限位开关 SQ 被打开，交流接触器 KM 的线圈立即断电，电动机停止运行，这样便可以实现空载自停。

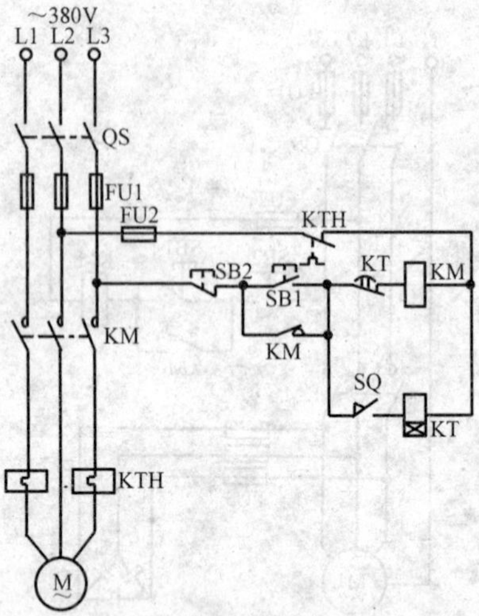

图 7－2－9　车床空载自停线路

3. 电焊机空载自停节电线路

电焊工焊接过程是断续的，多数时间电焊机处于空载运行状态，白白地浪费掉许多电能。为了减小这种损耗，使焊时有电、空载断电，采用图 7－2－11 所示的电焊机空载自停节电线路。该线路中，主电路由双向晶闸管 VTH、熔断器 FU、变压器 T、开关 S1 等组成，控制电路则由晶闸管 VTH 的门极 G 经限流电阻 R2、微动开关 S2 组成。当需要电焊机工作时，合上开关 S1，电源接通，但由于 VTH 未导通，操作者手握焊枪，使装于焊枪把手上的微动开关 S2 闭合，在 VTH 加正、反电压的同时，门极 G 也有正、反向交流触发信号，使主电路导通；当操作者焊完一道焊

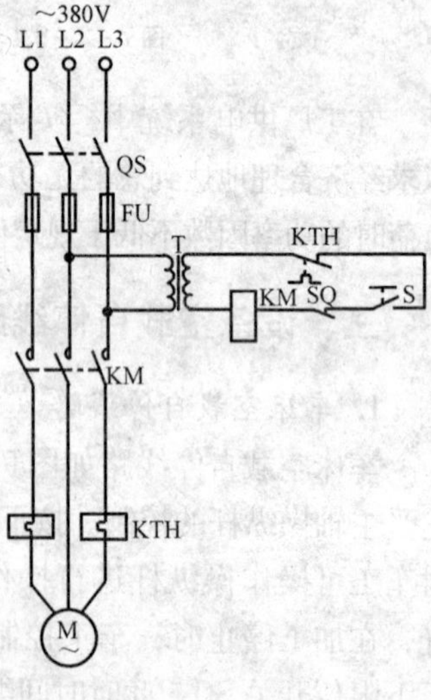

图 7－2－10　齿轮机空载自停线路

缝，需停顿一下，手稍放松，微动开关 S2 断开，主电路交流电压过零点时，VTH 关闭，从而切断电源，消除了空载损耗。

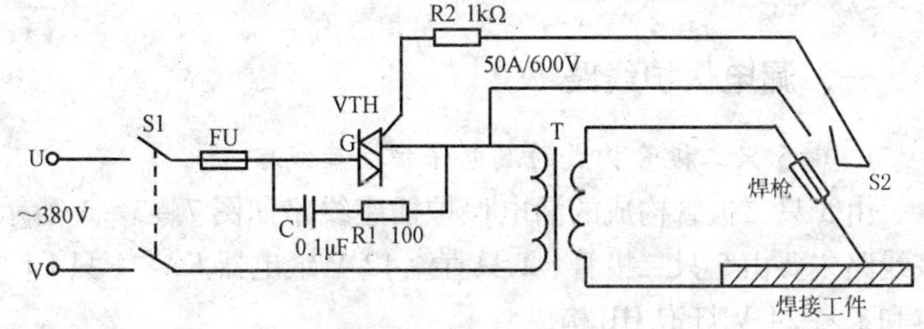

图 7-2-11 电焊机空载自停节电线路

4. 纺织机空载自停节电线路

纺织机空载自停节电线路如图 7-2-12 所示。VTH1 ~ VTH3 是双向晶闸管，R1 和 C 是吸收电路，R2 是触发限流电阻，K1 是启动干簧管，K2 是停止干簧管，Y1、Y2 是磁钢。三相电源 L1、L2、L3 经过 VTH1 ~ VTH3 加到电动机 M 上。移动离合器手柄，将 Y1 推至开机位置，K1 内部的触点接通，VTH1 ~ VTH3 触发导通，电动机 M 通电运行；停机时，装在离合器手柄上的自停磁钢 Y2 靠近 K2，K2 内部的常闭触点断开，触发电路断电，VTH1 ~ VTH3 相继截止，电动机 M 停转。

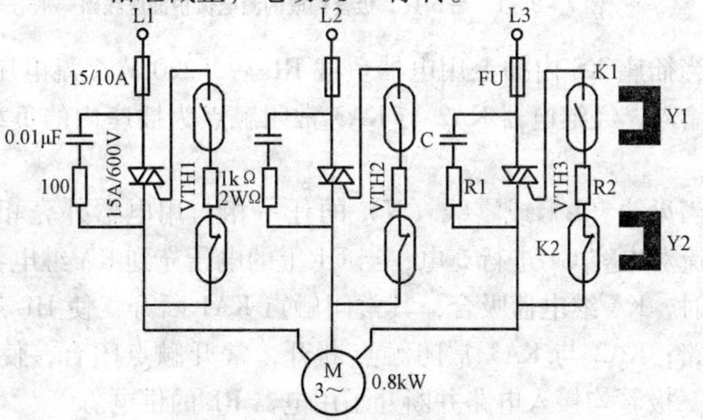

图 7-2-12 纺织机空载自停节电线路

第三节 安全保护线路

一、漏电保护线路

1. 由5只二极管构成的漏电保护插座线路

由5只二极管构成的漏电保护插座线路如图7-3-1所示。该线路主要由5只二极管、1只直流12 V继电器KA、1只C1电容和1只24 V灯泡HL构成。

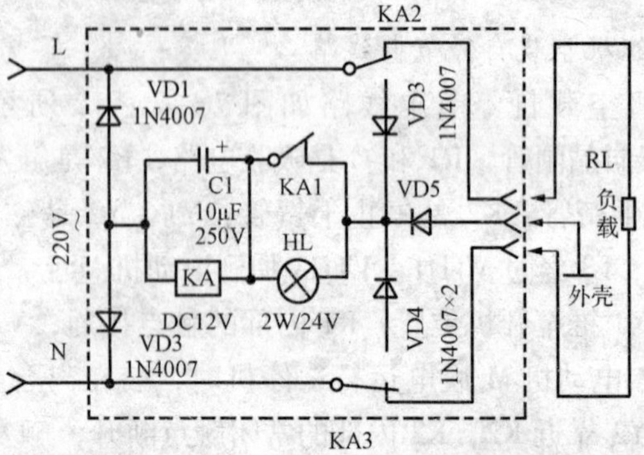

图7-3-1 由5只二极管构成的漏电保护插座线路

当插座XS内插上用电器负载RL后，220 V交流电压由L、N端输入，经继电器KA2与KA3常闭触点为插座内的负载正常供电。

当火线（L）或零线（N）的任一相与用电器外壳相碰时，漏电流对电容C1进行充电，当C1上的电压充到KA继电器吸合电压时，KA继电器吸合，其常闭触点KA1断开，使HL灯泡接入电路；KA2与KA3常闭触点断开，常开触点闭合，使VD3、VD4二极管均接入电路并断开了用电器RL的供电。

这时，VD1～VD4构成的桥式整流电路得电工作，产生的直流电压通过 HL 灯泡使其点亮进行报警，并经 C1 滤波后加在 KA 继电器的两端，保持其吸合状态。

2. 单相漏电保护线路

（1）由 1 只晶闸管构成的漏电保护线路。由 1 只晶闸管构成的漏电保护线路如图 7－3－2 所示，该线路可用于对单相供电的负载进行保护。一旦负载端出现漏电时，就会自动启动工作，切断负载的供电，以保护负载端不致造成事故。

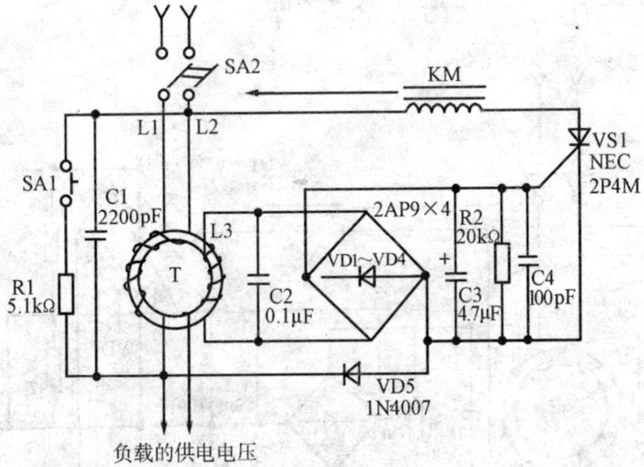

图 7－3－2　由 1 只晶闸管构成的漏电保护线路

图 7－3－2 所示线路是由脱扣控制电路、漏电实验电路两个部分组合而成的。当负载端未出现漏电时，合上脱扣开关 SA2 后，L1 与 L2 上通过的电流相量和为零，故电流互感器 L3 次级绕组上无感应电压或产生的感应电压极低，不会使 VS1 单向晶闸管被触发导通，不会影响负载的供电电压。

当被保护线路发生人身触电或设备漏电时，T 初级出现剩余电流，使次级 L3 中感应出的电流经桥式整流、电容滤波，得到的直流电压触发 VS1 单向晶闸管导通。这样，由于 VS1 的半波整流作用，使脱扣器 KM 线圈得电吸动自由脱扣装置，保护器的 SA2 开关触点分离，切断负载的电源，起到了漏电（触电）保护的作用。

（2）由1只晶闸管构成的多功能漏电保护线路。由1只晶闸管构成的多功能漏电保护线路如图7-3-3所示。该线路主要以T1、KM、JG、VD9、VS1、RV为核心，由漏电检测电路、过压保护电路、过流保护电路三个部分组合而成。该线路采用直流触发、交流脱扣方式，既能确保整机的动作时间、重复一致性，又能减少分断时间，由此可提高整机的安全性和可靠性。可起到漏电保护、过压保护和过流保护等功能。

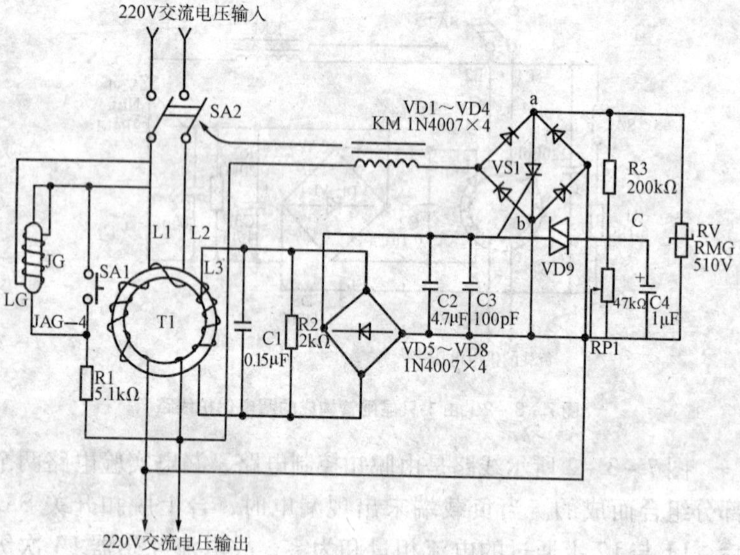

图7-3-3　由1只晶闸管构成的多功能漏电保护线路

3. 三相漏电保护线路

（1）电力变压器电压型漏电保护线路：

安装低压电压型漏电保护器是一种有效的触点保护措施，如图7-3-4所示为一种低压电压型漏电保护线路。原理是：发生漏电事故时，电流经人体、大地、桥式整流器VC及灵敏继电器

KA 和变压器 T 中性线形成回路。当电流达到灵敏继电器的启动电流值时，KA 吸合、常闭触头断开，使交流接触器 KM 线圈失电，主触头切断电源，人体得到安全保护。图中 SB3 为模拟漏电实验按钮，以检验该保护器工作是否可靠。

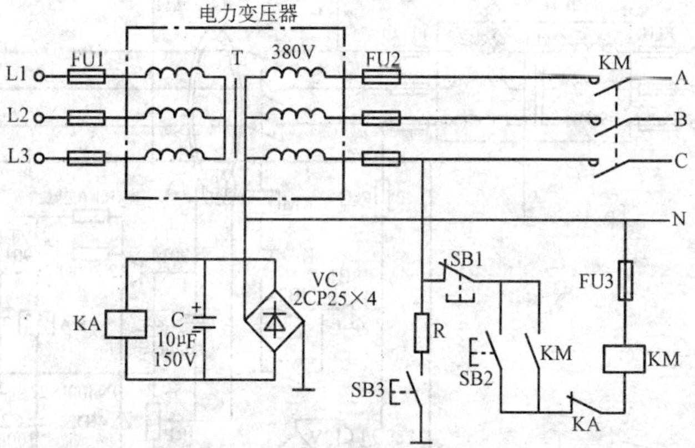

图 7-3-4　低压电压型漏电保护线路

（2）电力变压器电流型漏电保护线路：

1）电力变压器电流型漏电保护线路 1。电力变压器电流型漏电保护线路 1 如图 7-3-5 所示。按下启动按钮 SB2，接触器 KM 线圈得电自锁，主触头闭合，接通电路。当电路发生漏电事故时，电流经人体、大地到中性点形成回路，此时三相电流不平衡，零序电流互感器 TA 二次线圈产生电动势和电流。这个电流经放大元件放大后，送往灵敏继电器 KA 线圈。当漏电电流达到一定值时，KA 动作，KA 常闭触头断开，使交流接触器线圈失电，主触头切断电源，保证了安全。

2）电力变压器电流型漏电保护线路 2。电力变压器电流型漏电保护线路 2 如图 7-3-6 所示。当电路发生触电事故时，电流经零序电流互感器、人体、大地到中性点形成回路。此时零序电流互感器的副线圈因一次电流不平衡而产生电动势和电流。这个电流经放大元件放大后，送往灵敏继电器的线圈，推动灵敏继电器动作吸合，把串联在交流接触器控制阀的常闭触头 K 打开，使交流接触器失压而切断电源，保证了人身的安全。图中 SA 为模拟触电实验按钮。

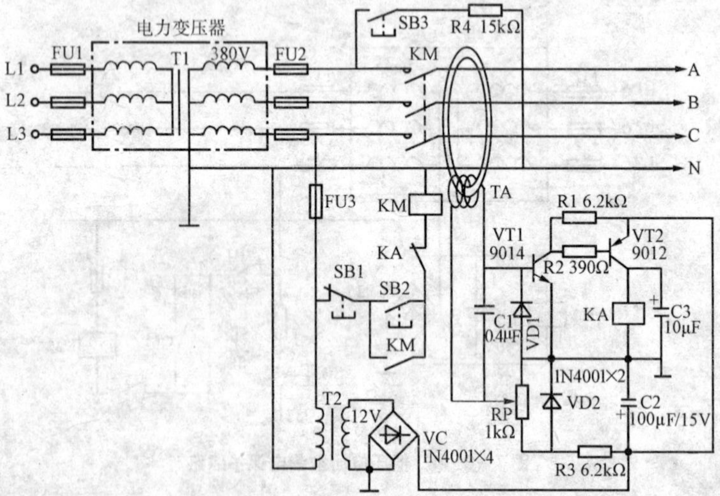

图 7-3-5 电力变压器电流型漏电保护线路 1

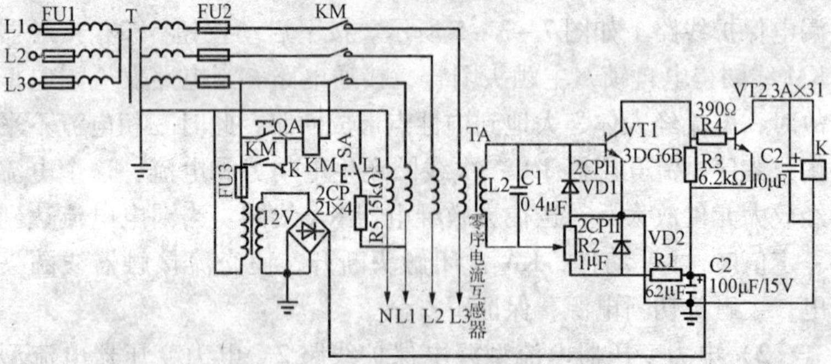

图 7-3-6 电力变压器电流型漏电保护线路 2

4. 三相负载漏电保护线路

三相负载漏电保护线路如图 7－3－7 所示，TA 为零序电流互感器。正常情况下流过 TA 的三相电流的矢量和为零，TA 无感应电压输出，整流桥 VD1～VD4 无直流电压输出，单向晶闸管 VTH 由于门极无触发电压而处于截止状态，脱扣线圈 F 失电不工作，断路器 QF 的三相触头一直闭合，向负载正常供电。如果某一相发生漏电、触电故障，流过 TA 的三相电流矢量和不为零，TA 有感应电压输出，经 VD1～VD4 桥式整流、C1 滤波，得到直流电压，VTH 门极得到触发电压而导通。380 V 交流电经脱扣线圈 F、VD5、VTH、VD6 形成回路，F 内有直流脉动电流流过，F 得电吸合，拉动脱扣机构，使断路器 QF 的三相触头断开，切断负载的三相电源，起到保护作用。

SB 为检验漏电保护功能是否有效的试验按钮，R1 限制电流的大小，R2、R3、C2 组成抗干扰电路。

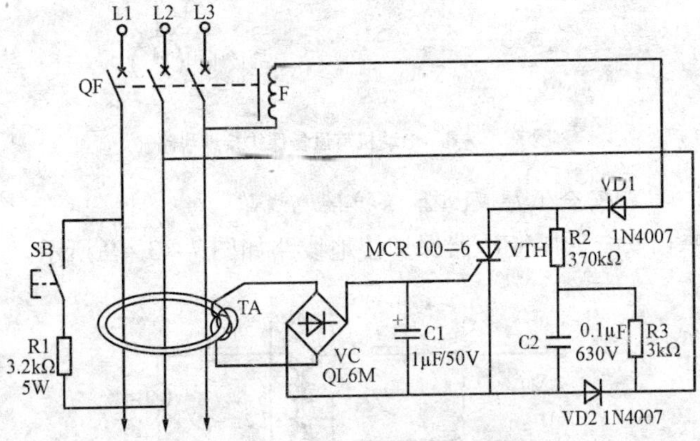

图 7－3－7　三相负载漏电保护线路

二、保护接地线路

保护接地是将电气设备不带电的金属外壳通过导体和埋入地

下的金属接地体连接在一起的技术措施，这种方法用于三相电源中性点不接地系统。其作用是一旦电气设备绝缘损坏漏电时，人体接触带电设备的外壳，此时，人体电阻值远大于接地体电阻值（4 Ω），电流通过金属外壳泄入大地，对地电压可降低至 36 V 以下，从而保证人身安全。

1. 电动机等设备保护接地线路

电动机等设备保护接地线路如图 7－3－8 所示。该线路适用于三相四线制供电的中性点不接地的低压供电系统。

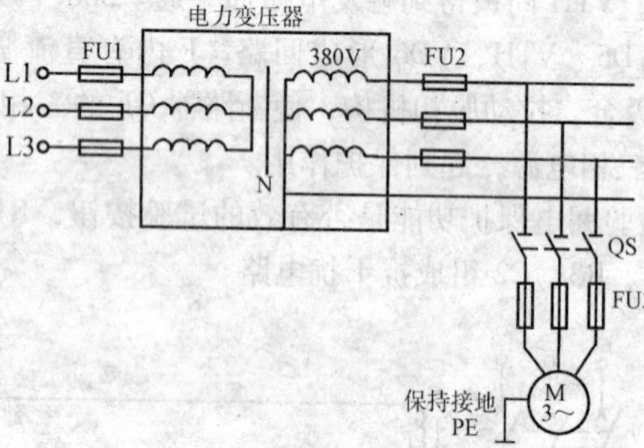

图 7－3－8　电动机等设备保护接地线路

2. 单相安全低压变压器保护接地线路

单相安全低压变压器保护接地线路如图 7－3－9 所示。

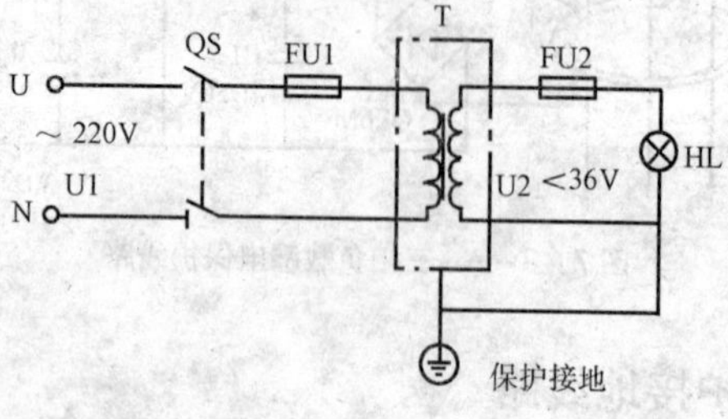

图 7－3－9　单相安全低压变压器保护接地线路

三、保护接零线路

保护接零是将电气设备不带电的金属外壳通过导线与380 V三相四线制供电系统的零线接在一起的技术措施。其作用是一旦电气设备绝缘损坏漏电时，漏电电流能使保护装置动作或熔体熔断，从而自动切断电源。值得注意的是：在同一电网内，应采用同一种保护方式，不允许某些电气设备保护接零，而另一些电气设备保护接地。否则，当采用保护接地设备的外壳漏电时，漏电电流不足以使保护装置动作，故障将长期存在，同时，将使所有采用保护接零设备带上危险的电压，危及人身安全。

1. 用电插座保护接零线路

用电插座保护接零线路如图7－3－10所示。将用电插座的接地端接到三相四线制的零线上，可达到保护接零的目的。它可用于家用电器如洗衣机、电冰箱等的保护上，因为这些家用电器工作在潮湿的环境中，其金属外壳易发生漏电。但应用此方法需要把插座的接地端直接接到进户前的零线上。

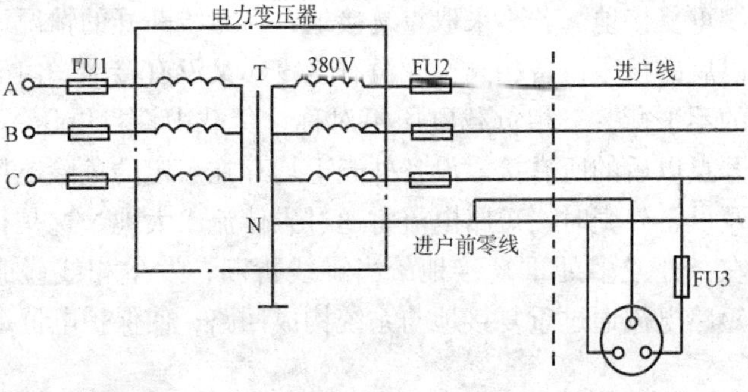

图7－3－10　用电插座保护接零线路

2. 电动机等电气设备保护接零线路

电动机等电气设备保护接零线路如图7－3－11所示。为保证人身安全，将电动机等电气设备的金属外壳与三相四线制供电的零线连接，它适用于三相四线制供电的中性点接地的低压供电系统。为确保安全还需要重复接地。

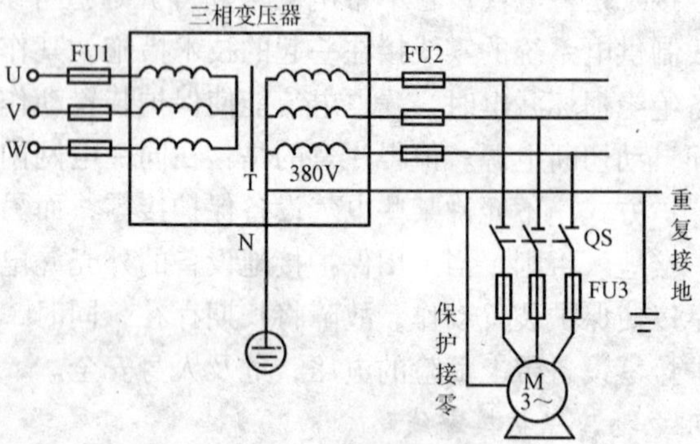

图 7－3－11　保护接零线路

3. 重复接地保护线路

采用保护接零时，除系统的中性点接地外，还必须在零线上一处或多处进行接地，这称为重复接地，如图 7－3－12 所示。

在中性点直接接地的 220/380 V 三相四线制供电系统中，要求零线重复接地。若不采取重复接地，在零线断开的情况下，断开点以后的接零设备相当于既没有接零，又没有接地。由于三相负载的不平衡，三相负载电压不对称，负载中性点电压不为零，即断开点以后的所有接零设备外壳上均存在一定的危险电压。当人触及设备外壳时，短路电流将通过人体流入大地，这是很危险的。在一处或多处重复接地，当零线折断，发生相线碰壳现象时，短路电流通过重复接地与系统构成回路，使保护电器动作。

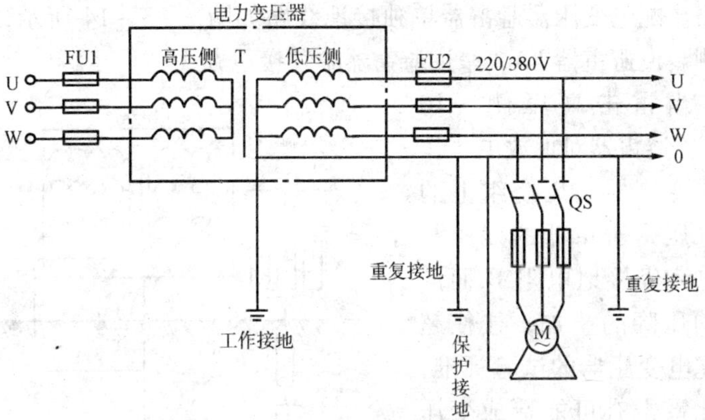

图 7－3－12　重复接地保护电路

四、防雷保护线路

1. 羊角间隙避雷器、阀型避雷器

为了防止电气设备被雷电侵袭，就需采用避雷器做防护。羊角间隙避雷器（或称保护间隙避雷器）是当过电压侵入时，羊角间隙放电，将雷电引入大地，从而保护电气设备不受损害的装置，其接线方法如图 7－3－13a 所示。有的也利用阀型避雷器防止过电压，工作原理是：当线路有过电压发生时，火花间隙被击穿而放电，阀片电阻下降，将雷电引入大地，线路如图 7－3－13b 所示。

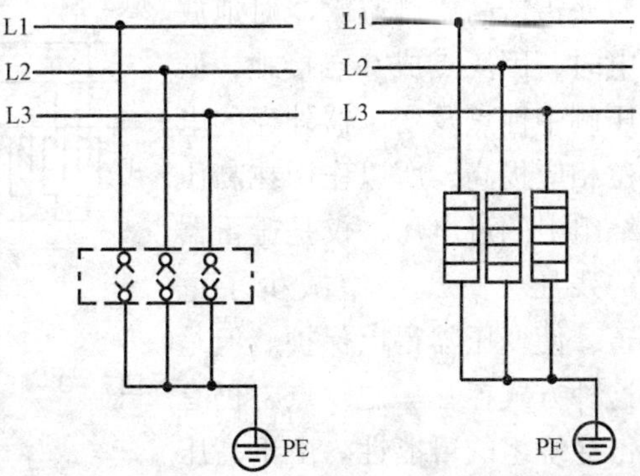

a.羊角间隙避雷器　　b.阀型避雷器

图 7－3－13　避雷器接线方法

2. 配电变压器防雷保护接地线路

（1）配电变压器避雷器单独接地

线路。配电变压器避雷器单独接地线路如图 7－3－14 所示，高压侧装设避雷器 FA，采用避雷器单独接地方式。

当雷击高压侧（10 kV），避雷器对地放电，作用在变压器高压绕组上的过电压是避雷器的残压与雷电流经接地电阻 R 而产生的压降的叠加，往往超出配电变压器的试验标准，因此雷击有可能造成变压器绝缘被击穿，所以这样不合理。

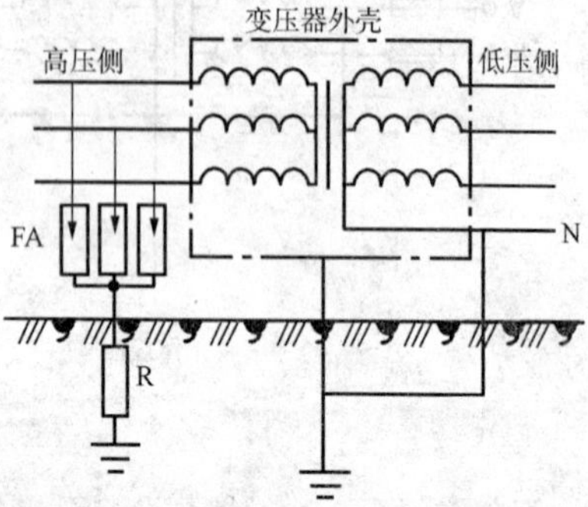

图 7－3－14 配电变压器防雷保护接地线路

（2）配电变压器采用三点共同接地的防雷保护接地线路。配电变压器采用三点共同接地的防雷保护接地线路如图7－3－15 所示，高压侧装设避雷器，采用三点共同接地。所谓三点共同接地，就是将避雷器 FA 的接地线、变压器低压侧中性点及变压器外壳连接在一起，然后接地。这种保护接地方式目前使用较普通。但是这种接线不尽完善。假使雷击高压侧避雷器对地放电时，因三点成一点接地，低压侧中性点及变压器外壳的电位相应提高，所以作用在高压绕组上的过电压，仅是避雷器的残压，高压绕组减少了危害，使变压器得以保护。但是这种方式存在一定缺点，仍有击穿绕组的可能性。由于高压绕组出线端的电压受到避雷器限制，所以高电压沿高压绕组分布，在中性点上达到最大值，可能把中性点附近的绝缘击穿。同

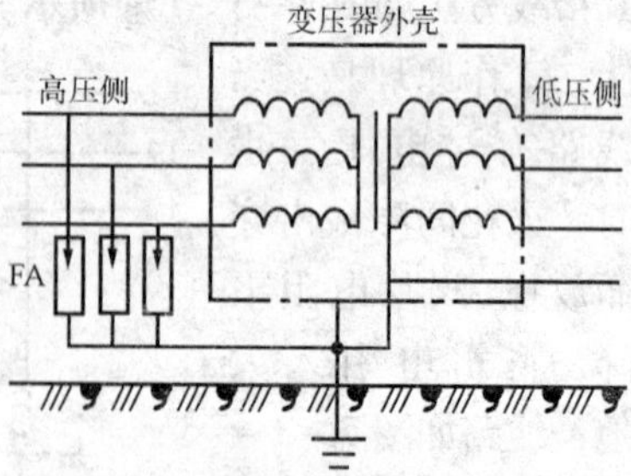

图 7－3－15 配电变压器采用三点共同接地的防雷保护接地线路

时，此高压沿高压绕组产生的纵向电压也很大，可能将高压绕组的层间或匝间绝缘击穿。另外，假如雷击低压侧时，因低压侧没有避雷器，雷电可能击穿低压绝缘，同时作用在低压侧的雷电冲击被变压器感应到高压侧，可能将高压绝缘击穿。

（3）配电变压器高压侧、低压侧均装有避雷器的防雷保护接地线路。配电变压器高压侧、低压侧均装有避雷器的防雷保护接地线路如图 7－3－16 所示，高压侧、低压侧均装有避雷器，采用三点共同接地。这种接线方式避免了图 7－3－13、图 7－3－14的缺点，这样，无论雷击高压侧还是低压侧，作用在变压器绕组上的过电压，都限制在避雷器的残压，从而保护了变压器。

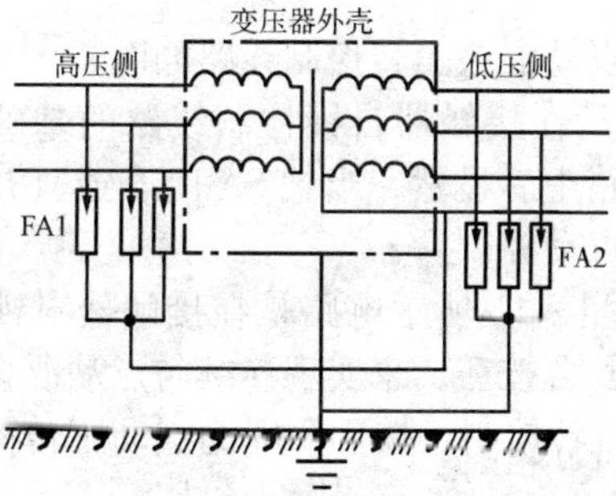

图 7－3－16　配电变压器高压侧、低压侧均装有避雷器的防雷保护接地线路

第八章　PLC、变频器控制线路

第一节　PLC 控制线路

一、正转运行控制线路

连续与点动混合正转控制线路如图 8－1－1 所示。图 8－1－1a 所示电路是在接触器自锁控制线路的基础上，把手动开关串联在自锁电路中。显然，当把 SA 闭合或打开时，就可实现电动机的连续或点动控制。

如图 8－1－1b 所示电路是在接触器自锁控制线路的基础上增加了一个复合按钮，来实现连续与点动混合正转控制的。按下 SB1 为连续正转控制，按下 SB3 为点动正转控制。

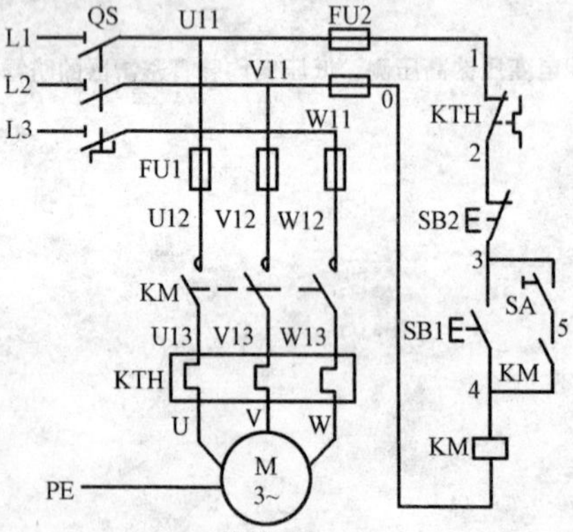

a.控制电路1

图 8－1－1　连续与点动混合正转控制线路

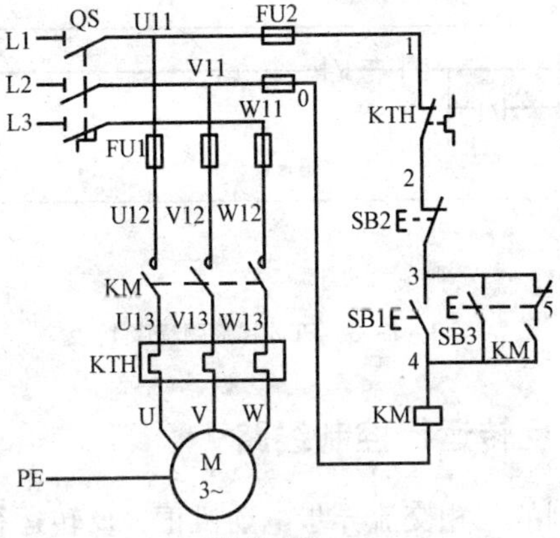

b.控制电路2

图 8－1－1　连续与点动混合正转控制线路（续）

用松下 FP1—C40 型可编程序控制器实现三相交流异步电动机点动与自锁混合正转控制的输入/输出接线，如图 8－1－2 所示。图中输入侧的电池符号实际接线时可直接与 PLC 自带的24 V 直流电源相连接。其 PLC 梯形图程序如图 8－1－3 所示。

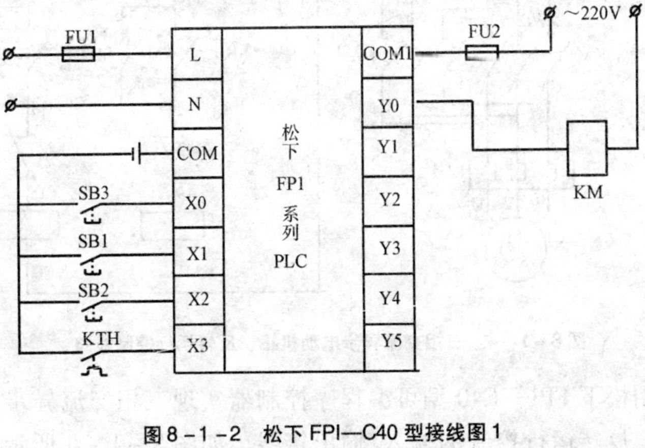

图 8－1－2　松下 FPI—C40 型接线图 1

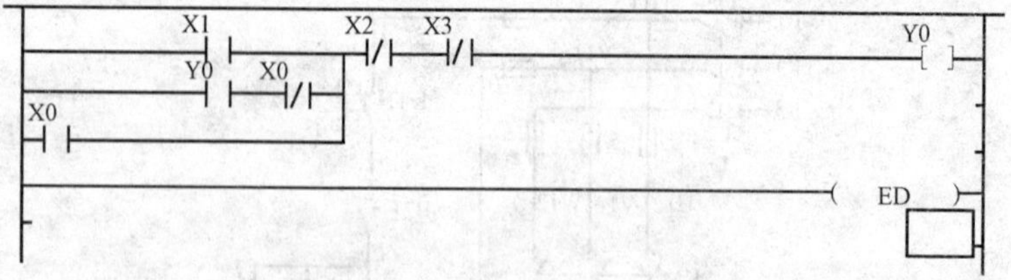

图 8-1-3　PLC 梯形图程序 1

二、正、反转运行控制线路

继电器控制的三相交流异步电动机正、反转运行控制线路如图 8-1-4 所示。

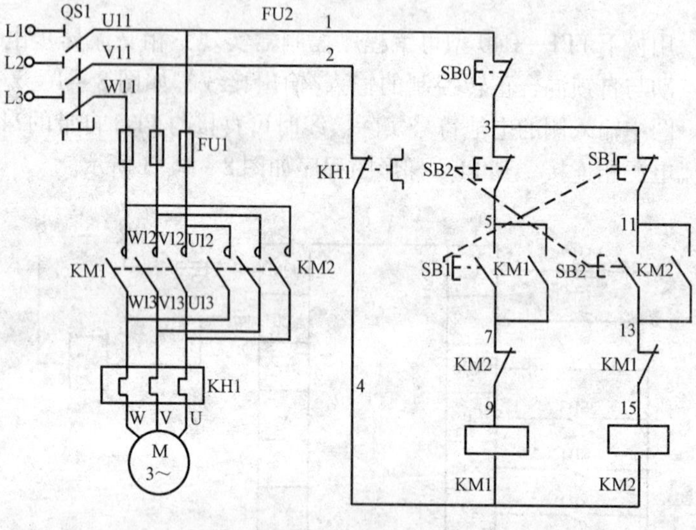

图 8-1-4　三相交流异步电动机正、反转运行控制线路

用松下 FP1—C40 型可编程序控制器实现三相交流异步电动机正、反转运行控制的输入/输出接线，如图 8-1-5 所示。图中输入侧的电池符号实际接线时可直接与 PLC 自带的 24 V 直流

电源相连接。其 PLC 梯形图程序如图 8－1－6 所示。

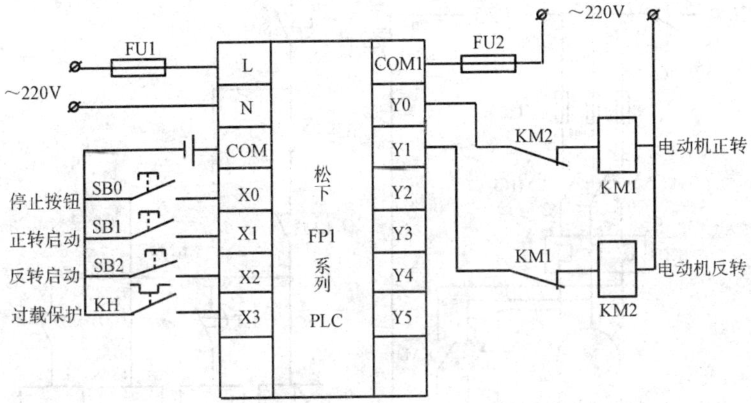

图 8－1－5　松下 FPI—C40 型接线图 2

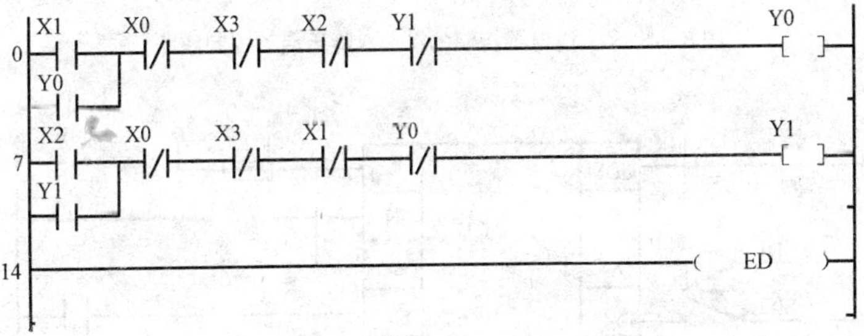

图 8－1－6　PLC 梯形图程序 2

三、Y—△降压启动控制线路

继电器控制的 Y—△降压启动控制线路如图 8－1－7 所示。

用松下 FP1—C40 型可编程序控制器实现三相交流异步电动机 Y—△降压启动的输入/输出接线，如图 8－1－8 所示。图中输入侧的电池符号实际接线时可直接与 PLC 自带的 24 V 直流电源相连接。按照控制要求编制的梯形图如图 8－1－9 所示。

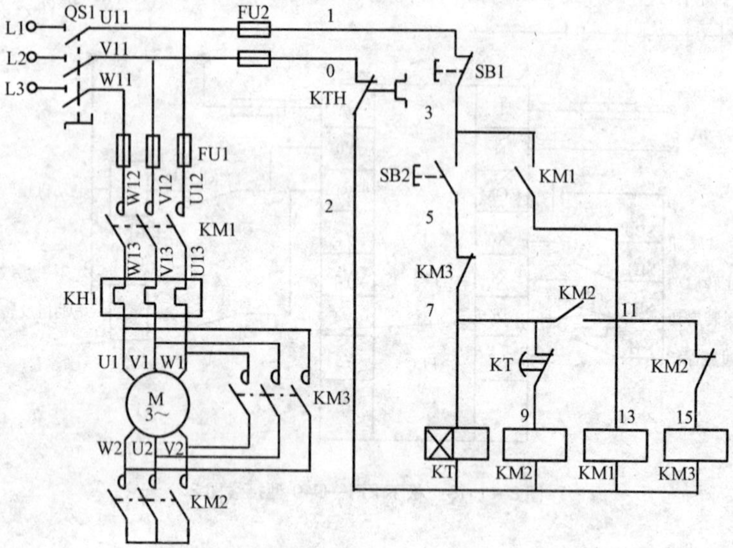

图8－1－7 继电器控制的Y—△降压启动控制线路

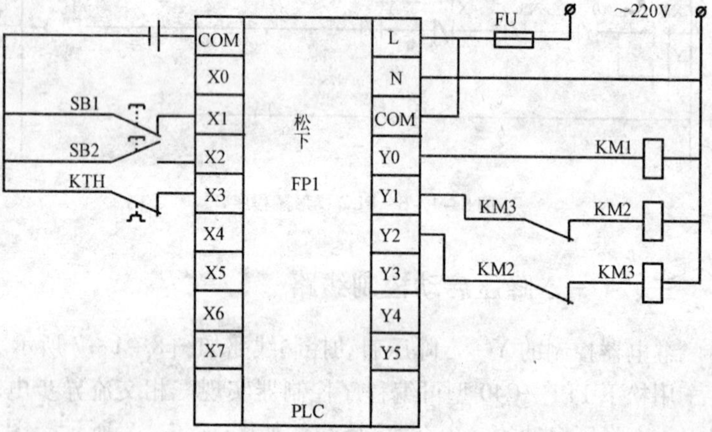

图8－1－8 Y—△降压启动的输入/输出接线图

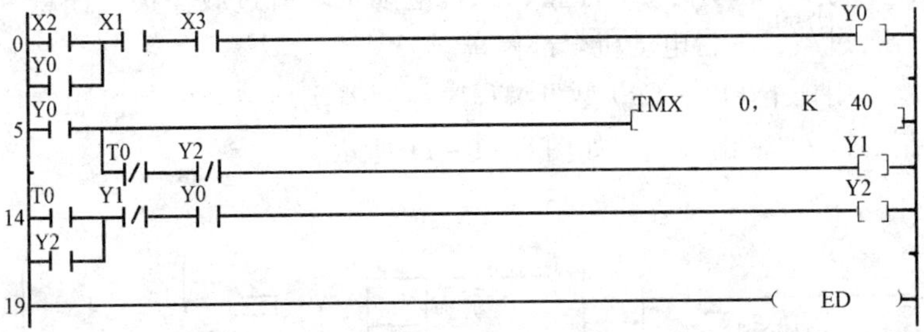

图 8-1-9 Y—△降压启动 PLC 梯形图

四、电动机顺序控制线路

继电器控制线路中的顺序控制多采用手动控制，每台电动机分别由一套按钮控制启停。继电器控制的顺序控制线路如图 8-1-10 所示。

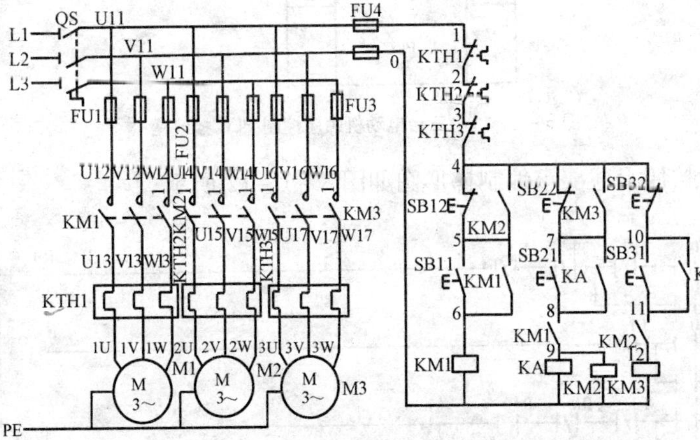

图 8-1-10 继电器控制的顺序控制线路

控制要求：按下启动按钮 SB11 时，电动机 M1 立即启动，延时 4 s 电动机 M2 启动，再延时 5 s 电动机 M3 启动；按下停止按钮 SB12 时，电动机 M3 立即停止，延时 4 s 电动机 M2 停止，再延时 5 s 电动机 M1 停止；三台电动机均有过载保护，任意一台有过载，三台电动机全部停车。

用松下 FP1—C40 型可编程序控制器实现三台电动机顺序控制的输入/输出接线，如图 8－1－11 所示。

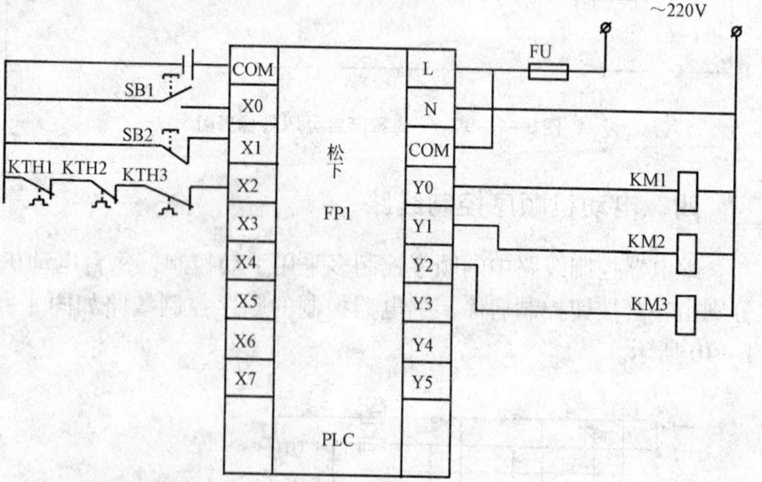

图 8－1－11　三台电动机顺序控制 PLC 接线图

按照上述要求编制梯形图如图 8－1－12 所示。

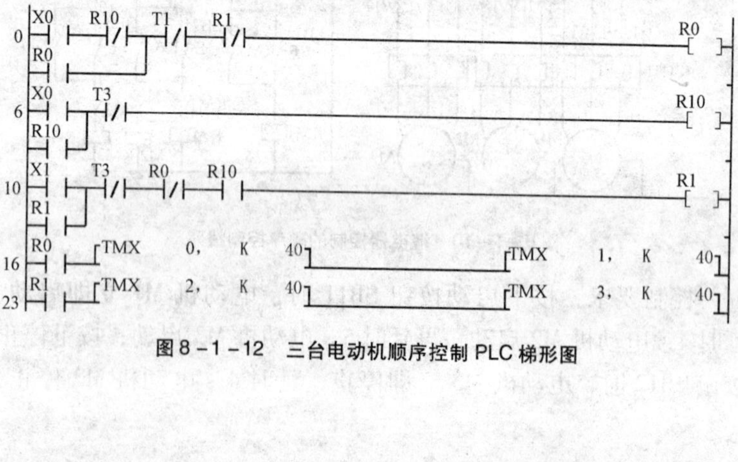

图 8－1－12　三台电动机顺序控制 PLC 梯形图

图 8－1－12　三台电动机顺序控制 PLC 梯形图（续）

五、自动生产线上的运料小车控制线路

自动往返送料小车控制系统示意图如图 8－1－13 所示。

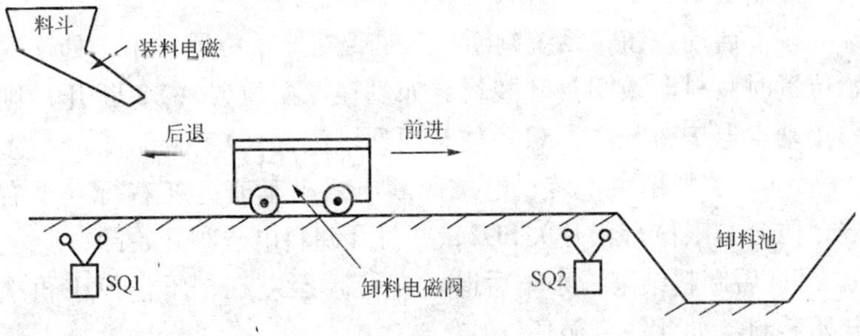

图 8－1－13　自动往返送料小车控制系统示意图

图 8－1－13 中左端为原始位置，SQ1 为限位行程开关。SQ2 为右限位开关，小车在此处暂停并卸料。

用松下 FP1—C40 型可编程序控制器实现自动往返送料小车控制的输入/输出接线，如图 8－1－14 所示。

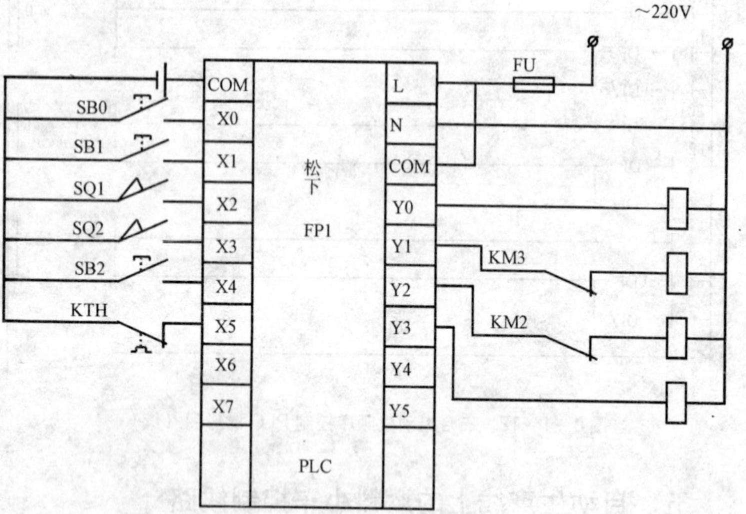

图 8－1－14　自动往返送料小车控制 PLC 接线图

控制要求：

按下启动按钮，系统判断小车是否在原始位置，小车处于原始位置时装料电磁阀打开装料。如没在原始位置（X2 断开）则需按动点退按钮 SB2（X4）使其回到该位置（X2 闭合）。

5 s 后装料结束，装料电磁阀断电，小车前进（右行）至右端，压合右限位行程开关 SQ2，并打开卸料电磁阀开始卸料。

5 s 后卸料结束，小车后退（左行）至左端，压合 SQ1 再次开始装料，如此往复循环。

设置预停按钮，小车在工作中若按下预停按钮，则小车要完成当前一次循环后，停于初始位置。

设置热继电器 KTH 作为过载保护元件，把其常闭触点接入 PLC 的输入端（X5）在程序中使用，一旦 KTH 动作要立即停车。

按照上述要求编制梯形图如图 8－1－15 所示。

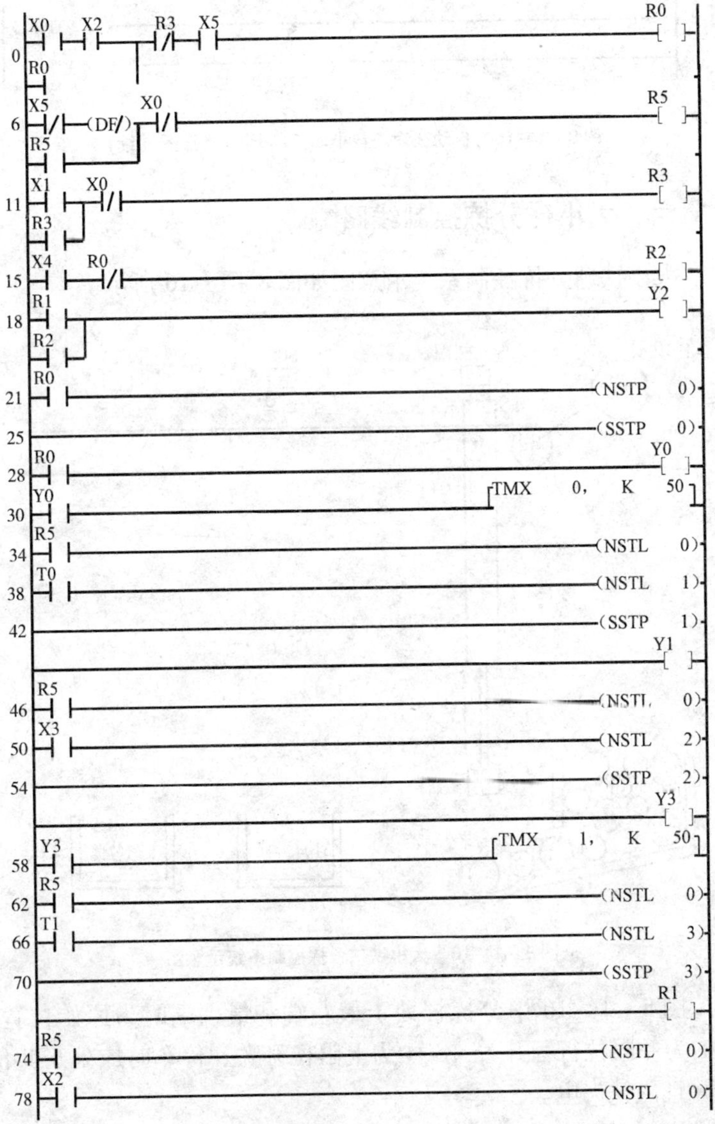

图 8－1－15　自动往返送料小车控制 PLC 梯形图

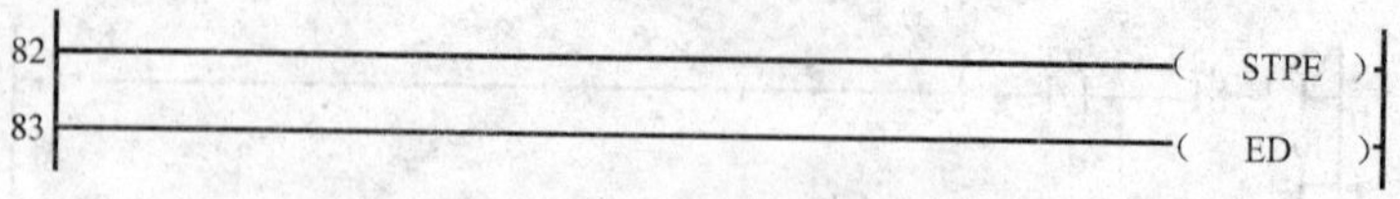

图 8-1-15 自动往返送料小车控制 PLC 梯形图（续）

六、大小球分拣控制线路

大小铁球分拣控制系统示意图如图 8-1-16 所示。

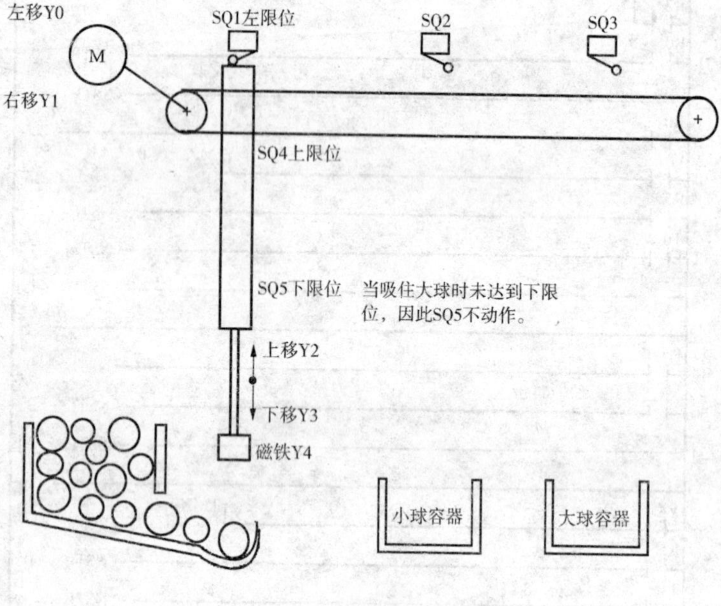

图 8-1-16 大小铁球分拣控制系统示意图

图 8-1-16 中分拣杆处于最左端和最上端时为原始位置，SQ1 为左限位行程开关，SQ4 为上限位开关，停车时应处于此位置并且磁铁失电。

用松下 FP1—C40 型可编程序控制器实现大小铁球分拣控制的输入/输出接线，如图 8-1-17 所示。

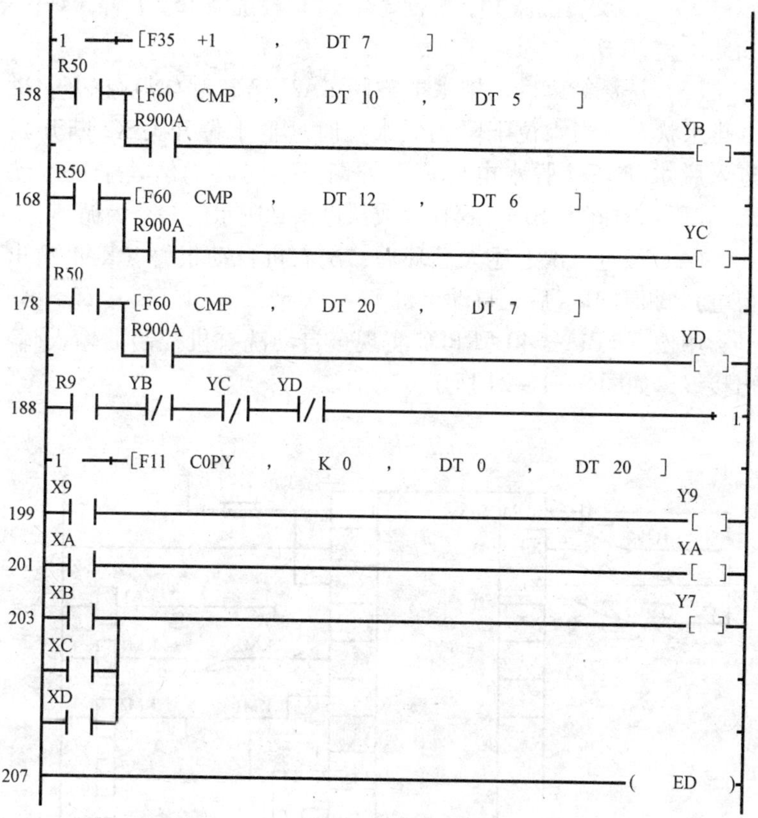

图 8－1－23. 2　售货机控制系统 PLC 梯形图（续）

九、自动洗衣机控制线路

控制要求：

（1）按下启动按钮 SB1（X0）后，进水电磁阀 KA1（Y0 为 ON）打开开始进水，达到高水位（高水位开关动作闭合）时停止进水，进入洗涤状态。

（2）洗涤时内桶正转（脱水电磁离合器失电状态）洗涤 15 s

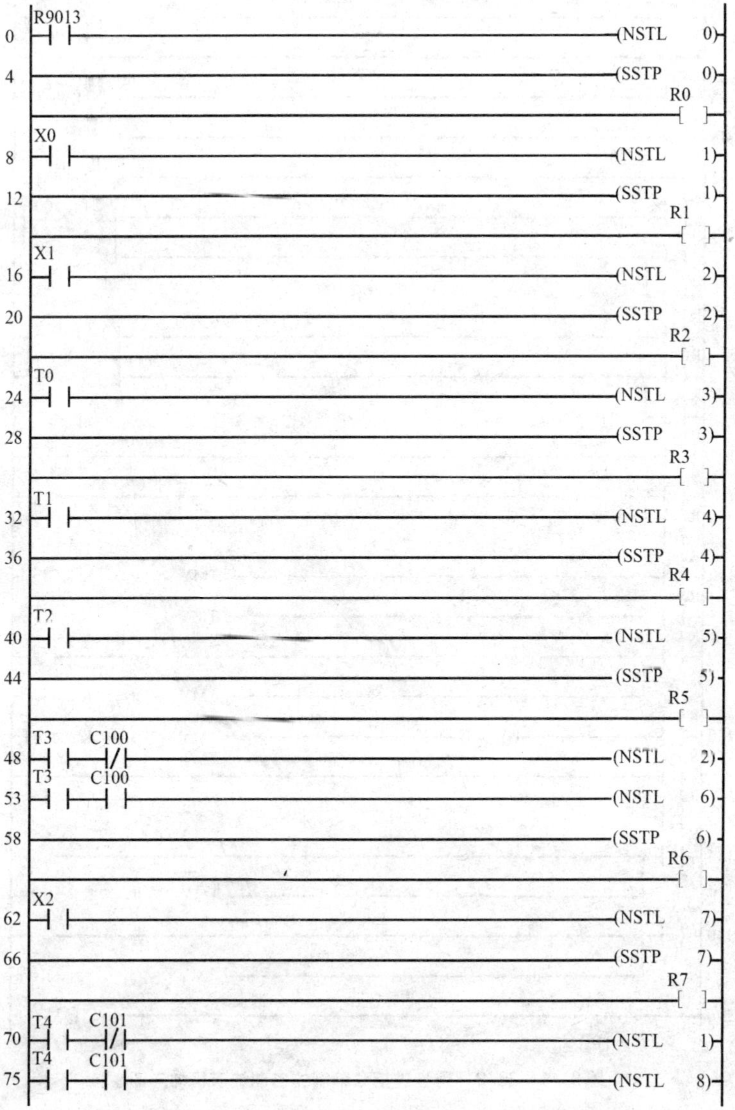

图8－1－25.1　用步进指令编制的自动洗衣机梯形图

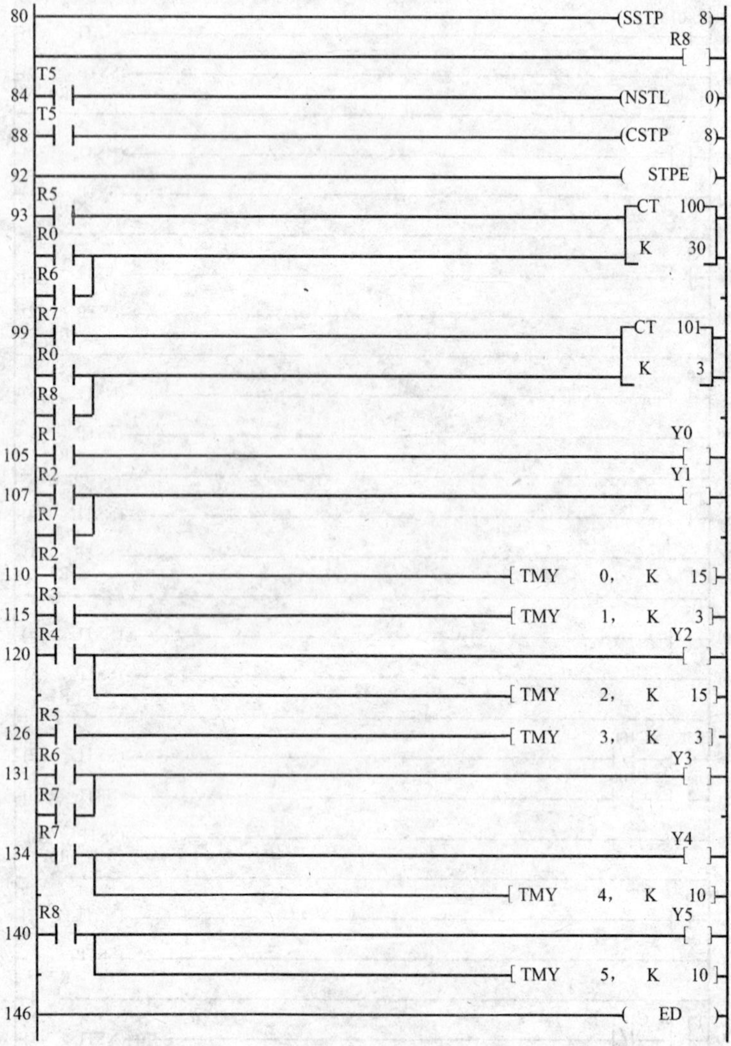

图 8－1－25.2　用步进指令编制的自动洗衣机梯形图

第二节 变频器控制线路

一、正、反转运行控制线路

富士变频器正、反转运行控制线路如图 8-2-1 所示。

二、多段速运行控制线路

富士变频器多段速运行控制线路如图 8-2-2 所示。

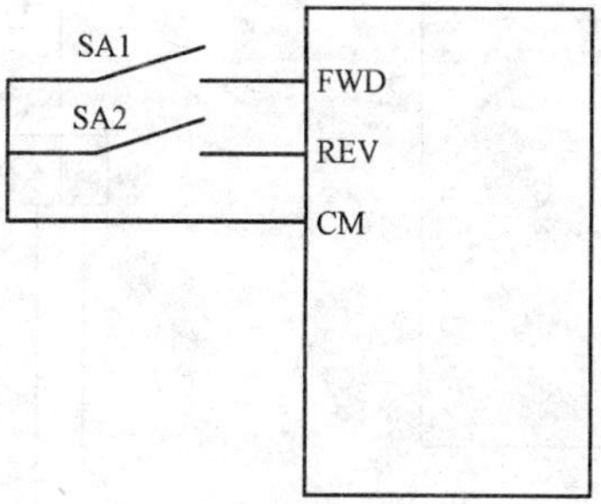

a.外端子控制回路的开关式外部运行接线图

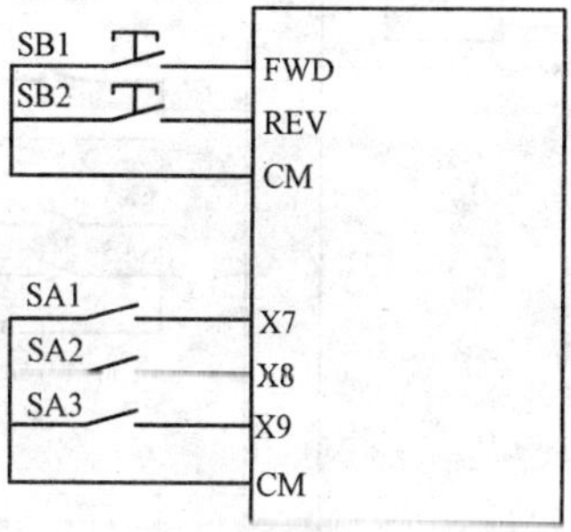

b.外端子控制回路的按钮式外部运行接线图

图 8-2-1 富士变频器正、反转运行控制线路

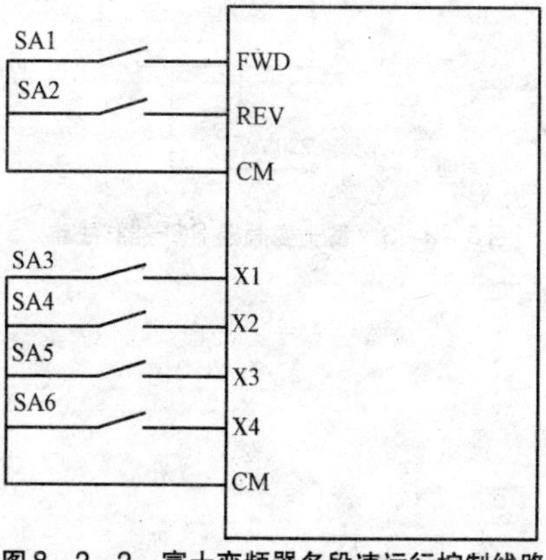

图 8-2-2 富士变频器多段速运行控制线路

三、PID 控制线路

富士变频器 PID 控制线路如图 8－2－3 所示。

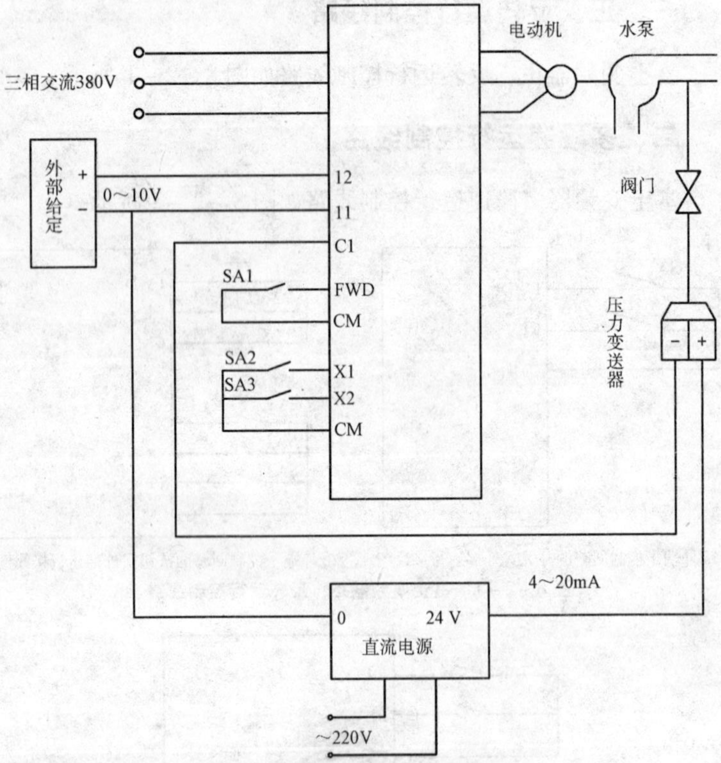

图 8－2－3 富士变频器 PID 控制线路

第三节　PLC 与变频器典型控制线路

一、恒压供水控制线路

1. 主电路

恒压供水控制主电路如图 8－3－1 所示。

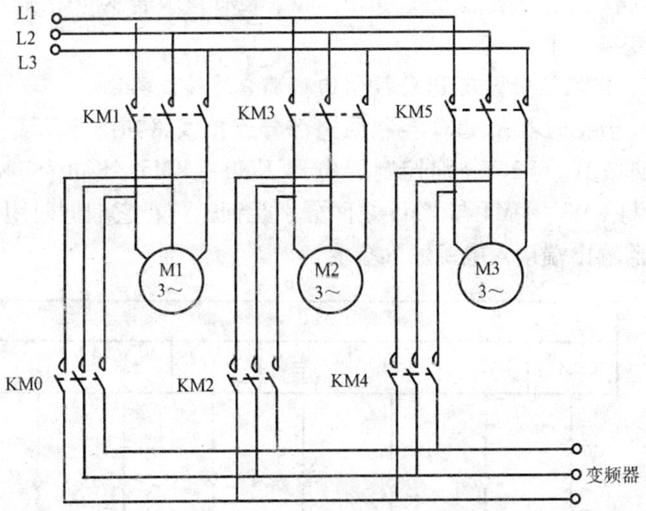

图 8－3－1　恒压供水控制主电路

控制要求：

交流接触器组中的 KM0 与 KM1 分别控制 1#水泵的变频运行和工频运行，而 KM2、KM3 则控制 2#水泵的变频与工频，KM4 与 KM5 控制 3#的变频启动，考虑到操作的安全，我们没有把 3#水泵的工频运行连接，即没有实现三台水泵同时工频运行。读者可结合实际生产工艺使用的要求，实行三台泵的全工频运行。运行要求如下所述。

系统启动时，KM0 闭合，1#水泵以变频方式运行。

当变频器的运行频率超出设定值时输出一个上限信号，PLC通过这个上限信号后将1#水泵由变频运行转为工频运行，KM0断开，KM1吸合，同时KM2吸合，变频启动第2#水泵。

如果再次接收到变频器上限输出信号，则KM2断开，KM3吸合，2#水泵由变频转为工频，同时KM4闭合，3#水泵变频运行。如果变频器频率偏低，即压力过高，输出的下限信号使PLC关闭KM4、KM3，开启KM2，2#水泵变频启动。

再次收到下限信号就关闭KM2、KM1，吸合KM0，只剩1#水泵变频工作。

2. 交流接触器及PLC控制回路部分连接线路

交流接触器及PLC控制回路部分连接线路如图8－3－2所示。即Y21～Y26分别控制继电器KM0～KM5，KM0与KM1、KM2与KM3、KM4与KM5之间分别互锁，防止它们同时闭合使变频器输出端接入电源输入端。

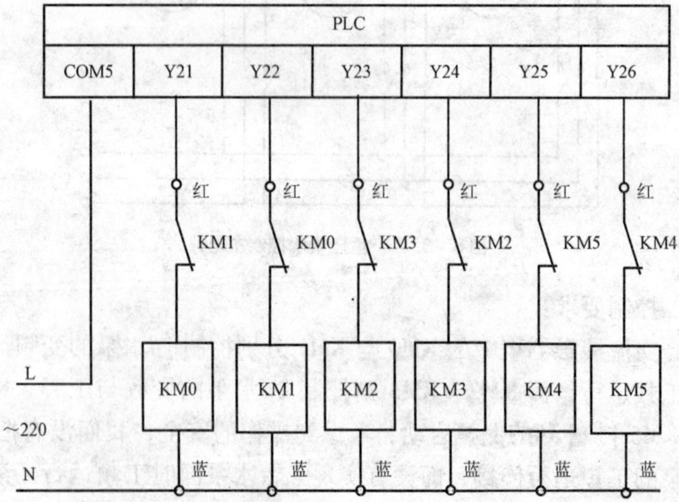

图8－3－2 交流接触器及PLC控制回路部分连接线路

3. 变频器控制回路连接线路

变频器控制回路连接线路如图 8－3－3 所示，变频器的启动运行靠 PLC 的 Y0 控制，频率检测的上、下限信号分别通过变频器的输出端子功能 E21（Y2）、E22（Y3）输出至 PLC 的 X6、X7 输入端。变频器 X2 输入端为手、自动切换，调整时，PID 命令的取消，由 PLC 的输出端 Y6 供给信号。总报警输出连接于 PLC 的 X5 与 COM 端，当系统故障发生时输出接点信号给 PLC，由 PLC 立即控制 Y0 断开，停止输出。PLC 输入端 SB1 为启动按钮，SB2 为停止按钮，SB3 为手、自动切换按钮，SB4 为手动下变频器启动按钮，在自动控制时由压力传感器发出的信号（4～20 mA）和被控制信号（外给定信号）进行比较，通过 PID 调节，输出一个频率可变的信号，改变供水量的大小，从而改变压力的高低，实现了恒压供水控制。

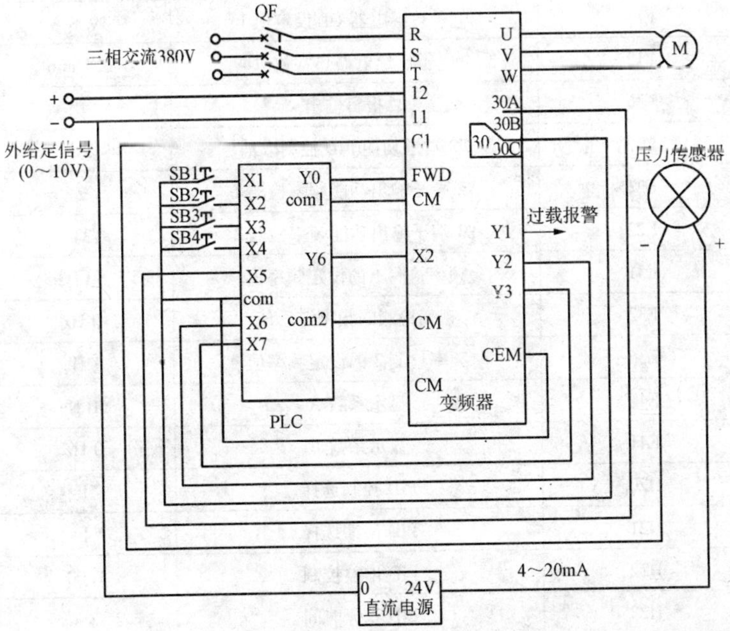

图 8－3－3　变频器控制回路连接线路

根据系统控制要求进行变频器参数设置，见表8－3－1。

表8－3－1　恒压供水控制参数设定表

功能代码	名称	设定数据
F01	频率设定1	1
F02	运行操作	1
F03	最高输出频率1	50 Hz
F04	基本频率1	50 Hz
F05	额定电压	380 V
F06	最高输出电压	380 V
F07	加速时间1	3 s
F08	减速时间1	3 s
F09	转矩提升1	0.5
F10	电子热继电器1	1
F11	电子热继电器OL设定值1	19.8 A
F12	电子热继电器热常数t1	0.5 min
F36	总报警输出	0
E02	X2端子功能PID控制取消	20
E21	Y2端子输出功能频率检测1	2
E22	Y3端子输出功能频率检测2	31
E31	频率检测1的设定频率值	50 Hz
E32	频率检测的频率滞后值	0 Hz
E36	频率检测2的设定频率值	1 Hz
E40	显示系数A	50 Hz
E41	显示系数B	0 Hz
H20	PID控制选择	1
H21	PID反馈选择	1
H22	PID增益控制	1.00
H23	PID积分时间	3 s
H24	PID微分时间	2 s

续表

功能代码	名称	设定数据
H25	PID 反馈滤波器	5 s
P01	电动机 1（极数）	2 极
P02	电动机 1（容量）	7.5 kW
P03	电动机 1（额定电流）	18 A

二、焚烧系统风机变频调速线路

医疗废物焚烧系统风机变频调速的构成如图 8－3－4 所示。其中一次风机、二次风机分别对应一燃烧室和二燃烧室进行通风补氧，保证室内充分燃烧。而引风机则保持系统内恒定负压，防止烟气外泄；由 DCS 统一对三个风机进行分别控制来保证系统安全运行。

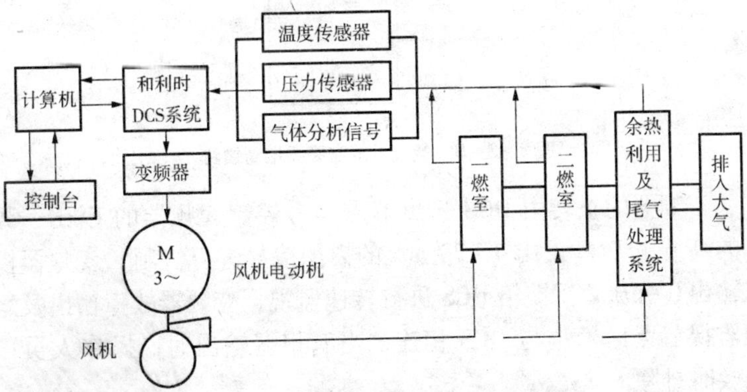

图 8－3－4　焚烧系统电气控制构成框图

在废物处理过程中，根据焚烧系统的温度、压力、气体分析信号的变化，由 DCS 集散控制系统发出改变各电动机工作频率的 4～20 MA 信号，变频器根据信号大小调整风机转速，从而改变输入风量的大小，即可控制各燃烧室温度和气体成分含量。变频器还根据系统安全性的要求设置了故障报警和模拟输出信号，实时监视系统变化，使系统燃烧更充分、更安全。系统中只画出了一燃室风机连接图，二燃室风机连接相同，风机变频控制原理及接线一样。

焚烧系统变频器控制线路如图 8-3-5 所示。

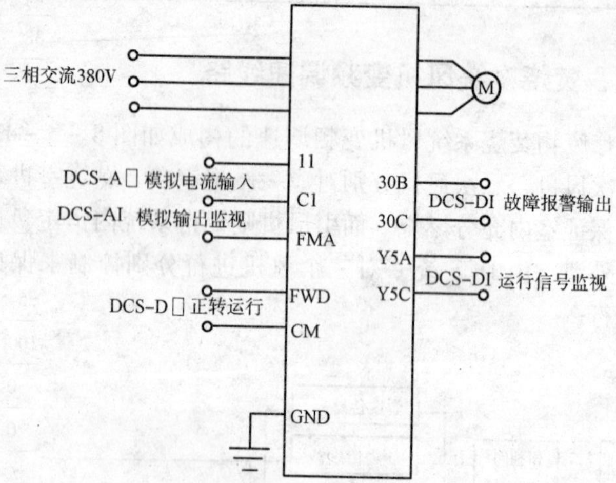

图 8-3-5　焚烧系统变频器控制线路

变频器的正转由 DCS 输出节点信号控制变频器的 FWD；频率的高低由 DCS 发出 4～20 mA 的模拟信号进行控制，变频器模拟输出 0～10 V 反馈给 DCS 进行转速监视，变频器故障输出及运行监视节点信号也与 DCS 相连，当有报警输出时，操作人员可以及时排除。

焚烧系统一燃室风机控制变频器参数的设置见表 8-3-2。

表8-3-2　一燃室风机控制变频器参数的设置

功能代码	名称	设定数据
F01	频率设定1	2
F02	运行操作	1
F03	最高输出频率1	50 Hz
F04	基本频率1	50 Hz
F05	额定电压	380 V
F06	最高输出电压	380 V
F07	加速时间1	4 s
F08	减速时间1	4 s
F10	电子热继电器1	1
F11	电子热继电器OL设定值1	110%
F12	电子热继电器热常数t1	0.5 min
F30	FMA电压调整	100%
F31	FMA功能选择	0
F36	总报警输出	0
E24	Y5输出端子功能	0
P01	电动机1（极数）	4极
P02	电动机1（容量）	5.5 kW
P03	电动机1（额定电流）	13 A

焚烧系统二燃室风机控制变频器参数的设置见表8-3-3。

表8-3-3　二燃室风机控制变频器参数的设置

功能代码	名称	设定数据
F01	频率设定1	2
F02	运行操作	1
F03	最高输出频率1	50 Hz

续表

功能代码	名称	设定数据
F04	基本频率 1	50 Hz
F05	额定电压	380 V
F06	最高输出电压	380 V
F07	加速时间 1	4 s
F08	减速时间 1	4 s
F10	电子热继电器 1	1
F11	电子热继电器 OL 设定值 1	110%
F12	电子热继电器热常数 t1	0. 5 min
F30	FMA 电压调整	100%
F31	FMA 功能选择	0
F36	总报警输出	0
E24	Y5 输出端子功能	0
P01	电动机 1（极数）	4 极
P02	电动机 1（容量）	11 kW
P03	电动机 1（额定电流）	24 A

焚烧系统引风机控制变频器参数的设置见表 8－3－4。

表 8－3－4 引风机控制变频器参数的设置

功能代码	名称	设定数据
F01	频率设定 1	2
F02	运行操作	1
F03	最高输出频率 1	50 Hz
F04	基本频率 1	50 Hz
F05	额定电压	380 V
F06	最高输出电压	380 V
F07	加速时间 1	4 s

续表

功能代码	名称	设定数据
F08	减速时间 1	4 s
F10	电子热继电器 1	1
F11	电子热继电器 OL 设定值 1	110%
F12	电子热继电器热常数 t1	0.5 min
F30	FMA 电压调整	100%
F31	FMA 功能选择	0
F36	总报警输出	0
E24	Y5 输出端子功能	0
P01	电动机 1（极数）	4 极
P02	电动机 1（容量）	55 kW
P03	电动机 1（额定电流）	112 A

三、中央空调控制线路

中央空调控制线路是利用变频器通过控制压缩机的速度来实现温度控制，温度信号的采集由温度传感器完成。整个系统可由 PLC 和变频器配合实现自动恒温控制。系统控制要求如下：

（1）某空调冷却系统有三台水泵，按设计要求每次运行两台，一台备用，10 天轮换一次。

（2）冷却进（回）水温差超出上限温度时，一台水泵全速运行，另一台变频高速运行，冷却进（回）水温差小于下限温度时，一台水泵变频低速运行。

（3）三台泵分别由电动机 M1、M2、M3 拖动，全速运行由 KM1、KM3、KM5 三个接触器控制，变频调速分别由 KM2、KM4、KM6 三个接触器控制。

（4）变频调速通过变频器的七段速度实现控制。

（5）全速冷却泵的开启与停止由进（回）水温差控制。

冷却泵主回路线路如图 8 –3 –6 所示。

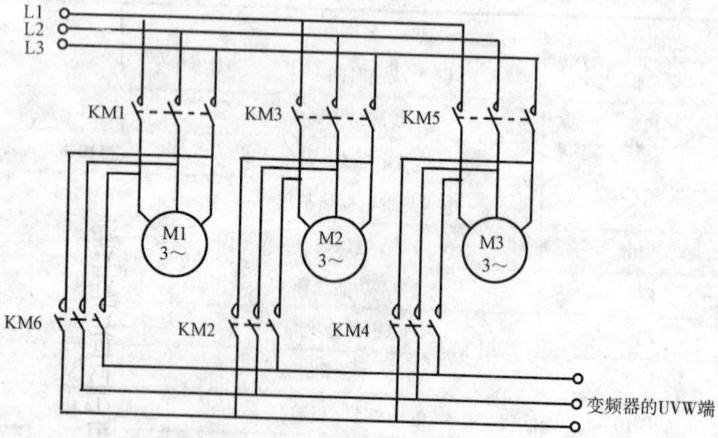

图 8 –3 –6　冷却泵主回路线路

PLC 与变频器控制接线如图 8 –3 –7 所示。

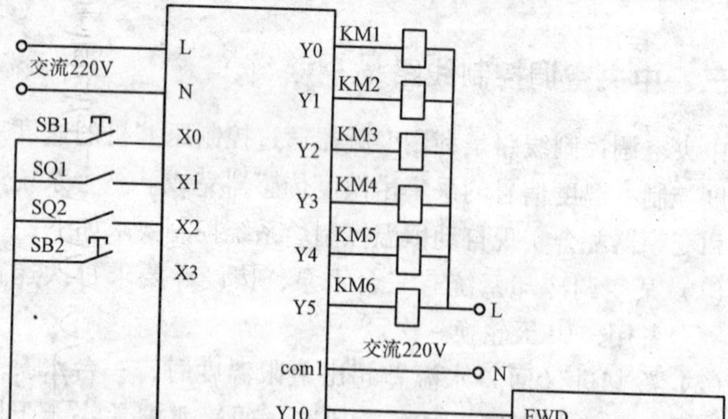

图 8 –3 –7　PLC 与变频器控制接线

PLC 状态转移图如图 8－3－8 所示。

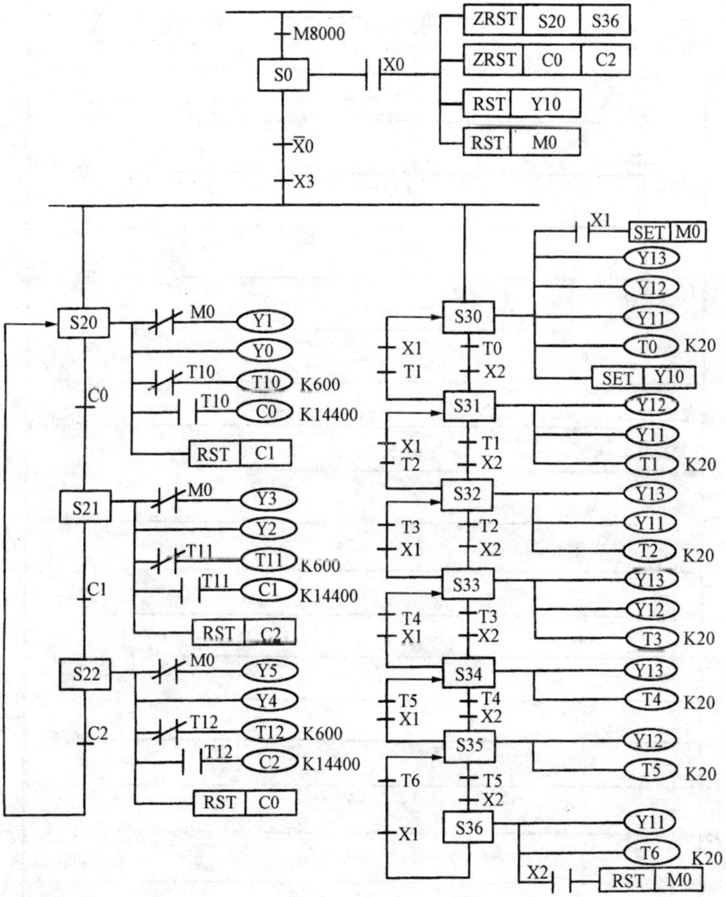

图 8－3－8　PLC 状态转移图

冷却泵控制参考梯形图如图 8－3－9 所示。

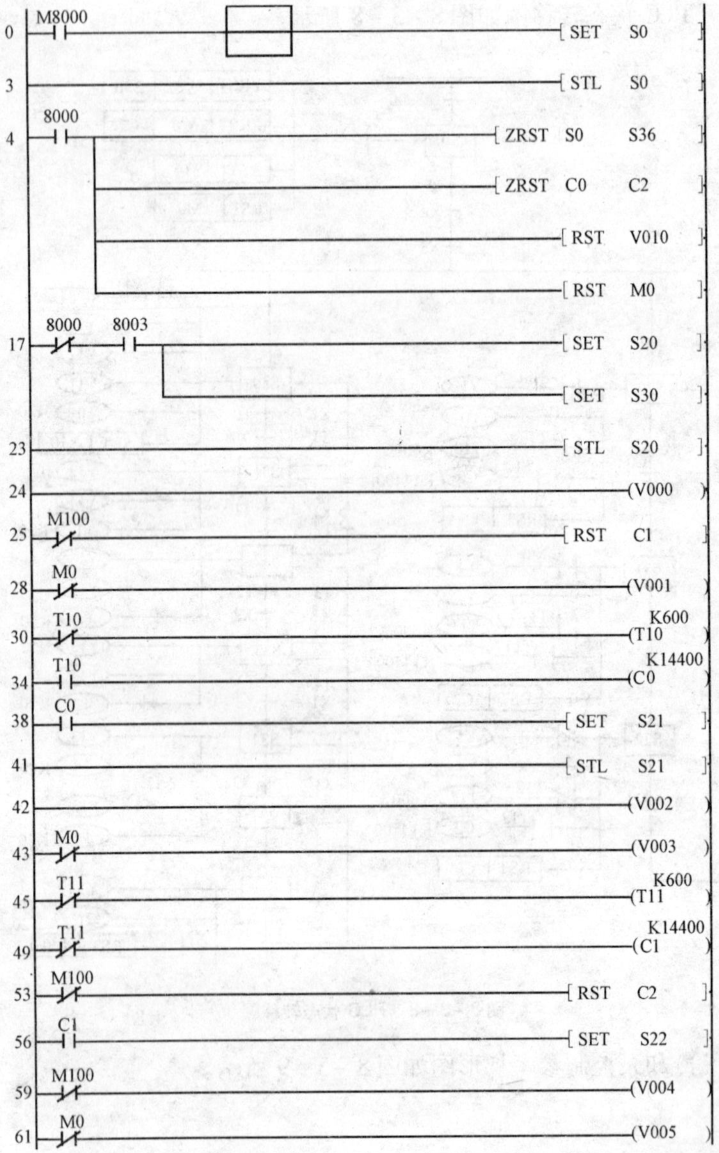

图 8-3-9　冷却泵控制参考梯形图

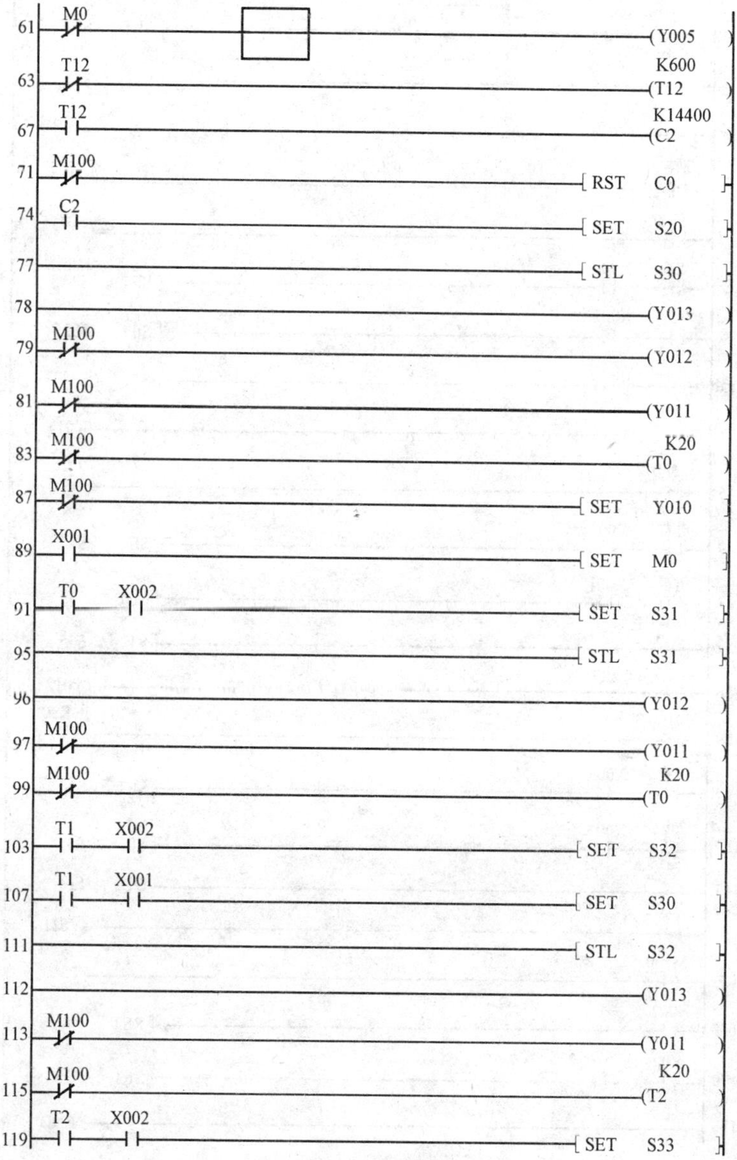

图8-3-9　冷却泵控制参考梯形图（续）

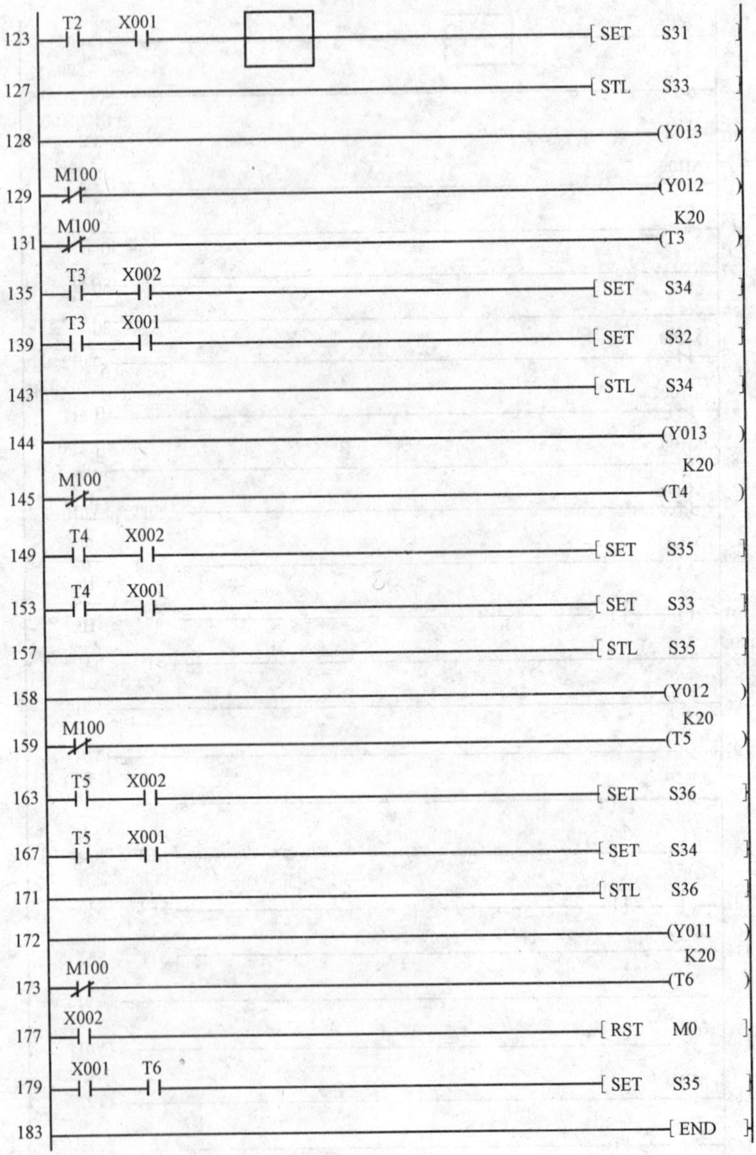

图8-3-9 冷却泵控制参考梯形图（续）

根据系统控制要求进行变频器参数设置，见表 8－3－5。

表 8－3－5　变频器参数设置

功能代码	名称	设定数据
F01	频率设定 1	0
F02	运行操作	0，1
F03	最高输出频率 1	50 Hz
F04	基本频率 1	50 Hz
F05	额定电压	380 V
F06	最高输出电压	380 V
F07	加速时间 1	5 s
F08	减速时间 1	10 s
F10	电子热继电器 1	1
F11	电子热继电器 OL 设定值 1	14.3 A
F12	电子热继电器热常数 t1	0.5 min
F15	频率限制（上限）	50 Hz
F16	频率限制（下限）	10 Hz
E01	X1 端子功能	0
E02	X2 端子功能	1
E03	X3 端子功能	2
C05	多步频率设定 1	10 Hz
C06	多步频率设定 2	15 Hz
C07	多步频率设定 3	20 Hz
C08	多步频率设定 4	25 Hz
C09	多步频率设定 5	30 Hz
C10	多步频率设定 6	40 Hz
C11	多步频率设定 7	50 Hz
P01	电动机 1（极数）	2 极
P02	电动机 1（容量）	5.5 kW
P03	电动机 1（额定电流）	13 A

参考文献

[1] 王建. 电气设备安装与维修. 北京：机械工业出版社，2007.

[2] 王建. 电气设备控制线路安装与维修. 北京：中国劳动社会保障出版社，2006.

[3] 金续曾. 实用电工电气线路365例. 北京：中国电力出版社，2009.

[4] 王俊峰. 电工实用电路300例. 北京：机械工业出版社，2009.

[5] 刘法治，马孝琴. 新编电工实用电路集萃. 北京：机械工业出版社，2009.

[6] 孙余凯，吴鸣山，项绮明. 电工实用电路集锦. 北京：电子工业出版社，2008.

[7] 魏素珍. 常用电工电路280例解析. 北京：中国电力出版社，2004.

[8] 陈玉芝，王建. 实用电工电路. 沈阳：辽宁科学技术出版社，2010.

[9] 李伟，王建. 最新电工线路应用实例. 郑州：河南科学技术出版社，2011.

[10] 王建，李伟. 常用电工线路安装与维修. 郑州：河南科学技术出版社，2011.